"大国三农"系列规划教材

 普通高等教育"十四五"规划教材

控制工程基础

谭　彧　主编

丁幼春　陈　建　副主编

中国农业大学出版社

·北京·

内 容 简 介

本书详细讲述了控制理论的基本原理和在工农业自动控制系统中的应用。全书共分 10 章,第 1 章和第 3~8 章为经典控制理论部分,主要介绍自动控制系统的基本概念,控制系统的传递函数,控制系统误差与时域分析,控制系统频域特性分析,控制系统稳定性分析、性能校正、PID 校正及参数整定等。第 2 章为控制系统数学基础,主要介绍复变函数和拉普拉斯变换。第 9 章为控制系统 MATLAB 仿真,第 10 章为控制系统实例分析。

本书详细分析了工农业典型实例,力求与工程实际相结合,可作为普通高等院校机械工程、车辆工程、机械电子工程、机器人工程、机械设计制造及其自动化、农业工程、农业机械化及自动化、农业智能装备工程等专业的教材,也可供相关工程技术人员参考。

图书在版编目(CIP)数据

控制工程基础/谭彧主编. --北京:中国农业大学出版社,2023.1
ISBN 978-7-5655-2900-9

Ⅰ.①控… Ⅱ.①谭… Ⅲ.①自动控制理论-高等学校-教材 Ⅳ.①TP13

中国国家版本馆 CIP 数据核字(2023)第 006718 号

书 名	控制工程基础			
作 者	谭 彧 主编			
策划编辑	张秀环		责任编辑	张秀环
封面设计	中通世奥图文设计			
出版发行	中国农业大学出版社			
社 址	北京市海淀区圆明园西路 2 号		邮政编码	100193
电 话	发行部 010-62733489,1190		读者服务部	010-62732336
	编辑部 010-62732617,2618		出 版 部	010-62733440
网 址	http://www.caupress.cn		E-mail	cbsszs@cau.edu.cn
经 销	新华书店			
印 刷	北京时代华都印刷有限公司			
版 次	2023 年 3 月第 1 版 2023 年 3 月第 1 次印刷			
规 格	185 mm×260 mm 16 开本 22.25 印张 555 千字			
定 价	69.00 元			

图书如有质量问题本社发行部负责调换

编 写 人 员

主　编　谭彧(中国农业大学)

副主编　丁幼春(华中农业大学)
　　　　陈　建(中国农业大学)

编　者　(按姓氏笔画排序)
　　　　丁幼春(华中农业大学)
　　　　王子蒙(中国农业大学)
　　　　吕昊暾(中国农业大学)
　　　　苏道毕力格(中国农业大学)
　　　　张亚伟(中国农业大学)
　　　　张佐经(西北农林科技大学)
　　　　陈　建(中国农业大学)
　　　　胡　标(中国农业大学)
　　　　谢　斌(中国农业大学)
　　　　谭　彧(中国农业大学)

前　言

　　随着科学技术、计算机技术和人工智能技术的突破性发展,控制理论得到了迅猛的发展,自动控制技术受到高度重视,被广泛应用于工程技术的各个领域,尤其是在工业智能制造、智慧农业、智能农机装备等领域得到越来越广泛的应用。控制工程基础是一门理论性与实践性比较强的专业基础课,在基础课与专业课之间架起了一道桥梁,起到承上启下的作用。通过本书的学习,读者首先建立闭环反馈系统控制理论的基本思想,掌握控制理论基本分析和设计方法,解决工程实际问题;同时探索课程思政教育功能,挖掘课程蕴含的传统文化、哲学思想、科学精神、工程思维、民族自豪感与使命感以及爱国主义情怀等思政教育元素,形成正确的世界观、人生观、价值观。中国自古以来就是农业大国,以高科技为手段,中国的现代农业正在迈向自动化、智能化、无人化作业的新时代。袁隆平先生有一个"禾下乘凉"的梦,以无人驾驶农机装备、农业无人机为代表的智能无人系统正在祖国的大地上驰骋飞翔,而控制理论与控制技术就是实现这个伟大梦想的有力支撑。早在1800年前,勤劳智慧的中国人民就发明了体现抗干扰控制机理的指南车,无论载体车轮向哪个方向行驶,小木人的手臂始终指向南方。西方在1948年由维纳正式出版了著作《控制论》,标志着控制作为一门单独的学科在西方社会的诞生。1954年中国航天之父钱学森出版了著作《工程控制论》,大长了中国人志气。1986年,中科院韩京清创建了自抗扰控制技术,为我国控制理论与应用的发展做出了重要贡献。习近平总书记说少年强,则国家强。希望本教材的读者朋友们努力学习控制工程理论,将来为祖国的繁荣富强做出杰出贡献。

　　本书广泛参考了国内外同类教材,针对农业院校的特点,以工农业工程实例突出工程应用;将工程上常用PID校正方法和常用工具软件MATLAB都作为独立章节介绍,引导学生理论与实际相结合,系统性解决工程实际问题。本教材共分10章,第1章为自动控制系统基本概念,第2章为控制系统数学基础,第3章为控制系统的传递函数,第4、5章为控制系统的误差、时域及频域分析,第6章为控制系统的稳定性分析,第7章为系统性能指标及校正方法分析,第8章为PID校正及参数整定,第9章为基于MATLAB的控制系统分析与应用,第10章为控制理论在工农业自动控制系统中的具体应用实例。本书提供了所有例题的MATLAB程序数字资源,通过扫描相应例题的二维码,可拓展读者工程实际应用能力。作者为本书制作了PPT教学课件,如有需求可与出版社联系。

　　本教材由中国农业大学谭彧统稿并编写第1章,王子蒙编写第2章和第9章,胡标编写第3章,华中农业大学丁幼春编写第4章,西北农林科技大学张佐经编写第5章,中国农业大学苏道毕力格编写第6章,陈建编写第7章、各章引言和第10章10.3与10.4,吕昊暾编写第8章,张亚伟编写第10章10.1与10.2,谢斌编写第10章10.5与10.6。

　　由于编者水平有限,书中难免有错误,恳请广大读者批评指正。

编　者

2021 年 6 月

目　　录

第 1 章　绪论

　　自动控制技术是 20 世纪发展最快、影响最大的技术之一,也是 21 世纪最重要的高科技之一。自动控制技术的理论基础是自动控制理论,或称控制工程基础,它为航空、航天、智能机电设备和智能农业装备等提供控制理论基础、系统分析以及设计方法。

　　工业、农业、航空航天等领域的创新驱动发展是实现国家繁荣富强的必经之路,而自动控制系统无处不在,在各行各业都发挥了重要的作用。我国是农业生产大国,人力资源越来越匮乏,提高生产效率、减轻劳动强度迫在眉睫,因此智能化农业的发展是一种必然趋势,加快智能化农业装备的开发与应用普及对农业经济有着十分重大的意义,如配备自动驾驶系统的大型拖拉机等牵引机具,精准深耕深松、播种、施肥施药等无人作业装备,智能采摘机器人等。因此,自动控制理论作为实现智能控制的基础理论知识、系统分析与设计的科学解决方法,是值得相关工程技术人员认真学习和掌握的,从而为我国智慧农业和智能农机装备的发展贡献一份力量。

　　自动控制技术即闭环控制系统的核心在于反馈(feedback)。早在 1086 年,中国古代学者苏颂、韩公廉就发明了利用误差控制实现负反馈的水运仪象台。1868 年,麦克斯韦初步提出了反馈控制的概念,用于蒸汽机调速系统。1948 年,维纳正式出版了著作《控制论》,提出了"双向通信"思想,即系统既有从输入到输出的正向传递和变换,也有从输出端返回输入端的反馈信息,明确了反馈控制的基本原则。1954 年,钱学森先生在《工程控制论》中强调了反馈控制对于飞行器控制系统性能的提升作用。

　　自动控制理论内容具有普遍性,但又比较抽象,理论性和实践性都较强,属于科学方法论。本书主要介绍经典控制理论,将控制理论与农业机械工程相结合,以机械、农业工程为实例深入探究其应用,紧密联系工程实际,提高综合分析问题的能力。本章主要介绍自动控制系统工作原理、分类、性能指标及应用实例的控制原理。

1.1　自动控制系统概述

1.1.1　控制系统工作原理

1.液位控制系统

　　图 1-1 所示为人工控制水箱液位的控制系统,水箱由进水阀控制进水量,出水阀控制出水量,2 个阀都由人工控制。当出水阀保持一定开度不变,理想(预设)液位已定时,操作者的眼睛一直观察实际液位的变化,如果实际液位比理想液位低,增大进水阀开度增多进水量,反之减小进水阀开度,减少进水量,直到实际液位与理想液位一致为止。图 1-2 所示为人工控制水箱液位的控制系统框图,眼睛测量实际液位,起到传感器检测的作用;大脑比较实际液位与理想液位的差值,起到比较与计算的作用;手起到驱动执行的作用,按照比较的结果,即液位差值

的正负决定控制进水阀开度增大或减小。但是这样的操作使操作者很累,需要不停地观察实际液位的情况,判断是增大还是减小进水阀开度。

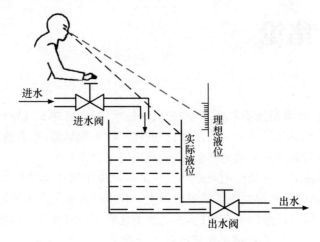

图 1-1　人工控制水箱液位的控制系统

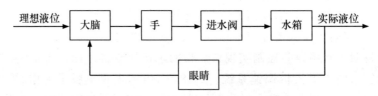

图 1-2　人工控制水箱液位的控制系统框图

　　如图 1-3 所示,将人工控制系统中的眼睛、大脑和手,分别用传感器、电位器和电动机代替。利用电位器检测液位,中点设置为理想液位,这时输出电压为 0,浮子与电位器滑动端相连,浮子随液面变化滑动端会偏离中点位置,产生正电压 $+u$ 或负电压 $-u$,利用这个电压通过控制器控制电动机正转或反转,使进水阀开度增大或减小,进而进水量增多或减少,最终达到理想液位。图 1-4 所示为自动控制水箱液位的控制系统框图,电位器既起到比较作用又起到理想液位给定作用,浮子起到检测实际水位的作用;电动机起到驱动控制阀门开度的作用。这样的操作不需要人的参与,节约了人力资源。

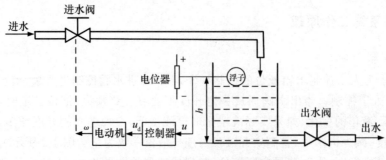

图 1-3　自动控制水箱液位的控制系统

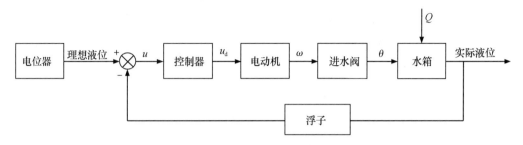

图 1-4　自动控制水箱液位的控制系统框图

2.汽车车速控制系统

汽车已经走进千家万户,为人们出行带来极大的便利,汽车驾驶早已被人们所熟知,汽车驾驶分为方向控制和车速控制,车速控制系统如图 1-5 所示,司机大脑确定给定车速,通过眼睛观察转速表获得实际车速,同时大脑起到比较车速、发出对油门的控制指令作用。司机通过脚踏板控制发动机的实际车速,直到达到给定车速为止。

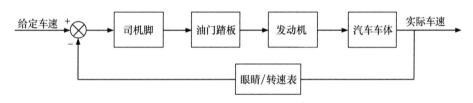

图 1-5　人工控制车速系统框图

为减轻司机的驾驶疲劳,汽车定速巡航已广泛应用,图 1-6 所示为汽车定速巡航控制系统结构原理图,当车速达到给定车速(如高速公路 120 km/h 时)按下定速巡航键,这时汽车处于自动驾驶状态并保持设定的车速,直到踩刹车为止。定速巡航时车速传感器实时检测汽车的行驶速度,通过控制器将实际车速与给定车速进行比较、计算偏差实时对电动机旋转方向控制。电动机转动时带动控制臂转动,通过传动索缆改变节气门开度,控制发动机实现车速恒定,通过安装限位开关限制控制臂转动角度在一定范围内。当进行定速巡航控制时,电动机和控制臂的电磁离合器接合;如果在定速巡航的过程中,电动机或车速传感器产生故障,电磁离合器立即分离。

图 1-7 所示为汽车定速巡航控制系统的控制框图。在车速达到给定车速时设置为定速巡航模式,给定车速信号和实际车速的反馈信号送入控制器中,控制器检测这两个输入信号之间的偏差,当实际车速高于给定车速时控制节气门执行器将节气门开度减小;反之将节气门开度增大,从而保证车速的恒定。当汽车在高速公路上长时间行驶时,开启定速巡航控制系统的自动操纵开关后,无论是上坡、下坡,还是行车阻力的变化,巡航控制系统都能够根据不同的路况和外部环境的变化自动增减节气门开度,不需要驾驶员踩油门踏板就可以保证汽车以预先给定的速度行驶,驾驶员只需要操纵方向盘,从而大大减轻了驾驶员的疲劳强度,提高了行车的安全性,改善了汽车燃油经济性及发动机排放性能。

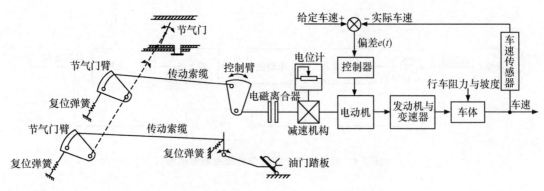

图 1-6　汽车定速巡航控制系统结构原理图

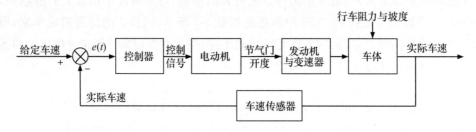

图 1-7　汽车定速巡航控制系统框图

1.1.2　自动控制系统的概念和特性

1. 自动控制系统的概念

对比图 1-2 与图 1-4、图 1-5 与图 1-7 可知,图 1-2 与图 1-5 是在人工干预下实现液位和车速控制,图 1-4 与图 1-7 不需要人参与,实现了液位与车速恒定的自动控制,因此该系统称为自动控制系统。

自动控制系统是指采用自动控制装置,对生产中某些关键参数进行自动控制,使它们在受到外界干扰(扰动)的影响而偏离正常状态时,能够被自动地调节到所要求的数值范围内。

自动控制系统可以是开环控制,也可以是闭环控制,图 1-4 与图 1-7 都是闭环控制。闭环控制也称为(负)反馈控制系统,系统组成包括传感器(相当于感官)、控制装置(相当于脑和神经)、驱动执行机构(相当于手腿和肌肉)。传感器检测被控对象的状态信息(输出量),并将其转变成物理信号(一般为电信号)传给控制装置。控制装置比较被控对象实际状态(输出量)与给定状态(输入量)的偏差,产生控制信号,通过驱动执行机构带动被控对象运动,使其运动状态接近给定状态。后续内容所述系统都是指闭环自动控制系统。

2. 自动控制系统的特性

在一定输入信号作用下,自动控制系统从初始状态到稳定状态所经历的整个动态历程,是由系统内部的固有特性所决定的,与输入无关,即自动控制系统的特性只取决于其内部的固有特性。输入只是外界对系统的作用方式,而输出是系统对外界作用的反映,系统是由相互联系、相互作用的若干部分构成的一个有机整体。

在机械工程自动控制系统中,一般都可以简化为小车运动系统模型,物体质量为 m,与运动速度成比例的黏性阻尼系数为 c,弹簧刚度为 k。图 1-8 所示为同一个质量-阻尼-弹簧单自由度系统在不同输入时的情况,给定不同的输入时,其输出也是不一样的。

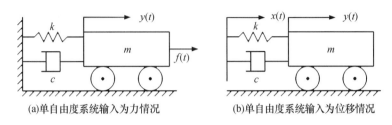

(a)单自由度系统输入为力情况   (b)单自由度系统输入为位移情况

图 1-8 小车运动系统简化模型

如图 1-8(a)所示,当施加物体的作用力 $f(t)$ 作为输入,物体位移 $y(t)$ 作为输出时,根据力的平衡原理,系统的微分方程为

$$m\ddot{y}(t) + c\dot{y}(t) + ky(t) = f(t) \tag{1-1}$$
$$y(0) = y_0 \qquad \dot{y}(0) = \dot{y}_0$$

如图 1-8(b)所示,当位移 $x(t)$ 作为输入,物体位移 $y(t)$ 作为输出时,系统的微分方程为

$$m\ddot{y}(t) + c\dot{y}(t) + ky(t) = c\dot{x}(t) + kx(t) \tag{1-2}$$
$$y(0) = y_0 \qquad \dot{y}(0) = \dot{y}_0$$

式中,m——质量,kg;c——黏性阻尼系数,N·s/m;k——弹簧刚度,N/m;$y(0)$——初始位移,m;$\dot{y}(0)$——初始速度,m/s。

令 $\dfrac{\mathrm{d}}{\mathrm{d}t} = p$,式(1-1)和式(1-2)可简化为

$$(mp^2 + cp + k)y(t) = f(t) \tag{1-3}$$
$$(mp^2 + cp + k)y(t) = (cp + k)x(t) \tag{1-4}$$

式(1-3)和式(1-4)左边系数为 $mp^2 + cp + k$,它取决于系统本身的结构参数 m、c、k,反映系统与输入无关的自身固有特性。

式(1-3)和式(1-4)右边系数分别为 1 和 $cp + k$,反映了系统与输入的关系,输入作用在系统上的形式。

$y(0)$ 与 $\dot{y}(0)$ 是在输入作用系统前的系统初始状态,根据式(1-1)和式(1-2)可知,该系统在任何时刻的状态完全可以由位移 $y(t)$ 和速度 $\dot{y}(t)$ 在此时的取值描述,$y(t)$ 代表了位移情况,$\dot{y}(t)$ 代表了变化的趋势,因此位移 $y(t)$ 和速度 $\dot{y}(t)$ 即描述了该系统的动态历程。

1.2 自动控制系统的分类和组成

1.2.1 自动控制系统分类

自动控制系统的类型很多,有多种分类方法。本书主要介绍经典控制理论,研究的是线性

定常连续系统。

1.按系统线性特性分类

(1)线性控制系统

系统的数学模型可用线性微分方程描述,满足叠加原理、比例特性、微分特性、积分特性和频率保持特性。

(2)非线性控制系统

系统中至少有一个环节或元件的输入-输出关系是非线性关系,如存在死区、间隙或饱和特性的系统都属于非线性控制系统。

2.按系统信号类型分类

(1)连续控制系统

系统中所有信号的变化均为时间的连续函数,系统的数学模型可用微分方程描述。

(2)离散控制系统

系统中至少有一个信号是脉冲序列或数字量,系统的数学模型用差分方程描述。

3.按系统参数变化特征分类

(1)定常控制系统

系统中所有参数不随时间而发生变化,描述它的微分方程系数是常数。系数绝对不变的定常控制系统是不存在的,主要系数变化不大的系统都可以视为定常控制系统。

(2)时变控制系统

系统中部分参数随时间而发生变化,微分方程的系数随时间而变化。

4.按系统输出规律分类

(1)恒值控制系统

恒值控制系统又称自动控制系统,在外界干扰的作用下,系统的输出仍能基本保持为常量的系统。例如家用电器中的冰箱、空调、热水器和电暖气等都是温度闭环自动控制系统,通过温度传感器检测实际温度,控制器将设定温度与实际温度比较控制调温装置工作,使实际温度与设定温度保持一致,其控制系统框图如图1-9所示。

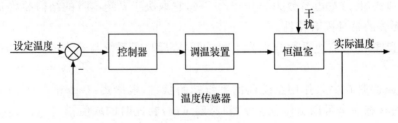

图 1-9　温度自动控制系统框图

(2)随动(伺服)系统

在外界条件的作用下,系统的输出能相应于输入在广阔范围内按任意规律变化的系统。例如汽车转向控制,汽车转向机构不断跟随方向盘的输入,实现转向控制。

(3)程序控制系统

在外界条件作用下,系统的输出按预定程序变化的系统。例如数控机床、家用洗衣机等都是根据事先编制好的程序,按照不同的需求自动完成工件加工或衣服洗涤过程。

5.按系统控制方式分类

（1）开环控制系统

一个系统以所需要的框图表示而没有反馈回路称为开环控制系统。

如图 1-10 所示,开环控制系统的输入与输出之间只有从输入端到输出端的一条前向通道,而无反馈回路,其输出只受控于输入,而对系统无控制作用,因此系统为开环控制系统,开环控制系统响应比较快,一般控制精度不高,只能满足一般系统的控制要求,控制精度取决于各个环节的精度。

图 1-10　开环控制系统框图

图 1-11 所示为直流电动机转速开环控制系统,被控对象为转台,控制装置为电位器、电动机,电动机所需的电枢电压 u 由输入电压 u_i 经控制器、驱动器提供。在励磁电流与负载恒定条件下,电枢电压 u 决定了电动机转速 n,而 u 又与电位器电压 u_i 成正比。当对电位器的位置进行调节时,即改变输入电压 u_i,从而使电动机电枢电压 u 也随之变化,达到改变电动机转速 n 的目的。

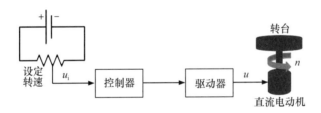

图 1-11　直流电动机转速开环控制系统

图 1-12 所示为直流电动机转速开环控制系统框图。电动机转速的大小只取决于系统的输入信号,控制信号沿着箭头方向顺序传递,输出信号不参与系统的控制,控制作用只是单向传递不是闭环的,控制精度取决于各环节的精度。

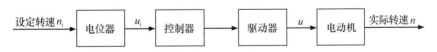

图 1-12　直流电动机转速开环控制系统框图

（2）闭环控制系统

一个系统以所需要的框图表示而存在反馈回路,称为闭环控制系统。

图 1-13 所示为典型闭环控制系统,闭环系统的结构较为复杂,信息的传递不再是单向传递,而是双向传递。一条是自输入信号端传递到输出信号端的前向通道,另一条是输出信号端反向传递到比较环节的反馈回路,输出对系统起控制作用,因此系统为闭环控制系统。闭环控

控制工程基础

制系统具有较高的控制精度和抗干扰能力,因此自动控制系统一般都采用闭环控制。

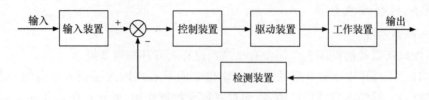

图 1-13　闭环控制系统框图

图 1-14 所示为直流电动机转速闭环控制系统,转速传感器检测电动机的实际转速,其输出反馈电压 u_b 与实际转速 n 成正比,给定电压 u_i 与设定转速 n_i 成正比。反馈电压 u_b 与给定电压 u_i 进行比较,其偏差信号经控制器、驱动器控制电动机转动,使电动机的实际转速维持在给定转速值上。

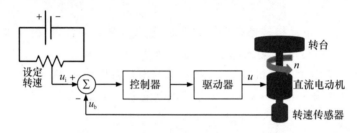

图 1-14　直流电动机转速闭环控制系统

图 1-15 所示为直流电动机转速闭环控制系统框图。电动机转速的大小不仅与系统的输入信号有关,还与反馈信号有关,使电动机的实际转速 n 保持在设定转速 n_i 上。闭环控制系统的控制作用由输入信号与实际输出反馈信号的偏差决定,只要偏差存在,对电动机的控制作用就不会停止,因此闭环控制系统可以降低或消除多种扰动对系统的影响,对系统自身的参数不敏感,具有较高的控制精度及较强的抗干扰能力,因此被广泛应用于对控制精度要求较高的场合。

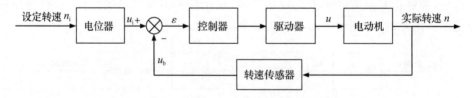

图 1-15　直流电动机转速闭环控制系统框图

闭环控制系统又称反馈控制系统,具有自动修正被控量偏离给定值的作用,因而可以抑制内扰和外扰引起的误差,达到自动控制的目的,具有抗干扰能力强、稳态精度高、动态性能好等特点。但是控制系统在设计不合理时,闭环控制系统可能会出现不稳定现象,而开环控制系统一般不存在不稳定的问题。

1.2.2 闭环自动控制系统组成

图 1-16 所示为典型闭环自动控制系统的控制框图,一个典型的闭环自动控制系统主要由控制部分和被控部分组成。控制部分(即控制装置)的功能是接受输入信号和被控部分的反馈信号,进行比较放大后对执行环节发出控制信号,驱动被控对象运动;被控部分的功能是按驱动规律实现控制运动,同时发出反馈信号。

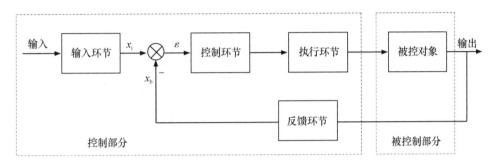

图 1-16 典型闭环自动控制系统的控制框图

控制部分由以下 5 个环节组成。

①输入环节:给出输入信号 x_i 的环节,用于确定被控对象的"目标值"。

②反馈环节:将输出量转换为反馈信号的装置,一般为检测元件(如传感器)。

③比较环节:对输入信号 x_i 与反馈信号 x_b 比较,得到偏差信号 ε,$\varepsilon = x_i - x_b$。

④控制环节:将偏差信号做必要的处理,按照一定的规律放大后,给出控制信号。

⑤执行环节:接受控制信号,驱动被控对象按照预期的规律动作。

闭环自动控制系统的特点是利用输入信息与反馈至输入处信息之间的偏差对系统的输出参数进行控制,使被控对象按一定的规律运动。将输入环节、反馈环节、比较环节、控制环节和执行环节组成控制系统的控制装置,主要是对被控制对象的控制,而控制效果主要取决于控制装置的设计。

1.3 自动控制系统的性能指标

通过输入和输出的关系可以反映自动控制系统的固有特性,因此在分析自动控制系统时,已知输入,即可求出输出,根据输出研究系统本身的固有特性。自动控制系统应用的场合不同,其评价系统的性能指标也不同,但对控制系统的基本性能指标,一般可归纳为稳定性、快速性及准确性,即稳、快、准。

1. 稳定性

稳定性是控制系统正常工作的首要条件,且是重要条件和性能指标。稳定性是指动态过程的振荡倾向和系统能够恢复平衡状态的能力,对于一个稳定的控制系统,其输出量对给定输入量的偏差应该随着时间增长逐渐减小并趋于稳定。

图 1-17 所示为系统在恒值信号作用下系统输出随时间变化的动态过程,这个过程也称为系统响应,由图 1-17 可知,曲线①在经过一定时间后输出幅值随时间增长逐渐减小,最终能够

稳定在一个恒定值上,或者在一个很小范围内波动,说明该系统是稳定的。曲线②输出幅值则随着时间增长而增大,不能稳定在一个恒定值上,无法实现预定的控制作用。

2. 快速性

快速性是指自动控制系统在稳定的情况下,当系统输出量与给定输入量之间产生偏差时,消除这种偏差的快慢程度,是衡量控制系统性能的一个重要性能指标。

在时域分析中,在允许的偏差条件下,系统输出值达到允许偏差范围所需要的时间,可说明系统的快速性,即过渡过程响应时间,如图 1-18 所示的 t_{s1} 和 t_{s2}。

由图 1-18 可知,曲线①过渡过程响应时间 t_{s1} 比曲线②过渡过程响应时间 t_{s2} 短,因此曲线①快速性好于曲线②。

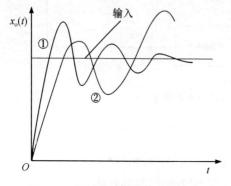

图 1-17 系统恒值阶跃响应稳定性

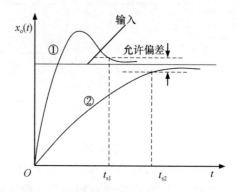

图 1-18 系统恒值阶跃响应快速性

3. 准确性

准确性是指自动控制系统在稳定的情况下,在过渡过程结束后输出量的稳态值与给定输入量的偏差,这一偏差也称为稳态偏差或稳态精度,准确性是衡量控制系统的又一个重要性能指标。

如图 1-19 所示,系统输出在经过一定时间后已经稳定在一个值上,系统实际输出稳态值与给定输入值存在差值,即是该系统的稳态偏差。系统存在稳态偏差,说明系统在一定时间内

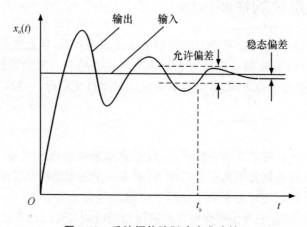

图 1-19 系统恒值阶跃响应准确性

的实际输出偏差总是大于稳态偏差。对于机械加工来说,偏差越大,加工精度越低,产品质量越差;对于汽车或拖拉机等无人驾驶来说,偏差越大,说明偏离预定路线越远。

由于自动控制系统的控制对象不同,对稳、快、准的要求侧重也不同。例如温度控制系统对系统的稳态精度要求比较高,达到±0.1℃;而直流伺服电动机控制系统则对快速性要求高,响应速度越快越好。同一个自动控制系统,稳、快、准也是相互制约的,改善系统的稳定性,可能会降低系统的快速性;提高系统的快速性,可能会导致系统稳态偏差增加。

综上所述,控制系统中被控对象的输出应尽可能迅速而准确地跟随各种输入变化规律,要实现不同的性能要求,可以通过设计不同的控制器实现。

1.4 自动控制理论的发展

随着科学技术的不断进步,自动控制理论逐渐成熟,极大提高了整个社会的劳动生产率,促进生产的发展和社会的进步。自动控制是一门年轻的学科,在 20 世纪 40 年代末才形成,按照控制理论发展的不同阶段,可分为经典控制理论、现代控制理论和智能控制理论三个阶段。

20 世纪 30 年代之前是控制理论发展萌芽时期,最早可追溯到 18 世纪中叶英国的第一次技术革命。1765 年,瓦特(James Watt)改良了蒸汽机,应用离心式飞锤调速器原理控制蒸汽机的转速。1868 年麦克斯韦(Maxwell)发表的《论调节器》,讨论控制系统的品质与系统稳定性问题。1872 年劳斯(E. J. Routh)和 1895 年赫尔维茨(Hurwitz)先后找到了系统稳定性代数判定方法。1892 年李雅普诺夫(Lyapunov)提出了系统稳定性判定准则。19 世纪末到 20 世纪上半叶电动机的应用,促进了控制系统的分析与研究,使自动控制理论具备了成为一门新兴学科的条件。

20 世纪 30 年代至 50 年代为经典控制理论发展时期,1932 年奈奎斯特(Nyquist)提出Nyquist 稳定性判据,1940 年波德(Bode)提出 Bode 稳定性判据,1946 年埃文斯(Evens)提出线性反馈控制系统根轨迹分析法,1948 年维纳(N. Wiener)总结前人的成果出版了《控制论》一书,奠定了控制理论这门学科的基础。控制理论被应用到工程技术领域,形成了工程控制理论,1954 年我国著名学者钱学森总结了控制理论的研究成果,出版了著作《工程控制论》。经典控制理论主要以单输入-单输出线性定常控制系统为研究对象,以常微分方程、复变函数和积分变换为数学工具,采用传递函数、频域方法和 PID 控制器研究单输入-单输出线性定常控制系统的分析与设计问题,这种方法对于线性定常系统是成熟有效的。

20 世纪 50 年代至 70 年代为现代控制理论发展时期,也是控制理论发展迅猛时期。这个时期的复杂工业过程如数控加工、空间技术、导弹制导自动控制问题,迫切需要新的控制方法解决,而计算机技术的成熟发展使得解决这些问题成为可能。1956 年庞特里亚金(Pontryagin)提出极大值原理,1960 年卡尔曼(Kalman)提出状态空间法、能控法和能观法,开创了控制理论新时代。现代控制理论主要以多输入-多输出系统、时变系统为研究对象,以微分方程、线性代数及数值计算为数学工具,以状态空间分析法、最优控制为主要方法,其本质上是一种时域法,主要研究多变量线性系统理论、最优控制理论以及最优估计与系统辨识理论等,从理论上解决了系统的可控性、可观测性、稳定性以及多输入-多输出、非线性及时变系统的分析和设计问题。

20 世纪 70 年代至今,控制理论向着智能控制理论方向发展。智能控制理论是自动控制发展的高级阶段,是人工智能、控制理论、仿生学以及计算机等多种学科的高度融合与集成,智能控制方法在较深层次上模拟人类大脑的思维判断过程,通过模拟人类思维判断的各种算法实现控制。智能控制理论主要研究传统方法难以解决的具有不确定性模型、高度非线性及复杂要求的复杂系统问题。目前,智能控制理论已经形成了神经网络控制、模糊控制和专家系统等重要的分支。

从控制理论的发展中可以看出,经典控制理论是基础,现代控制理论和智能控制理论是经典控制理论的延伸和拓展。目前,经典控制理论在大多数实际工程中仍然占据极其重要的位置,应用占 90%,能有效地解决许多的工程实际问题。由此可见,经典控制理论确实是现代控制理论和智能控制理论的基础,它非常有成效地解决单输入-单输出线性定常系统的分析与设计问题,是解决一般工程问题的基本方法。

1.5 自动控制技术的应用实例

随着电子计算机技术和其他高科技的发展,自动控制技术的水平越来越高,应用越来越广泛,作用越来越重要,自动控制技术已成为现代社会不可缺少的重要组成部分,在工程研究领域自动控制技术起到了关键作用。如家用电器、汽车电子控制、汽车(拖拉机)无人驾驶、工业机器人控制、卫星的导航与控制、机械加工与制造过程控制、计算机集成制造系统(CIMS)、农业装备的智能化以及智能交通运输等。

自动控制技术的应用已经覆盖各行各业,提高了工业、农业、交通、国防装备、航空航天等各个领域的自动化和智能化水平,提高了劳动生产率,减轻了劳动者的劳动强度,改善了工作环境和条件,促进了现代社会的迅速发展。因此这门新兴学科得到了人们的重视,这不仅是当今自动化技术高速发展的需要,也是信息科学和计算机科学发展的必然结果,更重要的是它提供了辨证的系统分析方法,从局部和整体两个层面上认识与分析机械系统,从而对机械系统本质进行深入的了解,以满足科技发展和工业生产、农业生产的需求。

1.5.1 工业控制系统应用实例

1. 执行机构位置自动控制系统

(1)执行机构位置开环自动控制系统

图 1-20 所示为一个典型的执行机构位置开环自动控制系统,主要由被控工作台和控制部分组成。工作台由滚珠丝杠和导轨等组成,控制部分由指令电位器、控制器、驱动器、直流伺服电动机和减速器组成。其工作过程为操作者通过指令电位器发出工作台期望位置指令 x_i,指令电位器对应输出电压 u_i,通过控制器的检测和处理,输出控制信号给驱动器带动直流伺服电动机转动,再通过减速器和滚珠丝杠驱动工作台向给定位置 x_i 运动,工作台实际位置 x_o 不一定与 x_i 相等,误差大小取决于控制系统和工作台的精度。图 1-21 所示为执行机构位置开环自动控制系统控制框图。

(2)执行机构位置闭环自动控制系统

图 1-22 所示为一个典型的执行机构位置闭环自动控制系统,自动实现操作者通过指令电位器设置的期望位置上。自动控制系统主要由被控工作台和控制部分组成,工作台由滚珠丝

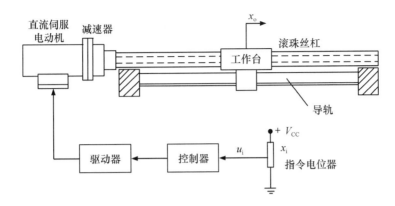

图 1-20 执行机构位置开环自动控制系统原理图

图 1-21 执行机构位置开环自动控制系统框图

杠和导轨等组成,控制部分由指令电位器、控制器、位置传感器、驱动器、直流伺服电动机和减速器组成。其工作过程为操作者通过指令电位器发出工作台期望位置指令 x_i,指令电位器对应输出电压 u_i。工作台在导轨上的实际位置 x_o 由安装在导轨上的位置传感器检测,并将实际位置 x_o 转换为电压 u_o 输出。控制器检测 u_i 和 u_o 电压值并进行比较,当 u_o 和 u_i 存在偏差时,输出控制信号给驱动器驱动直流伺服电动机转动,再通过减速器和滚珠丝杠驱动工作台向给定位置 x_i 运动。当工作台实际位置 x_o 与给定位置 x_i 相等时,u_o 和 u_i 也相等,没有偏差电压,工作台停在当前位置。当不断改变指令电位器的给定位置时,工作台就不断改变位置,以保持 $x_o=x_i$ 的状态。在系统机械结构设计合理的情况下,控制器的设计是系统性能好坏的关键。图 1-23 所示为执行机构位置闭环自动控制系统控制框图。

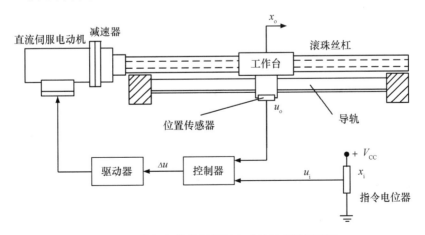

图 1-22 执行机构位置闭环自动控制系统原理图

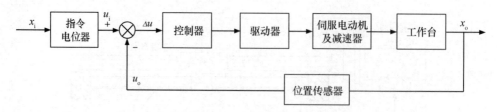

图 1-23　执行机构位置闭环控制系统框图

2. 双关节机械手控制系统

图 1-24 所示为一种双关节机械手控制系统原理图,该系统同时控制末端执行器在工作表面上的位置 x 和工件表面的接触力 F。在关节 1 和关节 2 上分别安装伺服电动机 1 和伺服电动机 2,通过各自的编码器检测关节转角 θ_1 和 θ_2,通过 θ_1 和 θ_2 即可利用运动学知识求得末端执行器的位置 x。通过两个编码器检测当前末端执行器的位置 x,通过位置控制器与期望位置 x_i 比较,生成控制电压 u_{1x} 和 u_{2x} 分别输入到功率放大器 1 和功率放大器 2,使位置偏差 $e_1 = x_i - x$ 趋于零。

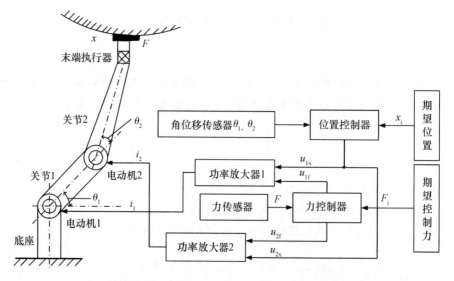

图 1-24　双关节机械手控制系统原理图

同理,通过力传感器检测 F,通过力控制器与期望力 F_i 比较,生成控制电压 u_{1f} 和 u_{2f} 分别输入到功率放大器 1 和功率放大器 2,使力偏差 $e_2 = F_i - F$ 趋于零。

图 1-25 所示为双关节机械手控制系统框图。

3. 汽车无人驾驶控制系统

汽车无人驾驶技术采用视频摄像头、激光雷达传感器等检测汽车周围的交通状况,并通过地图(通过有人驾驶汽车采集的地图)对前方的道路进行导航。激光雷达置于车顶,对一定半径周围环境进行扫描,以 3D 地图的方式呈现,给予计算机最初步的判断依据。前置摄像头和后视镜附近安置的摄像头,用于识别交通信号灯,辨别移动的物体,如前方车辆、自行车或行人。图 1-26 所示为汽车无人驾驶控制系统框图。

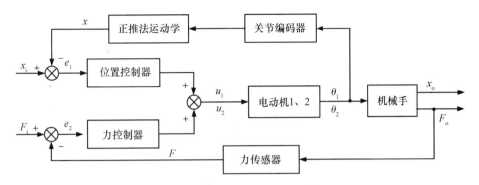

图 1-25 双关节机械手控制系统框图

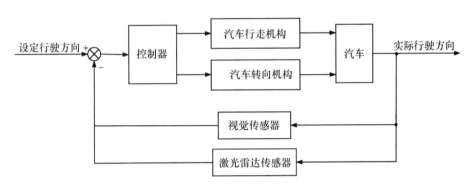

图 1-26 汽车无人驾驶控制系统框图

1.5.2 农业装备控制系统应用实例

1.精准施药灭虫自动控制系统

在施药作业过程中,少施药达不到消除病虫害的效果,多施药则会造成环境污染。为了实现抗灾、减损、增效,减少对环境的污染,在保证防治病虫害效果的前提下,精准施药灭虫自动控制系统可提高农药的有效利用率,按病虫害的严重程度精准施药。通过视觉传感器检测病虫害的严重程度,根据经验或多次试验结果给出施药量,由控制器通过电磁阀开度控制施药装置精准喷洒实际的药量,这是一个开环自动控制系统,因此实际施药量不一定与给定施药量相同,误差取决于整个控制系统各个组成部分误差之和。灭虫效果需要不断总结经验,不断改变给定施药量才能达到少施药、多灭虫的目的。图 1-27 所示为精准施药灭虫控制系统框图。

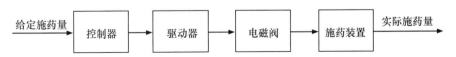

图 1-27 精准施药灭虫控制系统框图

2. 四旋翼无人机自动控制系统

图1-28(a)所示为四旋翼无人机实物,图1-28(b)所示为四旋翼无人机飞行结构原理图,四旋翼无人机的4个螺旋桨呈十字或交叉型对称分布,动力由4个螺旋桨转动产生。4个螺旋桨转速不同会产生升力差,并产生轴力的不平衡,进而在合力方向产生加速度,实现飞行状态的改变。四旋翼或多旋翼无人机目前在农业上应用较多,在遥感监测方面,无人机搭载摄像头拍摄农田作物病虫害和生长情况;在作物病虫害治理和生长管理方面,根据遥感监测的数据,无人机搭载施药装置或水肥装置进行施药、施肥喷洒,控制过程类似图1-27。作业效果与无人机飞行高度和速度有关,四旋翼无人机飞行高度控制系统框图如图1-29所示。

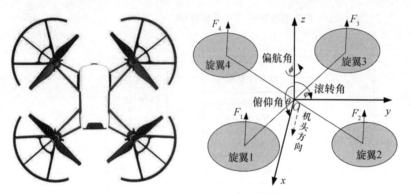

（a）四旋翼无人机实物　　　（b）四旋翼无人机飞行结构原理图　　　数字资源 1-1

图 1-28　四旋翼无人机实物及结构原理图　　　无人机控制视频

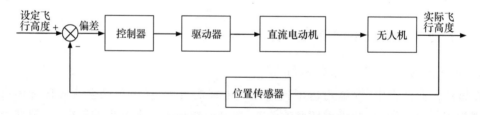

图 1-29　四旋翼无人机高度控制系统框图

3. 玉米播种单体下压力自动控制系统

图1-30所示为玉米播种单体下压力自动控制系统原理图,主要由平行四连杆1、电动缸2、力传感器3、开沟器4、排种器5、镇压轮6、种箱7和控制器(图中未画)组成。控制器采集力传感器3的实际下压力值,与设定下压力值比较,如果存在偏差则控制电动缸2动作改变下压力,并施加到播种单体上进而控制播深,即通过下压力控制播深,使玉米种子播种深度一致,图1-31所示为玉米播种单体下压力自动控制系统框图。

4. 农业机器人图像导航控制系统

图1-32所示为一种图像导航农业机器人自动导航控制系统原理图,主要由电池1、驱动行走电动机与减速器2、车轮3、转向电动机与减速器4、图像传感器5和控制器6组成。当设定行驶路径后,控制器通过图像传感器采集农业机器人行驶前方的情况,经过图像处理与识别确

定农业机器人的行驶路径,控制转向电动机按照确定的路径行驶,图 1-33 所示为图像导航农业机器人自动导航控制系统框图。

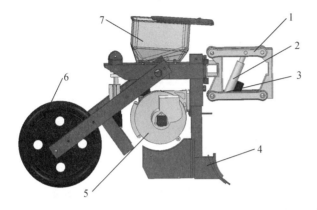

1.平行四连杆;2.电动缸;3.力传感器;4.开沟器;5.排种器;6.镇压轮;7.种箱

图 1-30　玉米播种单体下压力自动控制系统原理图

数字资源 1-2
播种机下压力控制视频

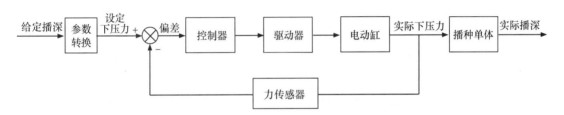

图 1-31　玉米播种单体下压力自动控制系统框图

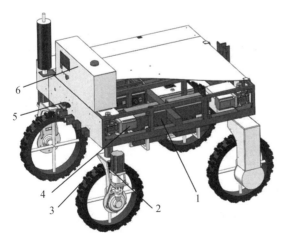

1.电池;2.驱动行走电动机与减速器;3.车轮;
4.转向电动机与减速器;5.图像传感器;6.控制器

图 1-32　图像导航农业机器人自动导航控制系统原理图

数字资源 1-3
农业机器人自动行走视频

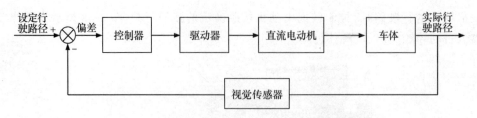

图 1-33　图像导航农业机器人自动导航控制系统框图

5. 饲草推送机器人自主作业自动控制系统

图 1-34 所示为饲草推送机器人自主作业自动控制系统结构图,主要由上盖 1、旋转滚筒 2、底盘 3、直流电动机与减速器 4、超声波传感器 5 和安装在内部的陀螺仪、控制器组成。当设定好行驶路径后,控制器不断采集超声波传感器和陀螺仪的数据,经过数据比较、数据融合运算确定行驶路径,发出控制指令,控制直流电动机的运行速度,实现差速转向控制饲草推送机器人按照给定路径行驶,图 1-35 所示为饲草推送机器人自主作业自动控制系统框图。

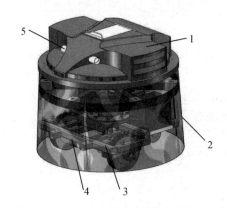

1. 上盖;2. 旋转滚筒;3. 底盘;4. 直流电动机与减速器;5. 超声波传感器

图 1-34　饲草推送机器人自主作业自动控制系统结构图

数字资源 1-4
饲草推送机器人自动行走视频

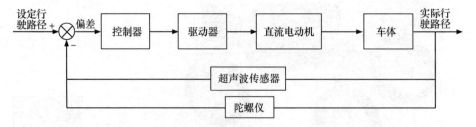

图 1-35　饲草推送机器人自主作业自动控制系统框图

6. 温室大棚环境参数自动控制系统

图 1-36 所示为塑料日光温室大棚结构示意图,智能化温室大棚能够自动控制环境参数温度、湿度、光照等,满足植物生长的需求,在不适宜植物生长的季节,尤其是低温季节进行蔬菜、花卉等植物栽培或育苗等。温室大棚温度、湿度、光照等参数的控制属于一个复杂耦合系统,当打

开通风装置时,温度、湿度都会发生变化,当增大光照时,温度也会升高,湿度会下降,因此根据不同的参数需求采取不同的控制方法。图 1-37 所示为智能化温室环境参数自动控制系统框图。

图 1-36 塑料日光温室大棚结构示意图

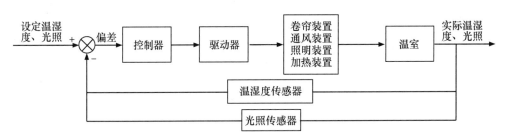

图 1-37 智能化温室环境参数自动控制系统框图

7.拖拉机液压悬挂耕深自动控制系统

图 1-38 所示为拖拉机液压悬挂耕深自动控制系统原理图,给定耕深位置通过耕深控制手柄设定,实际耕深位置通过耕深位移传感器检测,控制器检测给定和实际耕深值并进行比较,当实际值小于给定值时,控制器控制电液比例换向阀工作在上位,液压泵卸荷,在犁自身的重量作用下液压缸中的油液排回油箱,悬挂机构和犁下降,实际耕深增加,使实际值等于给定值;反之,控制电液比例换向阀工作在下位,液压泵输出压力油流入液压缸,通过提升机构(随动凸轮),悬挂机构和犁上升,实际耕深减少,使实际值等于给定值。图 1-39 所示为拖拉机液压悬挂耕深自动控制系统框图。

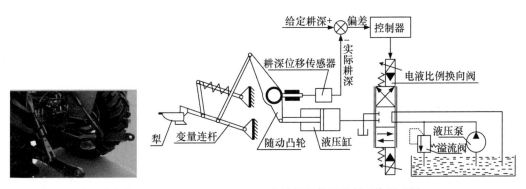

(a)拖拉机电液悬挂实物　　　　　　(b)电液悬挂耕深控制系统原理图

图 1-38 拖拉机液压悬挂耕深自动控制系统原理图

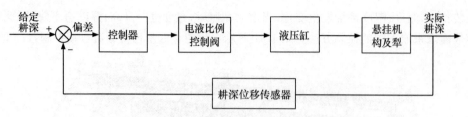

图 1-39 拖拉机液压悬挂耕深控制系统框图

习题

1.1 控制系统和自动控制系统的区别是什么？

1.2 自动控制系统有许多类型及分类方法,试简要说明。

1.3 画出典型闭环控制系统的基本组成,并简单说明。

1.4 自动控制系统的性能指标是什么？

1.5 将学习本课程作为一个动态系统考虑,试分析这一动态系统的输入、输出及系统的固有特性,并画出系统控制框图。应采取什么措施改善系统特性来提高学习质量？

1.6 简单阐述楼房单元门禁控制系统和电饭煲工作原理,它们各属于开环系统还是闭环系统？比较其优缺点。

1.7 举出 5 个身边自动控制系统的例子,试用控制框图说明其控制原理,并指出是开环控制还是闭环控制。

1.8 图 1-40 所示为两种类型的水位自动控制系统。试画出它们的控制系统框图,说明自动控制水位的过程,并指出两者的区别。

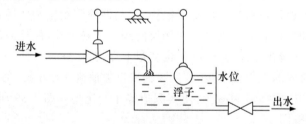

（a）水位自动控制系统

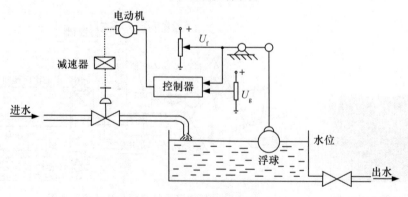

（b）水位电动控制系统

图 1-40 水位自动控制系统

1.9 图 1-41 所示为一个张力控制系统,当送料速度在短时间内突然变化时,输出速度如何变化,试说明控制系统的工作原理,画出控制系统框图。

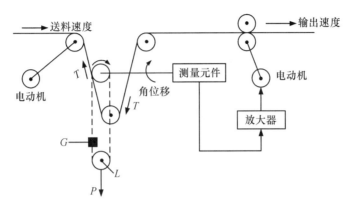

图 1-41 张力控制系统受力图

1.10 图 1-42 所示为自动门控制系统原理简图,试说明自动控制大门开闭的工作原理,并画出控制系统框图。

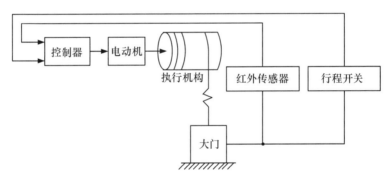

图 1-42 自动门控制系统原理简图

1.11 图 1-43 所示为水温控制系统原理图。冷水在热交换器中由通入的蒸汽加热,从而得到一定温度的热水。冷水流量变化用流量计测量。试分析系统的工作原理,并画出控制系统框图。

1.12 图 1-44 所示为计算机控制的机床刀具进给系统,工件的加工过程程序存入计算机,计算机根据程序指令控制步进电动机驱动器,使步进电动机运动,完成加工任务,试说明该系统的工作原理,属于哪类控制系统,画出控制系统框图。

1.13 图 1-45 所示为谷物湿度控制系统。在谷物的磨粉生产过程中,有一个出粉率最高的湿度,因此在磨粉之前要给谷物加水,以得到要求的湿度。在图 1-45 中,谷物按一定流量通过加水点,加水量由控制器驱动阀门控制。加水过程中,谷物流量的变化、加水前谷物湿度以及水源水压的变化都会对谷物湿度控制产生扰动作用。为了提高控制精度,系统中采用了谷物湿度的顺馈控制。试分析系统工作原理,画出控制系统框图。

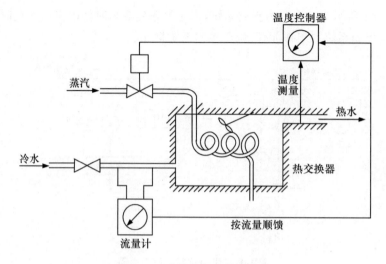

图 1-43　水温控制系统原理图

图 1-44　机床刀具进给系统

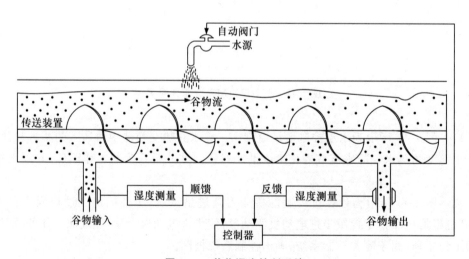

图 1-45　谷物湿度控制系统

1.14　图 1-46 所示为奶粉干燥控制系统。试分析其工作原理,画出控制系统框图。

1.15　图 1-47 为电炉温度自动控制系统原理图。(1)指出系统输出量、给定输入量、扰动输入量、被控对象和控制器组成部分,并画出控制系统框图;(2)说明该系统偏差是怎样消除或减少的。

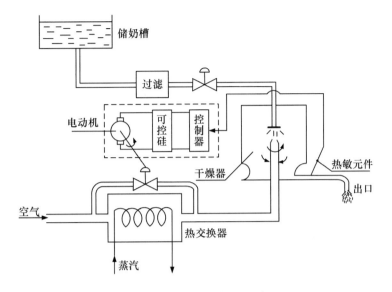

图 1-46 奶粉干燥控制系统

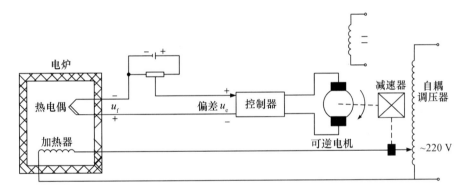

图 1-47 电炉温度自动控制系统原理图

第 2 章　控制系统数学基础

　　动态系统的数学模型可以用微分方程表达,为得到系统状态随时间的变化过程,需要对微分方程进行求解。实际系统精确的数学模型描述较为复杂,在数学模型建立过程中经常会进行一定简化或引入很强的假设条件,使得模型易于求解。由于微分方程的重要性和求解难度,使得微分方程成为数学领域的一个重要分支。对控制系统分析而言,为了避免在时域上直接求解微分方程,可以采用积分变换转换系统状态的求解方法,降低数学工具在工程领域中应用的难度。

　　积分变换是通过积分运算,把一个变量域上的函数转换到另一个变量域上进行描述。常见的积分变换方法有傅立叶变换和拉普拉斯变换,以及从傅立叶变换衍生出的离散傅立叶变换、小波变换。1812 年拉普拉斯在《概率的分析理论》中总结了当时整个概率论的研究,并导入"拉普拉斯变换"。对于线性定常系统,采用拉普拉斯变换将微分方程(组)变换为代数方程(组),容易求得系统响应在复数域的描述函数,再利用拉普拉斯逆变换得到系统状态关于时间的表达式,使控制系统的分析过程得到极大的简化。得益于上述性质,拉普拉斯变换成为控制系统分析的重要数学工具。

　　本章内容属于数学基础部分,主要介绍与自动控制理论关系密切的内容,包括复变函数基础知识、拉普拉斯变换的定义及其性质、典型函数的拉普拉斯变换、拉普拉斯逆变换等。

数字资源 2-1
科学家傅立叶介绍

数字资源 2-2
科学家拉普拉斯介绍

2.1　复变函数

　　复变函数论是数学中的重要分支,源于方程求根时出现负数开平方的问题。在 18 世纪后期,数学家欧拉引入虚数单位 i,给出了复指数函数及三角形式表达之间的关系,即著名的欧拉公式 $e^{i\theta} = \cos\theta + i\sin\theta$。复变函数论在 19 世纪取得了全面发展,做出重要贡献的数学家有欧拉、拉普拉斯、柯西、黎曼和维尔斯特拉斯等。20 世纪初,列夫勒和彭加勒等数学家在复变函数论上开拓了更广阔的研究领域。

2.1.1 复数的表达

1. 代数表达形式

定义虚数单位 i 满足条件 $i^2 = -1$，对于 $x, y \in R$，得到复数的代数表达形式为

$$z = x + iy \tag{2-1}$$

式中，x——复数的实部并记为 $\text{Re}(z) = x$；y——复数的虚部并记为 $\text{Im}(z) = y$。

当 $y = 0$ 时，$z = x$，即复数 z 退化为实数；当 $x = 0$ 时，$z = iy$，定义为纯虚数。

对 $z = x + iy$，定义 $\bar{z} = x - iy$ 为 z 的共轭复数。

定义实部和虚部分别相等时，两个复数相等。

2. 几何表达形式——复平面

根据复数的代数表达形式 $z = x + iy$，实数对 (x, y) 与复数 z 唯一对应，以 x 为横轴、y 为纵轴构建正交坐标的平面，则可用平面内的点 $A(x, y)$ 表示复数 $z = x + iy$，x 轴称为实轴，y 轴称为虚轴，实轴和虚轴形成的二维空间称为复平面，如图 2-1 所示。

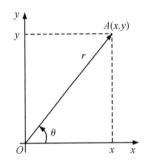

图 2-1　复平面与向量

由图 2-1 可知，复数 z 与在复平面上从原点指向点 $A(x, y)$ 的向量一一对应，定义向量的长度为 z 的模，记为 $|z|$ 或 r，则有 $|z| = \sqrt{x^2 + y^2}$。以实轴的正半轴为起始，以 $z(z \neq 0)$ 对应向量为终止对应的角称为复数 z 的幅角，记为 $\text{Arg}z$。当 $z = 0$ 时，约定幅角为任意值。

当 $z \neq 0$ 时，其幅角为多值且各值之间相差为 $2k\pi(k = 0, \pm 1, \cdots)$，定义在区间 $(-\pi, \pi]$ 内的幅角为主幅角并记为 $\text{arg}z$，则幅角与主幅角的关系为

$$\text{Arg}z = \text{arg}z + 2k\pi(k = 0, \pm 1, \cdots) \tag{2-2}$$

若已知复平面内的点 $z(x, y)$，且 x 和 y 均不为零，则复数 z 的主幅角 $\text{arg}z$ 可由反正切函数求取，不同象限的主幅角如图 2-2 及式(2-3)所示。

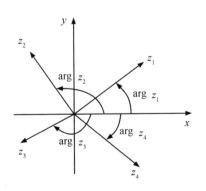

图 2-2　不同象限的主幅角

$$\text{arg}z = \begin{cases} \arctan \dfrac{y}{x}, & x > 0, y \in R \\[2mm] \dfrac{\pi}{2}, & x = 0, y > 0 \\[2mm] \arctan \dfrac{y}{x} + \pi, & x < 0, y \geq 0 \\[2mm] \arctan \dfrac{y}{x} - \pi, & x < 0, y < 0 \\[2mm] -\dfrac{\pi}{2}, & x = 0, y < 0 \end{cases} \tag{2-3}$$

3. 三角和指数表达形式

当复数的模不为零时,即 $z \neq 0$,可以得到复数 z 的三角表达形式为

$$z = x + \mathrm{i}y = r\left(\frac{x}{r} + \mathrm{i}\,\frac{y}{r}\right) = r\cos\theta + \mathrm{i}r\sin\theta \tag{2-4}$$

根据欧拉公式 $\mathrm{e}^{\mathrm{i}\theta} = \cos\theta + \mathrm{i}\sin\theta$,可以得到复数的指数表达形式为

$$z = r\cos\theta + \mathrm{i}r\sin\theta = r\mathrm{e}^{\mathrm{i}\theta} \tag{2-5}$$

2.1.2 复数的运算

定义复数

$$z_1 = x_1 + \mathrm{i}y_1 = r_1\cos\theta_1 + \mathrm{i}r_1\sin\theta_1 = r_1\mathrm{e}^{\mathrm{i}\theta_1}$$
$$z_2 = x_2 + \mathrm{i}y_2 = r_2\cos\theta_2 + \mathrm{i}r_2\sin\theta_2 = r_2\mathrm{e}^{\mathrm{i}\theta_2}$$

1. 复数的和差运算

复数的和差运算,是对复数的实部和虚部分别进行和差运算,即

$$z_1 + z_2 = (x_1 + x_2) + \mathrm{i}(y_1 + y_2)$$
$$z_1 - z_2 = (x_1 - x_2) + \mathrm{i}(y_1 - y_2) \tag{2-6}$$

2. 复数的乘法

复数相乘的代数、三角和指数表达形式如式(2-7)所示。

$$\begin{aligned}
z_1 z_2 &= (x_1 + \mathrm{i}y_1)(x_2 + \mathrm{i}y_2) = (x_1 x_2 - y_1 y_2) + \mathrm{i}(x_1 y_2 + x_2 y_1) \\
&= r_1 r_2 [\cos(\theta_1 + \theta_2) + \mathrm{i}\sin(\theta_1 + \theta_2)] \\
&= r_1 r_2 \mathrm{e}^{\mathrm{i}(\theta_1 + \theta_2)}
\end{aligned} \tag{2-7}$$

由式(2-7)可以看出,两个复数相乘时,各自对应向量的模相乘,幅角相加。

3. 复数的除法

复数相除的代数、三角和指数表达形式如式(2-8)所示,此时 $z_2 \neq 0$。

$$\begin{aligned}
\frac{z_1}{z_2} &= \frac{x_1 + \mathrm{i}y_1}{x_2 + \mathrm{i}y_2} = \frac{(x_1 x_2 + y_1 y_2) + \mathrm{i}(x_2 y_1 - x_1 y_2)}{x_2^2 + y_2^2} \\
&= \frac{r_1}{r_2}[\cos(\theta_1 - \theta_2) + \mathrm{i}\sin(\theta_1 - \theta_2)] \\
&= \frac{r_1}{r_2}\mathrm{e}^{\mathrm{i}(\theta_1 - \theta_2)}
\end{aligned} \tag{2-8}$$

由式(2-8)可以看出,两个复数相除时,各自对应向量的模相除,幅角相减。

4. 复数的乘幂

对复数 z,记其 n 次方幂为 z^n,利用指数表达形式 $z = r\mathrm{e}^{\mathrm{i}\theta}$ 代入,有

$$z^n = (r\mathrm{e}^{\mathrm{i}\theta})^n = r^n \mathrm{e}^{\mathrm{i}n\theta} = r^n(\cos n\theta + \mathrm{i}\sin n\theta) \tag{2-9}$$

5. 复数的方根

定义满足方程 $w^n = z(n \geqslant 2, z \neq 0)$ 的复数 w 为 z 的 n 次方根，记为 $w = \sqrt[n]{z}$。

定义 $w = \lambda e^{i\beta}$，则 $\lambda^n e^{in\beta} = r e^{i\theta}$

因此有 $\lambda^n = r, n\beta = \theta + 2k\pi$

则 $\lambda = \sqrt[n]{r}, \beta = \dfrac{\theta + 2k\pi}{n}$

w 的表达式为

$$w = \sqrt[n]{r}\, e^{i\frac{\theta + 2k\pi}{n}} = \sqrt[n]{r}\left(\cos\frac{\theta + 2k\pi}{n} + i\sin\frac{\theta + 2k\pi}{n}\right) \tag{2-10}$$

式中，当 k 取 $0, 1, 2, \cdots, n-1$ 时，w 有 n 个不同的取值，且模相同，相邻两值的幅角相差 $\dfrac{2k\pi}{n}$。

2.1.3 复变函数

对于复平面上的点集 **U**，若对 **U** 内的任意点 $z = x + iy$，都有至少 1 个 $w = u + iv$ 与之对应，则称 w 是复变量 z 的复变函数，点集 **U** 为函数的定义域，z 为复变量，w 取值全体为函数的值域，则复变函数为

$$w = f(z) \tag{2-11}$$

需要注意的是，与实变函数的定义不同，复变函数可以有 1 个自变量对应多个函数值，即复变函数可以是多值的。

对于自变量 $z = x + iy$，函数值 $w = u + iv$，有

$$w = f(z) = f(x + iy) = u(x, y) + iv(x, y) \tag{2-12}$$

则复变函数 $f(z)$ 可以用两个二元实函数描述。

复变函数的极限性质、连续性、导数、微分及解析性等定义可以参见复变函数的相关教材。

2.2 拉普拉斯变换的定义

微分方程的求解是动态系统研究的重要问题。对于参数随时间改变的非定常系统（如火箭发射过程中随着燃料的消耗其总质量在减小），其模型不是常微分方程，参数与时间相关，方程求解比较困难。对于变量在空间上具有分布性的系统，如温度、流体、电磁场相关的系统，需要用偏微分方程描述。即使对于常微分方程，很多情况下也无法直接求得解析解，在系统分析时常通过积分变换的方法求解。

积分变换是通过积分运算，把一个变量域上的函数转换到另一个变量域上进行描述，如式(2-13)所示的积分变换，定义为

$$F(s) = \int_a^b f(t) K(t, s) \mathrm{d}t \tag{2-13}$$

式中，$K(t, s)$——积分变换核；$f(t)$——原函数；$F(s)$——$f(t)$ 的象函数，积分域为 $[a, b]$。

当选取不同的积分域和变换核时，就可以得到不同的积分变换。在一定条件下，积分变换

的象函数和原函数是一对一的,而且变换可逆。

常见的积分变换方法有傅立叶变换和拉普拉斯变换,以及从傅立叶变换衍生出的离散傅立叶变换、小波变换。傅立叶变换将时域函数变换为频率域函数,在信号分析领域得到大量应用。傅立叶变换的定义为

$$F(\omega) = \int_{-\infty}^{+\infty} f(t) e^{-j\omega t} \, dt \tag{2-14}$$

在傅立叶变换中,积分的范围为整个时间域,但在控制系统分析中往往认为初始时刻及之前的状态已知,主要关注从某时刻起系统即将产生的行为。拉普拉斯变换的积分域为 $t \in [0, +\infty)$,更符合控制系统中对系统分析的需求。对于线性定常系统,采用拉普拉斯变换可以将其微分方程变换为代数方程,进而容易求得系统响应在复数域的函数表达,再利用拉普拉斯逆变换得到关于时间的表达式,使得控制系统的分析过程得到极大简化。得益于上述性质,拉普拉斯变换成为控制系统分析的重要数学工具。

拉普拉斯变换(Laplace Transform),简称拉氏变换,在经典控制理论中,对控制系统的分析都是基于拉氏变换方法的。采用拉氏变换将微分方程转换为代数方程,使得系统的模型可以由传递函数描述,结合框图、代数推导等方法就可以得到系统的输入变量和输出变量之间的数学描述,从而实现系统的建模、分析和求解。

对关于实变量 t 的函数 $f(t)$,在 $t \in [0, +\infty)$ 定义域内按式(2-13)进行运算,若积分结果绝对收敛,则称该变换过程为拉普拉斯变换,即

$$F(s) = \int_0^{+\infty} f(t) e^{-st} \, dt \tag{2-15}$$

式中,s——复变量,称 $F(s)$ 为函数 $f(t)$ 的拉氏变换;$f(t)$——原函数;$F(s)$——象函数。

拉氏变换记为

$$F(s) = L[f(t)] \tag{2-16}$$

拉氏逆变换记为

$$f(t) = L^{-1}[F(s)] \tag{2-17}$$

需要注意的是,拉氏变换的积分域为 $[0, +\infty)$,相当于只考虑了原函数 $f(t)$ 在 $t \geq 0$ 范围的特性,在进行拉氏逆变换时不能求解 $f(t)$ 在 $t < 0$ 范围的值。

例 2.1 定义单位阶跃函数为 $u(t) = \begin{cases} 1, t \geq 0 \\ 0, t < 0 \end{cases}$,定义常值函数 $g(t) = 1, t \in (-\infty, +\infty)$,求函数 $u(t)$ 和 $g(t)$ 的拉普拉斯变换。

解:根据拉普拉斯变换的定义,有

$$L[u(t)] = \int_0^{+\infty} u(t) e^{-st} \, dt = \int_0^{+\infty} e^{-st} \, dt = \frac{1}{-s} e^{-st} \Big|_0^{+\infty} = \frac{1}{s}$$

$$L[g(t)] = \int_0^{+\infty} g(t) e^{-st} \, dt = \int_0^{+\infty} e^{-st} \, dt = \frac{1}{s}$$

在例 2.1 中可以看出 $u(t)$ 与 $g(t)$ 虽然不同,但二者的拉氏变换结果相同,因为拉氏变换中积分的变量域为 $[0, +\infty)$,而 $u(t)$ 与 $g(t)$ 在 $[0, +\infty)$ 范围内是相同的。

结论：对任意的函数 $f(t)$，在 $(-\infty,0)$ 范围内函数的取值不会影响拉氏变换的结果，对函数 $f(t)$ 进行拉氏变换相当于对函数 $f(t) \cdot u(t)$ 进行拉氏变换。

当函数 $f(t)$ 在 $t \in [0,+\infty)$ 区域内不是连续函数而需要分段描述时，其拉氏变换可以通过分段积分得到。对 $[0,+\infty)$ 有定义的函数 $f(t)$，令 t_1 和 t_2 满足 $0 < t_1 < t_2 < +\infty$，函数 $f(t)$ 的拉氏变换为

$$L[f(t)] = \int_0^{+\infty} f(t)\mathrm{e}^{-st}\mathrm{d}t = \int_0^{t_1} f(t)\mathrm{e}^{-st}\mathrm{d}t + \int_{t_1}^{t_2} f(t)\mathrm{e}^{-st}\mathrm{d}t + \int_{t_2}^{+\infty} f(t)\mathrm{e}^{-st}\mathrm{d}t \quad (2\text{-}18)$$

例 2.2 定义函数 $f(t) = \begin{cases} \mathrm{e}^{-at}, 0 \leq t < m \\ 1, t \geq m \end{cases}$，其中 a 和 m 为常数，求 $f(t)$ 的拉氏变换。

解：根据函数 $f(t)$ 的定义进行分段求积分，其拉氏变换为

$$\begin{aligned} L[f(t)] &= \int_0^{+\infty} f(t)\mathrm{e}^{-st}\mathrm{d}t \\ &= \int_0^m \mathrm{e}^{-at}\mathrm{e}^{-st}\mathrm{d}t + \int_m^{+\infty} \mathrm{e}^{-st}\mathrm{d}t \\ &= \frac{1}{-(s+a)}\mathrm{e}^{-(a+s)t}\Big|_0^m + \frac{1}{-s}\mathrm{e}^{-st}\Big|_m^{+\infty} \\ &= \frac{1}{-(s+a)}(\mathrm{e}^{-ma+ms}-1) + \frac{1}{s}\mathrm{e}^{-ms} \end{aligned}$$

2.3 典型函数的拉普拉斯变换

在控制系统分析中，常用几种简单的典型函数作为输入信号，观察系统对输入信号的响应，如单位脉冲、单位阶跃、单位斜坡、正弦函数，因此需熟练掌握典型函数的拉氏变换。

2.3.1 单位脉冲函数的拉氏变换

单位脉冲函数 $\delta(t)$ 的定义为

$$\delta(t) = \begin{cases} +\infty, t=0 \\ 0, t \neq 0 \end{cases}, \text{且满足} \int_{-\infty}^{+\infty} \delta(t)\mathrm{d}t = 1$$

实际上，对于单位脉冲函数有 $\int_{-\infty}^{+\infty} \delta(t)\mathrm{d}t = \int_{0^-}^{0^+} \delta(t)\mathrm{d}t$，其拉氏变换为

$$L[\delta(t)] = \int_{0^-}^{+\infty} \delta(t)\mathrm{e}^{-st}\mathrm{d}t = \int_{0^-}^{0^+} \delta(t)\mathrm{e}^{-st}\mathrm{d}t = 1 \quad (2\text{-}19)$$

2.3.2 单位阶跃函数的拉氏变换

单位阶跃函数 $u(t)$ 的定义为

$$u(t) = \begin{cases} 1, t \geq 0 \\ 0, t < 0 \end{cases}$$

其拉氏变换为

$$L[u(t)] = \int_0^{+\infty} u(t)e^{-st}dt = \int_0^{+\infty} e^{-st}dt = \frac{1}{-s}e^{-st}\bigg|_0^{+\infty} = \frac{1}{s} \tag{2-20}$$

2.3.3 单位斜坡函数的拉氏变换

单位斜坡函数 $r(t)$ 的定义为

$$r(t) = \begin{cases} t, & t \geqslant 0 \\ 0, & t < 0 \end{cases}$$

其拉氏变换为

$$L[r(t)] = \int_0^{+\infty} r(t)e^{-st}dt = \int_0^{+\infty} te^{-st}dt = t\frac{e^{-st}}{-s}\bigg|_0^{+\infty} - \int_0^{+\infty} \frac{e^{-st}}{-s}dt$$

$$= \frac{1}{s}\int_0^{+\infty} e^{-st}dt = \frac{1}{s^2} \tag{2-21}$$

2.3.4 单位抛物线函数的拉氏变换

单位抛物线函数的定义为

$$f(t) = \begin{cases} \dfrac{1}{2}t^2, & t \geqslant 0 \\ 0, & t < 0 \end{cases}$$

其拉氏变换为

$$L[f(t)] = \int_0^{+\infty} f(t)e^{-st}dt = \int_0^{+\infty} \frac{1}{2}t^2 e^{-st}dt = \frac{1}{2}t^2\frac{e^{-st}}{-s}\bigg|_0^{+\infty} - \int_0^{+\infty} t\frac{e^{-st}}{-s}dt$$

$$= \frac{1}{s}\int_0^{+\infty} te^{-st}dt = \frac{1}{s^3} \tag{2-22}$$

2.3.5 指数函数的拉氏变换

指数函数的定义为

$$f(t) = \begin{cases} e^{at}, & t \geqslant 0 \\ 0, & t < 0 \end{cases}, a \text{ 为实数或复数}$$

其拉氏变换为

$$L[f(t)] = \int_0^{+\infty} e^{at}e^{-st}dt = \int_0^{+\infty} e^{-(s-a)t}dt = -\frac{1}{s-a}e^{-(s-a)t}\bigg|_0^{+\infty}$$

$$= \frac{1}{s-a} \quad (\mathrm{Re}(s) > a) \tag{2-23}$$

2.3.6　正弦和余弦函数的拉氏变换

正弦函数和余弦函数的定义可以根据欧拉公式得到,根据欧拉公式

$$e^{i\theta} = \cos\theta + i\sin\theta$$
$$e^{-i\theta} = \cos\theta - i\sin\theta$$

因此

$$\cos\theta = \frac{e^{i\theta} + e^{-i\theta}}{2}, \sin\theta = \frac{e^{i\theta} - e^{-i\theta}}{2i}$$

对角频率为 ω 的正弦函数,其拉氏变换为

$$
\begin{aligned}
L[\sin\omega t] &= \int_0^{+\infty} \sin\omega t \, e^{-st} \, dt = \int_0^{+\infty} \frac{e^{i\omega t} - e^{-i\omega t}}{2i} e^{-st} \, dt = \frac{1}{2i} \int_0^{+\infty} \left[e^{-(s-i\omega)t} - e^{-(s+i\omega)t} \right] dt \\
&= \frac{1}{2i} \left(\frac{-1}{s-i\omega} e^{-(s-i\omega)t} \Big|_0^{+\infty} - \frac{-1}{s+i\omega} e^{-(s+i\omega)t} \Big|_0^{+\infty} \right) \\
&= \frac{1}{2i} \left(\frac{1}{s-i\omega} - \frac{1}{s+i\omega} \right) = \frac{\omega}{s^2 + \omega^2}
\end{aligned}
\tag{2-24}
$$

采用上述类似计算方法可得余弦函数的拉氏变换为

$$L[\cos\omega t] = \frac{s}{s^2 + \omega^2} \tag{2-25}$$

2.4　拉普拉斯变换的基本性质

2.4.1　线性叠加性质

线性叠加是拉普拉斯变换的基本性质之一,很容易根据拉氏变换的定义证明得到。若函数 $f_1(t)$ 和 $f_2(t)$ 的拉普拉斯变换存在,分别记为 $F_1(s) = L[f_1(t)]$ 和 $F_2(s) = L[f_2(t)]$,则对于常数 α 和 β 有

$$
\begin{aligned}
L[\alpha f_1(t) + \beta f_2(t)] &= \int_0^{+\infty} [\alpha f_1(t) + \beta f_2(t)] e^{-st} \, dt \\
&= \alpha \int_0^{+\infty} f_1(t) e^{-st} \, dt + \beta \int_0^{+\infty} f_2(t) e^{-st} \, dt \\
&= \alpha F_1(s) + \beta F_2(s)
\end{aligned}
\tag{2-26}
$$

同样,拉普拉斯逆变换满足

$$L^{-1}[\alpha F_1(s) + \beta F_2(s)] = \alpha L^{-1}[F_1(s)] + \beta L^{-1}[F_2(s)] \tag{2-27}$$

令式(2-26)中 $f_2(t) = 0$,可以得到拉氏变换的比例性质,即 $L[\alpha f_1(t)] = \alpha F_1(s)$,可以看出比例性质是一种特殊的线性性质。

例 2.3　求函数 $\sin\omega t + 5$ 的拉普拉斯变换。

解：$L[\sin\omega t + 5] = L[\sin\omega t] + L[5] = \dfrac{\omega}{s^2 + \omega^2} + \dfrac{5}{s}$

2.4.2 时域平移性质

定义函数 $f(t)$ 满足当 $t<0$ 时，$f(t)=0$，其拉氏变换为 $L[f(t)]=F(s)$。对任意实数 $a\geqslant 0$，当 $0<t<a$ 时，$f(t-a)=0$，因此

$$L[f(t-a)]=\int_0^{+\infty} f(t-a)\mathrm{e}^{-st}\mathrm{d}t=\int_0^{+\infty} f(t-a)\mathrm{e}^{-s(t-a)}\mathrm{e}^{-as}\mathrm{d}t$$

$$=\mathrm{e}^{-as}\int_a^{+\infty} f(t-a)\mathrm{e}^{-s(t-a)}\mathrm{d}(t-a) \tag{2-28}$$

定义 $\tau=t-a$，于是得到拉氏变换的时域平移性质

$$L[f(t-a)]=\mathrm{e}^{-as}\int_0^{+\infty} f(\tau)\mathrm{e}^{-s\tau}\mathrm{d}\tau=\mathrm{e}^{-as}F(s) \tag{2-29}$$

例 2.4 求函数 $f(t)=\begin{cases}0,0\leqslant t<a\\ \sin(t-a),t\geqslant a\end{cases}$ 的拉普拉斯变换。

解：

方法一：根据 $L[\sin t]=\dfrac{1}{s^2+1}$ 和拉氏变换的时域平移性质，可以直接得到 $f(t)$ 的拉氏变换为

$$L[f(t)]=\mathrm{e}^{-as}\frac{1}{s^2+1}$$

方法二：根据拉氏变换的定义求解

$$L[f(t)]=\int_0^{+\infty} f(t)\mathrm{e}^{-st}\mathrm{d}t=\int_0^{+\infty}\sin(t-a)\mathrm{e}^{-st}\mathrm{d}t$$

$$=\mathrm{e}^{-as}\int_a^{+\infty}\sin(t-a)\mathrm{e}^{-s(t-a)}\mathrm{d}(t-a)$$

$$=\mathrm{e}^{-as}\frac{1}{s^2+1}$$

2.4.3 复域位移性质

若函数 $f(t)$ 的拉氏变换存在，记为 $L[f(t)]=F(s)$，对于复常数 a，函数 $\mathrm{e}^{at}f(t)$ 的拉氏变换为

$$L[\mathrm{e}^{at}f(t)]=\int_0^{+\infty}\mathrm{e}^{at}f(t)\mathrm{e}^{-st}\mathrm{d}t=\int_0^{+\infty} f(t)\mathrm{e}^{-(s-a)t}\mathrm{d}t \tag{2-30}$$

定义 $s'=s-a$，式(2-30)右侧可以看成函数 $f(t)$ 的拉氏变换 $F(s')$，进行变量替换得到函数拉氏变换的复域位移性质

$$L[\mathrm{e}^{at}f(t)]=F(s-a) \tag{2-31}$$

同理计算可得

$$L[\mathrm{e}^{-at}f(t)]=F(s+a) \tag{2-32}$$

例 2.5 求下列函数的拉普拉斯变换,其中 a 为复常数。

(1) $e^{-at}\sin\omega t$ (2) $e^{at}\sin\omega t$ (3) $e^{-at}\cos\omega t$ (4) $e^{at}\cos\omega t$

解: 利用复域位移性质和函数 $\sin\omega t$、$\cos\omega t$ 的拉氏变换结果可得

(1) $L[e^{-at}\sin\omega t] = \dfrac{\omega}{(s+a)^2+\omega^2}$,   (2) $L[e^{at}\sin\omega t] = \dfrac{\omega}{(s-a)^2+\omega^2}$

(3) $L[e^{-at}\cos\omega t] = \dfrac{s+a}{(s+a)^2+\omega^2}$,   (4) $L[e^{at}\cos\omega t] = \dfrac{s-a}{(s-a)^2+\omega^2}$

2.4.4 时域尺度变换性质

定义函数 $f(t)$ 的拉氏变换为 $L[f(t)] = F(s)$,对正实数 a,定义 $\tau = t/a$,函数 $f(t/a)$ 的拉氏变换为

$$
\begin{aligned}
L\left[f\left(\frac{t}{a}\right)\right] &= \int_0^{+\infty} f\left(\frac{t}{a}\right) e^{-st}\, dt = \int_0^{+\infty} a f\left(\frac{t}{a}\right) e^{-as\frac{t}{a}}\, d\left(\frac{t}{a}\right) \\
&= a\int_0^{+\infty} f(\tau) e^{-(as)\tau}\, d(\tau) = aF(as)
\end{aligned}
\tag{2-33}
$$

例 2.6 已知函数 $f(t) = e^{-at}$,a 为复常数且 $\mathrm{Res}(a) > 0$,求 $f(t/3)$ 的拉氏变换。

解: 由于 $L[f(t)] = \dfrac{1}{s+a}$

根据时域尺度变换性质,有 $L\left[f\left(\dfrac{t}{3}\right)\right] = \dfrac{3}{3s+a}$

2.4.5 微分性质

定义函数 $f(t)$ 的拉氏变换为 $L[f(t)] = F(s)$,再用分部积分法描述函数 $f(t)$ 的拉氏变换,有

$$
\begin{aligned}
L[f(t)] &= \int_0^{+\infty} f(t) e^{-st}\, dt \\
&= f(t)\frac{e^{-st}}{-s}\bigg|_0^{+\infty} - \int_0^{+\infty} \left[\frac{d}{dt}f(t)\right]\frac{e^{-st}}{-s}\, dt \\
&= \frac{f(0)}{s} + \frac{1}{s}L\left[\frac{d}{dt}f(t)\right]
\end{aligned}
\tag{2-34}
$$

即

$$
L\left[\frac{d}{dt}f(t)\right] = sF(s) - f(0)
\tag{2-35}
$$

为考查 $\dfrac{d^2}{dt^2}f(t)$ 的拉氏变换,定义 $\dfrac{d}{dt}f(t) = h(t)$,则

$$
\begin{aligned}
L\left[\frac{d^2}{dt^2}f(t)\right] &= L\left[\frac{d}{dt}h(t)\right] \\
&= sL[h(t)] - h(0) \\
&= sL\left[\frac{d}{dt}f(t)\right] - f'(0)
\end{aligned}
\tag{2-36}
$$

$$= s[sF(s) - f(0)] - f'(0)$$
$$= s^2F(s) - sf(0) - f'(0)$$

同样方法推理,对于 $f(t)$ 的 n 阶导数,可以得到拉氏变换的微分性质为

$$L\left[\frac{d^n}{dt^n}f(t)\right] = s^nF(s) - s^{n-1}f(0) - s^{n-2}f^{(1)}(0) - \cdots - sf^{(n-2)}(0) - f^{(n-1)}(0) \quad (2\text{-}37)$$

当函数及其导函数的初值满足 $f(0) = f'(0) = \cdots = f^{(n-1)}(0) = 0$ 时,式(2-37)简化为

$$L\left[\frac{d^n}{dt^n}f(t)\right] = s^nF(s) \quad (2\text{-}38)$$

式(2-38)给出了在零初始条件下对函数 $f(t)$ 进行 n 次微分拉氏变换的方法。

例 2.7 对于在 $[0, +\infty)$ 定义的正弦函数 $\sin\omega t$ 和余弦函数 $\cos\omega t$,利用微分性质求拉氏变换。

解:定义 $F(s) = L[\sin\omega t]$,$H(s) = L[\cos\omega t]$,则

$$F(s) = L[\sin\omega t] = L\left[\frac{d}{dt}\left(-\frac{1}{\omega}\cos\omega t\right)\right] = -\frac{1}{\omega}L\left[\frac{d}{dt}(\cos\omega t)\right]$$

$$= -\frac{1}{\omega}[sH(s) - \cos 0] = -\frac{1}{\omega}[sH(s) - 1]$$

$$H(s) = L[\cos\omega t] = L\left[\frac{d}{dt}\left(\frac{1}{\omega}\sin\omega t\right)\right] = \frac{1}{\omega}L\left[\frac{d}{dt}(\sin\omega t)\right]$$

$$= \frac{1}{\omega}[sF(s) - \sin 0] = \frac{1}{\omega}sF(s)$$

综合可得到 $F(s) = \dfrac{\omega}{s^2 + \omega^2}$,$H(s) = \dfrac{s}{s^2 + \omega^2}$

例 2.8 求函数 $f(t) = t^n$ 的拉氏变换,其中 n 为正整数。

解:对满足 $0 < m < n$ 的整数 m,有 $f^{(m)}(t) = n(n-1)\cdots(n-m+1)t^{n-m}$,

且 $\quad f^{(n)}(t) = n!\ t^0 = n!$,

函数 $f^{(n)}(t) = n!$ 相当于值为 $n!$ 的阶跃函数,其拉氏变换为 $L[f^{(n)}(t)] = n!\dfrac{1}{s}$,

又由于函数 $f(t)$ 满足 $f(0) = f'(0) = \cdots = f^{(n-1)}(0) = 0$,因此有 $L[f^{(n)}(t)] = s^nL[f(t)]$,

即 $\quad n!\dfrac{1}{s} = s^nL[f(t)]$,

因此 $\quad L[f(t)] = L[t^n] = \dfrac{n!}{s^{n+1}}$

2.4.6 积分性质

定义函数 $f(t)$ 的拉氏变换为 $L[f(t)] = F(s)$,其函数 $f(t)$ 积分的拉氏变换为

$$L\left[\int f(t)dt\right] = \int_0^{+\infty}\left[\int f(t)dt\right]e^{-st}dt$$

$$= \left[\int f(t)dt\right]\frac{e^{-st}}{-s}\bigg|_0^{+\infty} - \int_0^{+\infty}f(t)\frac{e^{-st}}{-s}dt \quad (2\text{-}39)$$

$$= \frac{1}{s} \int f(t) \mathrm{d}t \bigg|_{t=0} + \frac{1}{s} \int_0^{+\infty} f(t) \mathrm{e}^{-st} \mathrm{d}t$$

$$= \frac{1}{s} \int f(t) \mathrm{d}t \bigg|_{t=0} + \frac{F(s)}{s}$$

由式(2-39)可以看出,时域中的积分转换为 s 域中的相除,如果积分结果满足初值为零的条件,即

$$\int f(t) \mathrm{d}t \bigg|_{t=0} = 0$$

则式(2-39)简化为

$$L\left[\int f(t) \mathrm{d}t\right] = \frac{F(s)}{s}$$

定义 $g(t) = \int f(t) \mathrm{d}t$

当 $\int g(t) \mathrm{d}(t) \big|_{t=0} = 0$ 且 $\int f(t) \mathrm{d}(t) \big|_{t=0} = 0$ 时

$$L\left[\iint f(t) \mathrm{d}t\right] = \frac{F(s)}{s^2} \tag{2-40}$$

若对任意满足 $0 < k \leqslant n$(n 为正整数)的整数 k,有 $f(t)$ 的 k 重积分初值为零,则函数 $f(t)$ 的 k 重积分后的拉氏变换为

$$L\left[\underset{k次}{\iint \cdots \int} f(t) \mathrm{d}t\right] = \frac{F(s)}{s^k} \tag{2-41}$$

2.4.7 初值定理

定义函数 $f(t)$ 的拉氏变换为 $L[f(t)] = F(s)$,如果极限 $\lim\limits_{s \to \infty} sF(s)$ 存在,且 $f(t)$ 不包含脉冲函数,则有

$$f(0) = \lim_{t \to 0} f(t) = \lim_{s \to \infty} sF(s) \tag{2-42}$$

式(2-42)称为拉氏变换的初值定理,建立了函数 $f(t)$ 在 $t=0$ 时刻的初值与函数 $sF(s)$ 当 $s \to \infty$ 时极限之间的关系,根据微分性质给出证明过程。

根据 $L\left[\dfrac{\mathrm{d}}{\mathrm{d}t} f(t)\right] = sF(s) - f(0)$

对上式两边取极限 $s \to \infty$,左侧部分极限值为

$$\lim_{s \to \infty} L\left[\frac{\mathrm{d}}{\mathrm{d}t} f(t)\right] = \lim_{s \to \infty} \int_0^{+\infty}\left[\frac{\mathrm{d}}{\mathrm{d}t} f(t)\right] \mathrm{e}^{-st} \mathrm{d}t = 0$$

因此有 $\lim\limits_{s \to \infty}[sF(s) - f(0)] = 0$,式(2-42)得证。

2.4.8 终值定理

定义函数 $f(t)$ 的拉氏变换为 $L[f(t)] = F(s)$,如果极限 $\lim\limits_{s \to 0} sF(s)$ 存在,且 $f(t)$ 不包含

脉冲函数,则有

$$f(\infty)=\lim_{t\to\infty}f(t)=\lim_{s\to 0}sF(s) \tag{2-43}$$

式(2-43)称为拉氏变换的终值定理,建立了函数 $f(t)$ 当 $t\to\infty$ 时其终值与函数 $sF(s)$ 当 $s\to 0$ 时极限之间的关系,根据微分性质给出证明过程

根据　　　$L\left[\dfrac{\mathrm{d}}{\mathrm{d}t}f(t)\right]=sF(s)-f(0)$

对上式两边同时取极限 $s\to 0$,左侧部分极限值为

$$\lim_{s\to 0}L\left[\frac{\mathrm{d}}{\mathrm{d}t}f(t)\right]=\lim_{s\to 0}\int_0^{+\infty}\left[\frac{\mathrm{d}}{\mathrm{d}t}f(t)\right]\mathrm{e}^{-st}\mathrm{d}t=\int_0^{+\infty}\left[\frac{\mathrm{d}}{\mathrm{d}t}f(t)\right]\lim_{s\to 0}\mathrm{e}^{-st}\mathrm{d}t=\int_0^{+\infty}\left[\frac{\mathrm{d}}{\mathrm{d}t}f(t)\right]\mathrm{d}t$$

因此有 $\lim\limits_{s\to 0}sF(s)=f(0)+\int_0^{+\infty}\left[\dfrac{\mathrm{d}}{\mathrm{d}t}f(t)\right]\mathrm{d}t=f(\infty)$,式(2-43)得证。

2.4.9　卷积定理

已知函数 $f_1(t)$ 和 $f_2(t)$,其卷积定义为

$$f_1(t)*f_2(t)=\int_{-\infty}^{+\infty}f_1(\tau)f_2(t-\tau)\mathrm{d}\tau \tag{2-44}$$

在拉氏变换中,定义当 $t<0$ 时 $f(t)=0$,因此有

$$f_1(t)*f_2(t)=\int_{-\infty}^{+\infty}f_1(\tau)f_2(t-\tau)\mathrm{d}\tau=\int_0^{+\infty}f_1(\tau)f_2(t-\tau)\mathrm{d}\tau \tag{2-45}$$

定义函数 $f_1(t)$ 和 $f_2(t)$ 的拉氏变换分别为 $L[f_1(t)]=F_1(s)$ 和 $L[f_2(t)]=F_2(s)$,则

$$L[f_1(t)*f_2(t)]=F_1(s)\cdot F_2(s)$$
$$L^{-1}[F_1(s)\cdot F_2(s)]=f_1(t)*f_2(t) \tag{2-46}$$

对于 n 个函数的卷积($n\geqslant 2$,n 为正整数),同样有

$$L[f_1(t)*f_2(t)*\cdots*f_n(t)]=F_1(s)F_2(s)\cdots F_n(s)$$
$$L^{-1}[F_1(s)F_2(s)\cdots F_n(s)]=f_1(t)*f_2(t)*\cdots*f_n(t) \tag{2-47}$$

式(2-47)称为卷积定理,可以看出当多个函数按照卷积定义进行积分运算较为困难时,卷积定理可以简化计算过程,也可以用于计算拉普拉斯逆变换的原函数。

例 2.9　已知 $L[f(t)]=F(s)$,且 $F(s)=\dfrac{1}{s^2(s^2+1)}$,求实函数 $f(t)$。

解:方法一,令 $F_1(s)=\dfrac{1}{s^2}$,$F_2(s)=\dfrac{1}{s^2+1}$

由于 $L^{-1}[F_1(s)]=t$,$L^{-1}[F_2(s)]=\sin t$,因此有

$$f(t)=L^{-1}[F(s)]=L^{-1}[F_1(s)F_2(s)]=t*\sin t=t-\sin t$$

方法二,由于 $F(s)=\dfrac{1}{s^2(s^2+1)}=\dfrac{1}{s^2}-\dfrac{1}{s^2+1}$,因此

$$L^{-1}[F(s)]=L^{-1}\left[\frac{1}{s^2}-\frac{1}{s^2+1}\right]=L^{-1}\left[\frac{1}{s^2}\right]-L^{-1}\left[\frac{1}{s^2+1}\right]=t-\sin t$$

由此可见,根据简单函数的拉氏变换结果和基本性质,可以得到常见函数的拉氏变换。

2.5 拉普拉斯逆变换

2.5.1 拉普拉斯逆变换定义

定义拉普拉斯逆变换的符号为 L^{-1},满足 $L^{-1}[F(s)]=f(t)$,其计算表达式为

$$f(t)=\frac{1}{2\pi \mathrm{j}}\int_{\beta-\mathrm{j}\infty}^{\beta+\mathrm{j}\infty}F(s)\mathrm{e}^{st}\mathrm{d}s\,,(t>0) \tag{2-48}$$

式(2-48)称为拉普拉斯逆变换,其积分变量为复变量 s,按照定义直接求积分往往比较困难。考虑到连续的实变量函数 $f(t)$ 与其拉氏变换得到的复变量函数 $F(s)$ 是唯一对应的,因此可以对 $F(s)$ 进行处理,结合拉氏变换的基本性质,将 $F(s)$ 表达为容易直接看出原函数简单式的组合,一种典型思路是部分分式展开法。

2.5.2 拉普拉斯逆变换计算方法

若 $F(s)$ 可分解为

$$F(s)=F_1(s)+F_2(s)+\cdots+F_n(s) \tag{2-49}$$

式中,$F_1(s),F_2(s),\cdots,F_n(s)$ 的拉氏逆变换容易求得,定义 $L^{-1}[F_k(s)]=f_k(t),(k=1,2,\cdots,n)$ 则根据线性性质有

$$\begin{aligned}L^{-1}[F(s)]&=L^{-1}[F_1(s)]+L^{-1}[F_2(s)]+\cdots+L^{-1}[F_n(s)]\\&=f_1(s)+f_2(s)+\cdots+f_n(s)\end{aligned} \tag{2-50}$$

在控制系统中,$F(s)$ 常为有理分式,如式(2-51)所示。

$$F(s)=\frac{M(s)}{D(s)}=\frac{b_m s^m+a_{m-1}s^{m-1}+\cdots+b_1 s+b_0}{a_n s^n+a_{n-1}s^{n-1}+\cdots+a_1 s+a_0} \tag{2-51}$$

其中 $D(s)$ 和 $M(s)$ 均为 s 的多项式,并且 $D(s)$ 的阶次不高于 $M(s)$ 的阶次。

定义 $D(s)=0$ 为 $F(s)$ 的特征方程,特征方程的根即为 $F(s)$ 的极点。

1.特征方程无重极点

当特征方程 $D(s)=0$ 无重极点时,式(2-51)可等效表达为式(2-52)。

$$F(s)=\frac{M(s)}{D(s)}=\frac{K(s-z_1)(s-z_2)\cdots(s-z_m)}{(s-p_1)(s-p_2)\cdots(s-p_n)} \tag{2-52}$$

式中,$z_i(i=1,2,3,\cdots,m)$ 和 $p_k(k=1,2,\cdots,n)$ 为实数或复数。

当 $m<n$ 时,$F(s)$ 总能展开为

$$F(s) = \frac{M(s)}{D(s)} = \sum_{k=1}^{n} \frac{A_k}{(s-p_k)} \tag{2-53}$$

为求 A_k 的表达式，对式(2-53)等号两端同时乘 $s-p_k$，有

$$(s-p_k)\frac{M(s)}{D(s)} = (s-p_k)\sum_{k=1}^{n} \frac{A_k}{(s-p_k)} \tag{2-54}$$

式(2-54)中，左侧部分中$(s-p_k)$会与$D(s)$中的相同项对消。令 $s=p_k$，则右侧的和式只剩下 A_k，因此 A_k 为

$$A_k = (s-p_k)\frac{M(s)}{D(s)}\Big|_{s=p_k} \tag{2-55}$$

根据式(2-55)求得 A_k，对式(2-53)中右侧和式的每一项进行拉氏逆变换，有

$$L^{-1}\left[\frac{A_k}{(s-p_k)}\right] = A_k e^{p_k t} \tag{2-56}$$

在实际物理系统中，由于阻尼、摩擦等耗散特性的存在，一般 p_k 具有负实部。综合上述各式，$f(t)=L^{-1}[F(s)]$的表达式为

$$f(t) = \sum_{k=1}^{n} A_k e^{p_k t} \quad (t>0) \tag{2-57}$$

2. 特征方程有重极点

当特征方程 $D(s)=0$ 有重极点时，假设 p_1 有 q 个重极点，式(2-51)可等效表达为式(2-58)。

$$F(s) = \frac{M(s)}{D(s)} = \frac{K(s-z_1)(s-z_2)\cdots(s-z_m)}{(s-p_1)^q(s-p_2)\cdots(s-p_{n-q})} \tag{2-58}$$

$F(s)$展开式为

$$F(s) = \frac{M(s)}{D(s)} = \frac{A_{1,q}}{(s-p_1)^q} + \frac{A_{1,q-1}}{(s-p_1)^{q-1}} + \cdots + \frac{A_{1,1}}{(s-p_1)} + \sum_{k=2}^{n-q} \frac{A_k}{(s-p_k)}$$

重极点分子系数计算公式
$$A_{1,q} = (s-P_1)^q \frac{M(s)}{D(s)}\Big|_{s=p_1}$$

$$A_{1,q-1} = \frac{d}{ds}\left[(s-P_1)^q \frac{M(s)}{D(s)}\right]\Big|_{s=p_1}$$

重极点分子系数计算通式为

$$A_{1,q-k} = \frac{1}{k!}\frac{d^k}{ds^k}\left[(s-P_1)^q\frac{M(s)}{D(s)}\right]\Big|_{s=p_1} \quad (k=0,1,\cdots,q-1) \tag{2-59}$$

其余系数 A_k 计算方法与无重极点所述方法一致，即

$$A_k = (s-p_k) = \frac{M(s)}{D(s)}\Big|_{s=p_k} \quad (k=2,3,\cdots,n-q)$$

求得所有待定系数后，$F(s)$的拉氏逆变换为

$$f(t) = L^{-1}[F(s)]$$

$$= \left[\frac{A_{1-q}}{(q-1)!} t^{q-1} + \frac{A_{1-q-1}}{(q-2)!} t^{q-2} + \cdots + A_{1.1} \right] e^{p_1 t} + \sum_{k=2}^{n-q} A_k e^{p_k t} \qquad (2\text{-}60)$$

例 2.10 定义 $L[f(t)] = F(s)$，且当 $t \leqslant 0$ 时 $f(t) = 0$，已知 $F(s) = \dfrac{5s+3}{(s+1)(s+2)(s+3)}$，求 $f(t)$。

解：令 $F(s) = \dfrac{A}{s+1} + \dfrac{B}{s+2} + \dfrac{C}{s+3}$，可得

$$A = \frac{5s+3}{(s+2)(s+3)} \bigg|_{s=-1} = -1$$

$$B = \frac{5s+3}{(s+1)(s+3)} \bigg|_{s=-2} = 7$$

$$C = \frac{5s+3}{(s+1)(s+2)} \bigg|_{s=-3} = -6$$

即 $F(s) = -\dfrac{1}{s+1} + \dfrac{7}{s+2} - \dfrac{6}{s+3}$

因此 $f(t) = L^{-1}[F(s)] = -e^{-t} + 7e^{-2t} - 6e^{-3t}$

例 2.11 定义 $L[f(t)] = F(s)$，且当 $t \leqslant 0$ 时 $f(t) = 0$，已知 $F(s) = \dfrac{1}{s^2(s+1)(s+2)}$，求 $f(t)$。

解：令 $F(s) = \dfrac{A_1}{s^2} + \dfrac{A_2}{s} + \dfrac{B}{s+1} + \dfrac{C}{s+2}$，可得

$$A_1 = \frac{1}{(s+1)(s+2)} \bigg|_{s=0} = \frac{1}{2}$$

$$A_2 = \left[\frac{d}{ds} \frac{1}{(s+1)(s+2)} \right] \bigg|_{s=0} = -\frac{3}{4}$$

$$B = \frac{1}{s^2(s+2)} \bigg|_{s=-1} = 1$$

$$C = \frac{1}{s^2(s+1)} \bigg|_{s=-2} = -\frac{1}{4}$$

即 $\quad F(s) = \dfrac{1}{2s^2} - \dfrac{3}{4s} + \dfrac{1}{s+1} - \dfrac{1}{4(s+2)}$

因此 $\quad f(t) = L^{-1}[F(s)] = \dfrac{1}{2}t - \dfrac{3}{4} + e^{-t} - \dfrac{1}{4}e^{-2t}$

例 2.12 定义 $L[f(t)] = F(s)$，且当 $t \leqslant 0$ 时 $f(t) = 0$，已知 $F(s) = \dfrac{s}{s^2 + 2s + 5}$，求 $f(t)$。

解：令 $F(s) = \dfrac{(s+1) - 1}{(s+1)^2 + 4} = \dfrac{(s+1)}{(s+1)^2 + 4} - \dfrac{1}{2} \dfrac{2}{(s+1)^2 + 4}$

由正弦、余弦拉氏变换结果和 s 域平移基本性质可得

$$f(t) = L^{-1}[F(s)] = e^{-t} \cos 2t - \frac{1}{2} e^{-t} \sin 2t$$

例 2.13 采用拉氏变换求解微分方程 $\ddot{y}(t)+5\dot{y}(t)+6y(t)=6,\dot{y}(0)=0,y(0)=0$。

解: 对方程两边进行拉氏变换,根据拉氏变换的微分性质,结合初始条件为零,得到代数方程

$$s^2Y(s)+5sY(s)+6Y(s)=\frac{6}{s}$$

即

$$Y(s)=\frac{6}{s(s^2+5s+6)}=\frac{1}{s}-\frac{3}{s+2}+\frac{2}{s+3}$$

拉氏逆变换得微分方程的解为 $\quad y(t)=1-3\mathrm{e}^{-2t}+2\mathrm{e}^{-3t}$

例 2.14 采用拉氏变换求解微分方程 $\ddot{y}(t)+3\dot{y}(t)-4y(t)=5,\dot{y}(0)=2,y(0)=5$。

解: 对方程两边进行拉氏变换,根据拉氏变换的微分性质,结合初始条件,得到代数方程

$$[s^2Y(s)-sy(0)-\dot{y}(0)]+3[sY(s)-y(0)]-4Y(s)=\frac{5}{s}$$

即 $\quad Y(s)=\dfrac{5s^2+17s+5}{s(s^2+3s-4)}$

令 $\quad Y(s)=\dfrac{A}{s}+\dfrac{B}{s-1}+\dfrac{C}{s+4}$

得 $\quad A=-\dfrac{5}{4},B=\dfrac{27}{5},C=\dfrac{17}{20}$

拉氏逆变换得微分方程的解为 $\quad y(t)=-\dfrac{5}{4}+\dfrac{27}{5}\mathrm{e}^t+\dfrac{17}{20}\mathrm{e}^{-4t}$

习题

2.1 求函数 $f(t)=\begin{cases}6,0<t<3\\2t,t\geqslant 3\end{cases}$ 的拉普拉斯变换。

2.2 求下列函数的拉普拉斯变换。

(1)$3-2\mathrm{e}^{-2t}$; (2)$2t^2+3t$; (3)$t\mathrm{e}^{-3t}$; (4)$t^m\mathrm{e}^{-at}$(q,m 为正整数)。

2.3 求下列函数的拉普拉斯变换。

(1)$\mathrm{e}^{-at}\sin\omega t$; (2)$\mathrm{e}^{-at}\cos\omega t$。

2.4 定义 $u(t)$ 为单位阶跃函数,求下列函数的拉普拉斯变换。

(1)$3u(t)+\sin\omega t$; (2)$u(3t)$; (3)$u(t-2)$; (4)$u(3t-2)$。

2.5 试求下列函数的拉氏变换。

(1)$f(t)=t^2+3t+2$;

(2)$f(t)=5\sin 3t-2\cos t$;

(3)$f(t)=t^m\mathrm{e}^{kt}$;

(4)$f(t)=\mathrm{e}^{-3t}\sin 5t$;

(5)$f(t)=\sin 2t\cdot\delta(t)-\sin t\cdot u(t)$;

(6)$f(t)=\mathrm{e}^{2t}+6\delta(t)$。

2.6 求下列函数的拉普拉斯逆变换。

(1) $\dfrac{3}{s^2+4}$；   (2) $\dfrac{3}{s+4}$；   (3) $\dfrac{3}{s^2(s+1)}$。

2.7 求下列各式的原函数。

(1) $F(s)=\dfrac{\mathrm{e}^{-s}}{s-1}$；

(2) $F(s)=\dfrac{1}{s(s+2)^3(s+3)}$；

(3) $F(s)=\dfrac{s+1}{s(s^2+2s+2)}$。

2.8 求 $F(s)=\dfrac{s+4}{s^2-10s+16}$ 的拉氏逆变换。

2.9 求 $F(s)=\dfrac{1}{(s+1)(s+2)(s+3)(s+4)}$ 的拉氏逆变换。

2.10 求下列各式的卷积，定义其中函数均满足当 $t<0$，函数值为零。

(1) $t*u(t)$；   (2) $t*\delta(t)$；   (3) $\delta(t-a)*f(t)$。

2.11 利用拉普拉斯变换求以下微分方程的解，即求关于 t 的变量 $y(t)$。

(1) $y''(t)+3y'(t)-4y(t)=0, y'(0)=0, y(0)=1$；

(2) $my''(t)+ky(t)=A\delta(t), y(0)=0, y'(0)=0, m,k,A$ 为正实数；

(3) $y'(t)+3y(t)+2\displaystyle\int_0^t y(\tau)\mathrm{d}t=t, y(0)=0$。

第 3 章　控制系统的传递函数

控制的主要目的是通过施加输入信号迫使系统的输出按照预设的目标变化。为了实现这一目的,需要知道系统输入与输出的关系,传递函数即是在复数域上描述线性定常系统输出与输入关系的数学模型。传递函数是经典控制理论的基础,支撑着早期控制理论的发展,也是后面章节主要运用的数学模型。

设计一个控制系统,目的在于确保某些动态变量相对于时间保持所需的状态。在构造或研制控制系统之前,必须对其进行设计和分析,以便正常运行。控制系统运行后,仍需要实时进行调整和运行分析,因此有必要开发一种技术对控制系统进行分析、设计和调整,传递函数是用于分析控制系统的运行和性能的一种数学模型。控制系统的传递函数取决于其部件(或子系统)的特性以及这些部件连接在一起的方式,其中一些元件(如电阻和机械弹簧)的行为可以用线性代数表达式描述,而大多数元件(如电感器和电容器)需要用积分或微分模拟其行为,需要用微分方程模拟一个包含电阻器、电容器和电感器的简单串联电路。从微分方程可以发展出一个传递函数,它完全描述了系统的动态行为。控制系统传递函数的建模方法建立在拉普拉斯变换的基础之上。1812 年拉普拉斯在《概率的分析理论》中给出了"拉普拉斯变换"的概念与定义。1948 年维纳在《控制论》中提出了利用拉普拉斯变换进行控制系统传递函数建模的方法。1954 年钱学森在《工程控制论》中提出了系统分解思想,即一个复杂问题可以分解为若干个经典简单问题的组合,从而大大降低复杂问题的求解难度。在传递函数的建模以及传递函数框图的简化过程中,本教材也依据了系统分解的思想。

本章主要介绍传递函数的定义与表示形式,线性系统与非线性系统传递函数的建立方法,典型环节(比例环节、微分环节、积分环节、惯性环节、振荡环节、延时环节)传递函数的建立,传递函数框图与简化方法,以及信号流图与梅逊公式,最后介绍反馈控制系统传递函数。

3.1　传递函数概述

3.1.1　传递函数的定义

在外界输入作用前,输入、输出初始条件为零的条件下,线性定常系统的输出 $x_o(t)$ 的拉氏变换 $X_o(s)$ 与输入 $x_i(t)$ 的拉氏变换 $X_i(s)$ 之比,称为该系统的传递函数 $G(s)$,即

$$G(s) = \frac{X_o(s)}{X_i(s)}$$

设线性定常系统的微分方程式为

$$a_n x_o^{(n)}(t) + a_{n-1} x_o^{(n-1)}(t) + \cdots + a_1 \dot{x}_o(t) + a_0 x_o(t) \qquad (n \geq m) \qquad (3\text{-}1)$$
$$= b_m x_i^{(m)}(t) + b_{m-1} x_i^{(m-1)}(t) + \cdots + b_1 \dot{x}_i(t) + b_0 x_i(t)$$

当初始条件为零时,即当外界输入作用前,输入、输出的初始条件 $x_i(0^-), x_i^{(1)}(0^-), \cdots,$ $x_i^{(m-1)}(0^-)$ 和 $x_o(0^-), x_o^{(1)}(0^-), \cdots, x_o^{(n-1)}(0^-)$ 均为零时,对式(3-1)进行拉氏变换可得

$$(a_n s^n + a_{n-1} s^{n-1} + \cdots + a_1 s + a_0) X_o(s) \qquad (3\text{-}2)$$
$$= (b_m s^m + b_{m-1} s^{m-1} + \cdots + b_1 s + b_0) X_i(s)$$

由此可得传递函数 $G(s)$ 为

$$G(s) = \frac{L[x_o(t)]}{L[x_i(t)]} = \frac{X_o(s)}{X_i(s)} = \frac{b_m s^m + b_{m-1} s^{m-1} + \cdots + b_1 s + b_0}{a_n s^n + a_{n-1} s^{n-1} + \cdots + a_1 s + a_0} \qquad (n \geq m) \qquad (3\text{-}3)$$

传递函数框图表示形式如图 3-1 所示。

由图 3-1 可知,输入、输出和传递函数之间的关系为

$$X_o(s) = G(s) X_i(s) \qquad (3\text{-}4)$$

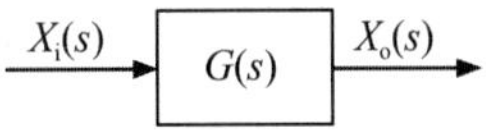

图 3-1 传递函数框图

一般外界输入作用前的输出初始条件 $x_o(0^-), x_o^{(1)}(0^-), \cdots,$ $x_o^{(n-1)}(0^-)$ 称为系统的初始状态或初态,在计算时作为输入考虑。

传递函数是描述单输入单输出线性系统的常用数学模型,具有如下的特点。

①传递函数是在复数域上对线性定常系统的建模,因此只描述线性系统;传递函数可由系统的常微分方程在零初始条件下进行拉氏变换得到,因此它与系统的线性常系数微分方程数学模型是一一对应的。

②传递函数由系统的结构和参数决定,反映的是线性定常系统本身固有的属性,与输入信号形式无关;传递函数的分母反映系统本身的固有特性;分子反映系统与外界输入之间的关系,表示输入作用在系统上的形式。

③传递函数分母中 s 的阶数 n 必大于等于分子中 s 的阶数 m,即 $n \geq m$,这是因为实际系统总是具有惯性的,且能量也是有限的。

④传递函数可以有量纲,也可以无量纲,有量纲代表了实际的物理对象,无量纲则将系统抽象成纯粹的数学模型。

⑤传递函数虽然是由系统的结构和参数决定的,但是它可以不代表具体的物理系统。不同的物理系统,例如机械系统或电路系统,可以具有相同的传递函数形式。

3.1.2 传递函数的形式

传递函数一般表示为分子分母多项式展开的形式,即如式(3-3)所示。除这种一般表示形式外,传递函数还有零极点和标准(时间常数)的表示形式。

1. 传递函数的零极点形式

式(3-3)经因式分解后可得系统的传递函数零极点形式为

$$G(s) = \frac{K^*(s-z_1)(s-z_2)\cdots(s-z_m)}{(s-p_1)(s-p_2)\cdots(s-p_n)} \qquad (3\text{-}5)$$

式中,K^*——增益因子。

当 $s=z_i(i=1,2,\cdots,m)$ 时,均能使 $G(s)=0$,故称 z_i 为 $G(s)$ 的零点。

当 $s=p_j(j=1,2,\cdots,n)$ 时,均能使 $G(s)$ 的分母为 0,即可使 $G(s)$ 取得极大值,故称 p_j 为 $G(s)$ 的极点,传递函数的极点即是微分方程的特征根。

零点和极点可为零、实数或共轭复数。注意,若是复数时,则必定是以共轭复数形式出现的。

单位脉冲函数的拉氏变换是 1,因此在单位脉冲输入的作用下,系统输出的复数形式与传递函数一致,对传递函数做拉氏逆变换即可得系统在单位脉冲输入下的时域响应,时域响应形式的主要分量包括

$$e^{p_j^t},e^{\sigma_k t}\sin\omega_k t,e^{\sigma_k t}\cos\omega_k t$$

式中,p_j——实数极点;σ_k,ω_k——复数极点 $\sigma_k\pm j\omega_k$ 的实部和虚部。

假设所有的极点是负实数或具有负实部的复数,即 $p_j<0$,$\sigma_k<0$,即传递函数所有极点均位于[s]平面的左半平面。当 $t\to\infty$ 时,上述分量均趋向于零,输出的瞬态值为零,故系统的输出最终会收敛到一个稳定的值。在这种情况下,系统输出是收敛的,系统是稳定的,即系统是否稳定由极点性质决定。

反之,若 $p_j>0$,$\sigma_k>0$,当 $t\to\infty$ 时,上述分量均趋向于 ∞,故系统的输出是发散不稳定的。

所以,系统的零、极点决定着系统的动态性能。系统的稳定性由其极点决定,零点对系统的稳定性没有影响,但对输出的动态特性有较大影响。

例 3.1 分析 4 个传递函数的系统在单位阶跃输入作用下的输出特性。

$$G_1(s)=\frac{6}{(s+2)(s+3)} \qquad G_2(s)=\frac{2s+6}{(s+2)(s+3)}$$

$$G_3(s)=\frac{6s+6}{(s+2)(s+3)} \qquad G_4(s)=\frac{10s+6}{(s+2)(s+3)}$$

解:4 个传递函数的极点都是 -2 和 -3,因此 4 个系统都是稳定的;但 4 个传递函数的零点不一样,在单位阶跃输入作用下 4 个系统的输出曲线如图 3-2 所示,由图 3-2 可知,在极点相同的情况下,具有零点的系统,其上升时间减少,但系统的超调量增大,并且这种影响会随零点接近虚轴而加剧。

2. 传递函数的标准形式（时间常数形式）

将式(3-3)的常数项化为 1 后,可得系统传递函数的标准形式为

$$G(s)=\frac{b_0(b_n's^{(m)}+b_{n-1}'s^{(m-1)}+\cdots+b_1's+1)}{a_0(a_n's^{(n)}+a_{n-1}'s^{(n-1)}+\cdots+a_1's+1)}$$

$$=K\frac{\prod\limits_{i=1}^{l}(\tau_is+1)\prod\limits_{i=1}^{(m-l)/2}(\tau_i^2s^2+2\zeta_i\tau_is+1)}{s^v\prod\limits_{j=1}^{h}(T_js+1)\prod\limits_{j=1}^{(n-v-h)/2}(T_j^2s^2+2\zeta_jT_js+1)} \qquad (3-6)$$

式中,K——系统的开环增益,或称放大系数,$K=\dfrac{b_0}{a_0}$。

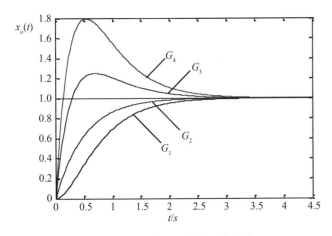

图 3-2 相同极点不同零点系统输出

当 $s=0$ 时，$G(0)=\dfrac{b_0}{a_0}=K$，由此可知，$G(0)$ 即为系统的放大增益。

当系统极点不为 0 时，在单位阶跃信号输入作用下，$X_i(s)=1/s$，系统的输出最终会收敛到一个常值，系统的稳态输出值为

$$\lim_{t\to\infty}x_o(t)=x_o(\infty)=\lim_{s\to0}sX_o(s)=\lim_{s\to0}sG(s)X_i(s)=\lim_{s\to0}G(s)=G(0) \tag{3-7}$$

由式(3-7)可知，系统的开环增益(放大系数)决定了系统在单位阶跃输入作用下的稳态输出值。因此，系统传递函数的零点、极点和放大系数决定着系统的瞬态性能和稳态性能。

3.2 传递函数的建立

3.2.1 线性系统传递函数的建立

传递函数的主要建模对象是线性定常系统，线性定常系统通常由一些线性元件组成，可根据物理规律建立相应的线性微分方程，在此基础上进行拉氏变换，即可得到系统的传递函数。

建立系统传递函数的一般步骤如下。

①确定系统输入和输出变量，将系统抽象成由简单要素组成的系统。

②确定系统从输入到输出的所有环节，确定每个环节的分输入和分输出变量，根据各环节的特性，依次写出表达它们动态关系的微分方程。

③将各个环节的微分方程进行拉氏变换，得到各环节的代数关系。

④消除中间变量，保留输入和输出变量，即可得到整个系统的传递函数。

例 3.2 图 3-3 所示电路图是由电感 L、电阻 R 和电容 C 组成的无源网络电路，输入为 $u_i(t)$，输出为 $u_o(t)$，试求系统的传递函数。

解:(1)确定输入和输出变量

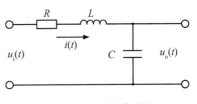

图 3-3 **RLC** 网络电路图

由图 3-3 可知,当输入电压 $u_i(t)$ 变化时,电路中的电流 $i(t)$ 发生变化,输出 $u_o(t)$ 也随之变化,取 $u_i(t)$ 为输入量,$u_o(t)$ 为输出量。

(2)根据基尔霍夫定律,系统微分方程为

$$u_o(t) = L\frac{\mathrm{d}i(t)}{\mathrm{d}t} + Ri(t) + u_i(t)$$

$$i(t) = C\frac{\mathrm{d}u_o(t)}{\mathrm{d}t}$$

(3)在初始条件为零条件下进行拉氏变换,得

$$U_o(s) = (Ls + R)I(s) + U_i(s)$$
$$I(s) = CsU_o(s)$$

(4)消除中间变量 $I(s)$,得到系统的传递函数为

$$G(s) = \frac{U_o(s)}{U_i(s)} = \frac{1}{LCs^2 + RCs + 1}$$

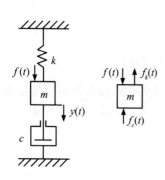

图 3-4 机械位移系统

例 3.3 具有弹簧刚度 k、质量 m、阻尼器的阻尼系数 c 的机械位移系统如图 3-4 所示,$f(t)$ 为外作用力,$y(t)$ 为质量 m 的位移,试建立系统的传递函数。

解:(1)确定输入和输出变量

系统在外力 $f(t)$ 的作用下,将产生位移 $y(t)$ 并运动,因此选择外力 $f(t)$ 作为输入变量,$y(t)$ 作为输出变量。

(2)根据牛顿第二定律,系统微分方程为

$$f(t) - ky(t) - c\dot{y}(t) = m\ddot{y}(t)$$

即

$$m\ddot{y}(t) + c\dot{y}(t) + ky(t) = f(t)$$

式中,k——弹簧的弹性刚度;c——阻尼器的阻尼系数。

(3)初始条件为零时,拉氏变换后得

$$ms^2Y(s) + csY(s) + kY(s) = F(s)$$

(4)系统的传递函数为

$$G(s) = \frac{Y(s)}{F(s)} = \frac{1}{ms^2 + cs + k}$$

3.2.2 非线性系统传递函数的建立

在实际系统中,严格的线性关系是不存在的,线性元件是在不计次要因素的前提下才表现为线性。由于非线性系统复杂,分析困难,因此常将非线性系统线性化后再进行分析。当非线性系统正常工作并处于某一平衡状态,在平衡状态附近的很小范围内变化时,可对系统非线性部分作泰勒级数展开,并只保留其一次项形式,则大部分非线性特性都可以近似地作为线性特

性处理,这给系统的研究工作带来很大的方便。

1. 一元函数线性化

设系统的输入、输出变量之间的关系 $y=f(x)$ 具有如图 3-5 所示的非线性特性。

设该系统的工作点为 $A(x_0, y_0)$,如图 3-5 所示,将 $y=f(x)$ 在工作点附近展开成泰勒级数,即

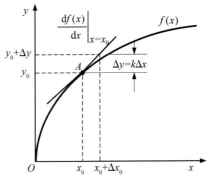

图 3-5 非线性特性

$$y=f(x)=f(x_0)+\frac{\mathrm{d}f(x)}{\mathrm{d}x}\bigg|_{x=x_0}(x-x_0)+$$

$$\frac{1}{2!}\frac{\mathrm{d}^2 f(x)}{\mathrm{d}x^2}(x-x_0)^2+\cdots \quad (3\text{-}8)$$

当 $(x-x_0)$ 很小时,式(3-8)中的二次及以上各项可以忽略,则

$$y=f(x)=f(x_0)+\frac{\mathrm{d}f(x)}{\mathrm{d}x}\bigg|_{x=x_0}(x-x_0)$$

即

$$f(x)-f(x_0)=\frac{\mathrm{d}f(x)}{\mathrm{d}x}\bigg|_{x=x_0}(x-x_0) \quad (3\text{-}9)$$

令 $\Delta y=f(x)-f(x_0)$,$\Delta x=x-x_0$,则式(3-9)可以写为

$$\Delta y=\frac{\mathrm{d}f(x)}{\mathrm{d}x}\bigg|_{x=x_0}\Delta x \quad (3\text{-}10)$$

重新设 $y=\Delta y$,$x=\Delta x$,则式(3-10)可写为

$$y=kx \quad (3\text{-}11)$$

式中,k——曲线 $y=f(x)$ 在工作点 A 处的斜率,$k=\frac{\mathrm{d}f(x)}{\mathrm{d}x}\bigg|_{x=x_0}$。

2. 二元函数线性化

若非线性函数具有 2 个自变量,如 $y=f(x_1, x_2)$,在工作点 $[y_0=f(x_{10}, x_{20})]$ 附近展开成泰勒级数,即

$$y=f(x_{10}, x_{20})+\frac{\partial f}{\partial x_1}\bigg|_{x_{10}, x_{20}}(x_1-x_{10})+\frac{\partial f}{\partial x_2}\bigg|_{x_{10}, x_{20}}(x_2-2_{20})+\cdots$$

忽略二次及以上的高次项,并令

$$\Delta y=f(x_1, x_2)-f(x_{10}, x_{20}), \Delta x_1=x_1-x_{10}, \Delta x_2=x_2-x_{20}$$

同时设

$$k_1=\frac{\partial f}{\partial x_1}\bigg|_{x_{10}, x_{20}} \qquad k_2=\frac{\partial f}{\partial x_2}\bigg|_{x_{10}, x_{20}}$$

则

$$\Delta y=k_1\Delta x_1+k_2\Delta x_2$$

简写为

$$y = k_1 x_1 + k_2 x_2 \tag{3-12}$$

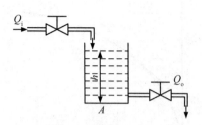

图 3-6   柱形液位控制系统

例 3.4   在图 3-6 所示的柱形液位控制系统中,设 h 为液位高度,Q_i 为液体流入量,Q_o 为液体流出量,A 为水槽的截面积,求以液面高度 h 为输出,流入量 Q_i 为输入的系统传递函数 $G(s)$。

解: 确定输入量为液体流入量 Q_i,输出量为液位高度 h,根据流体力学原理,液体经过阀门的流出量 Q_o 为

$$Q_o = k_d \sqrt{h}$$

式中,k_d——比例系数,取决于液体的黏度和阀口的阻力。

由此可知,液体的输出量 Q_o 和液位高度 h 不是线性关系,为了简便计算,将其进行线性化,在平衡点 (h_0, Q_{o0}) 进行泰勒级数展开,可得

$$Q_o = Q_{o0} + \frac{dQ_o}{dh}\bigg|_{h=h_0} (h - h_0) + \cdots = Q_{o0} + \frac{k_d}{2\sqrt{h_0}}(h - h_0) + \cdots$$

线性化后可得

$$Q_o - Q_{o0} = \frac{k_d}{2\sqrt{h_0}}(h - h_0)$$

$$\Delta Q_o = \frac{k_d}{2\sqrt{h_0}}\Delta h \quad 即 \quad Q_o = \frac{k_d}{2\sqrt{h_0}}h$$

根据液体质量守恒定律可知,水槽内液体体积变化率等于单位时间流入与流出水槽液体的体积差值,其动态方程可表示为

$$A\frac{dh}{dt} = Q_i - Q_o = Q_i - \frac{k_d}{2\sqrt{h_0}}h$$

$$A\frac{dh}{dt} + \frac{k_d}{2\sqrt{h_0}}h = Q_i$$

在初始状态为零时进行拉氏变换,整理可得系统的传递函数为

$$G(s) = \frac{H(s)}{Q_i(s)} = \frac{1}{As + \dfrac{k_d}{2\sqrt{h_0}}}$$

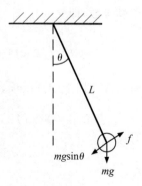

例 3.5   图 3-7 为一个单摆运动示意图,图中,摆锤质量为 m,摆杆长度为 L,小球在运动过程中阻尼系数为 C,摆角 θ 作为输出,在平衡位置给小球一个脉冲力 f 使小球摆动,试建立系统的传递函数。

解: 输入量为脉冲力 f,输出量为单摆运动的摆角 θ。

摆锤受力如图 3-7 所示,根据牛顿第二定律,单摆运动的系

图 3-7   单摆运动示意图

统微分方程为

$$mL\frac{\mathrm{d}^2\theta}{\mathrm{d}t^2}+C\frac{\mathrm{d}\theta}{\mathrm{d}t}+mg\sin\theta=f$$

显见，$\sin\theta$ 是非线性函数，需要对其进行线性化。

设 $y=\sin\theta$，在平衡位置 $\theta=\theta_0$ 的邻域内泰勒级数展开得

$$y=\sin\theta=\sin\theta_0+\cos\theta_0\Delta\theta+\frac{1}{2!}(-\sin\theta_0)\Delta\theta^2+\frac{1}{3!}(-\cos\theta_0)\Delta\theta^3+\cdots$$

即

$$\Delta y=\sin\theta-\sin\theta_0=\cos\theta_0\Delta\theta+\frac{1}{2!}(-\sin\theta_0)\Delta\theta^2+\frac{1}{3!}(-\cos\theta_0)\Delta\theta^3+\cdots$$

设平衡点 $\theta_0=0$，$\Delta\theta$ 很小，即忽略 $\Delta\theta$ 二次及以上高次项，得

$$\Delta y\approx\Delta\theta$$

即得单摆运动线性化后的微分方程为

$$mL\frac{\mathrm{d}^2\theta}{\mathrm{d}t^2}+C\frac{\mathrm{d}\theta}{\mathrm{d}t}+mg\theta=f$$

上式表明，在小摆幅下，单摆运动的微分方程可被认为是线性的。

在初始状态为零时，对上式进行拉氏变换，可得到系统的传递函数为

$$G(s)=\frac{1}{mLs^2+Cs+mg}$$

3.3　典型环节的传递函数

控制系统组成的元件是多种多样的，一般包含机械的、电子的、液压的、光学的或其他类型装置，无论其物理性质，还是其结构用途等都有很大的差异，但由不同物理结构或元件形成的传递函数，均可化为零阶、一阶、二阶等典型环节，所谓"阶"就是传递函数分母中 s 的最高次数。一个复杂的实际控制系统往往由多个环节串联、并联或反馈组成，因此有必要掌握并了解这些典型环节。

3.3.1　比例环节

比例环节是把信号成比例的放大或缩小，也称为放大环节，其微分方程形式为

$$x_o(t)=Kx_i(t)$$

式中，$x_i(t)$——比例环节的输入量；$x_o(t)$——比例环节的输出量；K——比例系数。

对其进行拉氏变换可得比例环节的传递函数为

$$G(s)=\frac{X_o(s)}{X_i(s)}=K$$

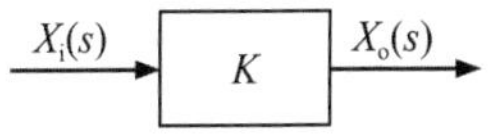

图 3-8　比例环节框图

比例环节的框图如图 3-8 所示。

比例环节的特点是输出不失真、不延迟、成比例地复现输入信号的变化。

比例环节在许多物理系统中发挥着重要作用,例如电路系统中的放大器、机械系统中的减速器,还有伺服控制系统中的测量元件(传感器)等。

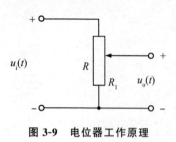

图 3-9　电位器工作原理

例 3.6　电位器是一种把线位移或角位移变换为电压量的装置,如图 3-9 所示,它的输入电压经分压后作为输出电压。在不考虑负载效应时,试写出该系统的传递函数。

解: 如图 3-9 所示,电位器总电阻为 R,分电阻为 R_1,因此输入电压 $u_i(t)$ 与输出电压 $u_o(t)$ 之间的关系为

$$u_o(t) = \frac{R_1}{R} u_i(t) = K u_i(t)$$

式中,K——比例系数,$K = \frac{R_1}{R}$。

其传递函数为

$$G(s) = \frac{U_o(s)}{U_i(s)} = K$$

例 3.7　图 3-10 所示为齿轮传动副,试求出该系统的传递函数。

解: 设系统刚性无穷大,无传动间隙,Z_1、Z_2 分别为主动轮和从动轮的齿数,$x_i(t)$、$x_o(t)$ 分别为主动齿轮、从动齿轮的转速,根据齿轮传动工作原理,系统输入转速 $x_i(t)$ 和输出转速 $x_o(t)$ 的关系为

$$x_i(t) Z_1 = x_o(t) Z_2$$

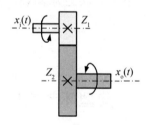

图 3-10　齿轮传动工作原理

系统的传递函数为

$$G(s) = \frac{X_o(s)}{X_i(s)} = \frac{Z_1}{Z_2} = K$$

式中,K——比例系数,$K = \frac{Z_1}{Z_2}$。

3.3.2　微分环节

理想的微分环节,其输出与输入信号对时间的微分成正比,其微分方程为

$$x_o(t) = T \dot{x}_i(t)$$

其传递函数为

$$G(s) = \frac{X_o(s)}{X_i(s)} = Ts$$

式中,T——微分环节的时间常数。

微分环节的框图如图 3-11 所示。

图 3-11 微分环节框图

例 3.8 图 3-12 所示为微分运算电路原理图,$u_i(t)$ 为输入电压,$u_o(t)$ 为输出电压,R_1、R_2 为电阻,C 为电容,试求该系统的传递函数。

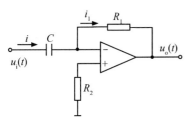

图 3-12 微分电路原理图

解: 根据理想运算放大器虚地的原理,可知

$$i = i_1$$

由此可得

$$C \frac{\mathrm{d}u_i(t)}{\mathrm{d}t} = -\frac{u_o(t)}{R_1}$$

拉氏变换后得

$$U_o(s) = -R_1 C s U_i(s)$$

系统的传递函数为

$$G(s) = \frac{U_o(s)}{U_i(s)} = -R_1 C s = Ts$$

式中,T——微分环节的时间常数,$T = -R_1 C$。

例 3.9 图 3-13 所示为液压阻尼器的原理图,A 为活塞的有效面积;k 为弹簧刚度;R 为节流阀液阻;p_1、p_2 分别为阻尼缸左、右腔的压力;$x_i(t)$ 为活塞位移作为输入;$x_o(t)$ 为阻尼缸缸体位移作为输出,忽略活塞杆面积,试求该系统的传递函数。

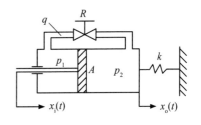

图 3-13 液压阻尼器的原理图

解: 阻尼缸的力平衡方程为

$$A(p_2 - p_1) = k x_o(t)$$

通过节流阀的流量为

$$q = A[\dot{x}_i(t) - \dot{x}_o(t)] = \frac{p_2 - p_1}{R}$$

化简整理可得

$$\dot{x}_i(t) - \dot{x}_o(t) = \frac{k}{A^2 R} x_o(t)$$

拉氏变换后得

$$\frac{k}{A^2 R} X_o(s) + s X_o(s) = s X_i(s)$$

则系统的传递函数为

$$G(s) = \frac{X_o(s)}{X_i(s)} = \frac{s}{s + \dfrac{k}{A^2 R}}$$

令 $T = \dfrac{A^2 R}{k}$，得

$$G(s) = \frac{Ts}{Ts+1}$$

由此可知,此系统并不是微分环节,而是由惯性环节和微分环节组成。当 $|Ts| \ll 1$ 时, $G(s) \approx Ts$,近似成为微分环节。实际上微分特性总是含有惯性的,理想的微分环节只是数学上的假设。

微分环节的输出是输入的微分,当输入为单位阶跃函数时,输出是脉冲函数,这在实际工程中是不可能实现的,因此传递函数的分子阶数不可能高于分母阶数。由此可知,微分环节不可能单独存在,必须与其他环节同时存在,微分环节具有如下作用。

(1)微分环节具有预测作用

如对 $K_p = 1$ 的比例环节输入斜波函数 $r(t) = t$,则输出 $x_o(t) = t$,是一条 45°斜线,如图 3-14(a)所示。

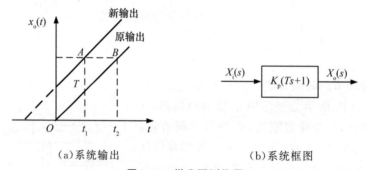

(a)系统输出   (b)系统框图

图 3-14 微分预测作用

若对此比例环节再并联一微分环节 $K_p Ts$,$K_p = 1$,其框图如图 3-14(b)所示,则传递函数为

$$G(s) = \frac{X_o(s)}{X_i(s)} = K_p(Ts+1) = Ts+1$$

增加微分环节后的输出为

$$
\begin{aligned}
x_o(t) &= L^{-1}[G(s)R(s)] = L^{-1}[(Ts+1)R(s)] \\
&= L^{-1}[TsR(s)] + L^{-1}[R(s)] \\
&= T\dot{r}(t) + r(t) = Tu(t) + t
\end{aligned}
$$

增加微分环节后的输出如图 3-14(a)所示,与没有增加微分环节的输出比较可知,增加微分环节后的系统输出是在原输出的基础上垂直向上平移 T。由此可知,在 t_1 时刻就已达到了原输出在 t_2 时刻才达到的输出值,说明微分环节具有预测作用。

(2)微分环节增加系统的阻尼

图 3-15 所示为系统增加微分环节前后的框图。

如图 3-15(a)所示,未增加微分环节系统的传递函数为

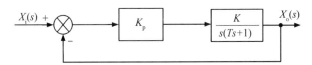

（a）增加微分环节前的框图

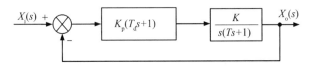

（b）增加微分环节后的框图

图 3-15　微分环节增加前后的框图

$$G_1(s)=\dfrac{\dfrac{K_pK}{s(Ts+1)}}{1+\dfrac{K_pK}{s(Ts+1)}}=\dfrac{K_pK}{Ts^2+s+K_pK} \tag{3-13}$$

如图 3-15（b）所示，增加微分环节后系统的传递函数为

$$G_2(s)=\dfrac{\dfrac{K_pK(T_ds+1)}{s(Ts+1)}}{1+\dfrac{K_pK(T_ds+1)}{s(Ts+1)}}=\dfrac{K_pK(T_ds+1)}{Ts^2+(1+K_pKT_d)s+K_pK} \tag{3-14}$$

比较式（3-13）和式（3-14）可知，$G_1(s)$ 与 $G_2(s)$ 均为二阶系统的传递函数，而在二阶系统中，分母中第二项 s 前的系数与系统阻尼系数及固有频率有关，第一项和第三项系数与系统固有频率有关。式（3-13）和式（3-14）分母中第一项和第三项系数相同，因此固有频率相同；第二项不同，显然增加微分环节后，与阻尼系数相关的第二项系数由 1 增加到了 $1+K_pKT_d>1$，由此可知微分环节增加了系统的阻尼系数。

3.3.3　积分环节

积分环节的作用是对输入信号在时间域上进行累积处理，因此其微分方程形式为

$$x_o(t)=\frac{1}{T}\int x_i(t)\mathrm{d}t$$

其传递函数为

$$G(s)=\frac{X_o(s)}{X_i(s)}=\frac{1}{Ts}$$

式中，T——积分环节的时间常数。

积分环节的框图如图 3-16 所示。

可以看出，积分环节的输出与输入的积分成正比。当输入信号消失后，输出保留上一时刻的值，具有记忆的功能。

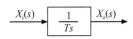

图 3-16　积分环节框图

例 3.10　图 3-17 所示为有源积分电路原理图，$u_i(t)$ 为输入

电压，$u_o(t)$ 为输出电压，R_1、R_2 为电阻，C 为电容，试求该系统的传递函数。

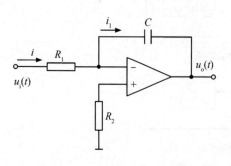

图 3-17 有源积分电路原理图

解：根据理想运算放大器虚地的原理，可知

$$\frac{u_i(t)}{R_1} = -C\frac{\mathrm{d}u_o(t)}{\mathrm{d}t}$$

拉氏变换后得

$$U_i(s) = -R_1 C s U_o(s)$$

其传递函数为

$$G(s) = \frac{U_o(s)}{U_i(s)} = \frac{1}{-R_1 C s} = \frac{1}{Ts}$$

式中，$T = -R_1 C$。

例 3.11 如图 3-18 所示的水箱，H 为基准液面高度，A 为水箱截面积，ρ 为水的密度，以流量差 $Q(t) = Q_1(t) - Q_2(t)$ 为输入，液面高度变化量 $h(t)$ 为输出，试求系统的传递函数。

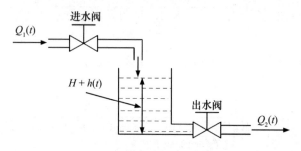

图 3-18 水箱 $Q(t)$ 与 $h(t)$ 关系

解：根据质量守恒定律

$$\rho \int Q(t)\mathrm{d}t = \rho A h(t)$$

拉氏变换后得

$$Q(s) = A s H(s)$$

系统的传递函数为

$$G(s) = \frac{H(s)}{Q(s)} = \frac{1}{As} = \frac{1}{Ts}$$

式中，$T = A$。

3.3.4 惯性环节

惯性环节存在一个储能元件，使输出不能立即跟随输入量发生变化，具有一定的惯性，其微分方程形式为

$$T\frac{\mathrm{d}x_o(t)}{\mathrm{d}t} + x_o(t) = x_i(t)$$

其传递函数为

$$G(s) = \frac{1}{Ts+1}$$

式中，T——惯性环节的时间常数。

惯性环节的框图如图 3-19 所示，惯性环节一般包括一个储能元件和一个耗能元件。

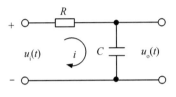

图 3-19 惯性环节框图

例 3.12 图 3-20 所示为无源滤波电路，$u_i(t)$ 为输入电压，$u_o(t)$ 为输出电压，i 为电流，R 为电阻，C 为电容，试求该系统的传递函数。

图 3-20 无源滤波电路

解：根据基尔霍夫定律，有

$$u_i(t) = iR + \frac{1}{C}\int i\, dt$$

$$u_o(t) = \frac{1}{C}\int i\, dt$$

拉氏变换后得

$$U_i(s) = RI(s) + \frac{1}{Cs}I(s)$$

$$U_o(s) = \frac{1}{Cs}I(s)$$

整理可得系统的传递函数为

$$G(s) = \frac{U_o(s)}{U_i(s)} = \frac{1}{RCs+1} = \frac{1}{Ts+1}$$

式中，T——时间常数，$T = RC$。

例 3.13 图 3-21 所示为弹簧阻尼系统，$x_i(t)$ 为输入位移，$x_o(t)$ 为输出位移，c 为阻尼系数，k 为弹簧刚度，试求该系统的传递函数。

解：根据牛顿第二定律，有

$$c\frac{dx_o(t)}{dt} + kx_o(t) = kx_i(t)$$

拉氏变换后得

$$csX_o(s) + kX_o(s) = kX_i(s)$$

系统的传递函数为

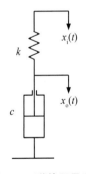

图 3-21 弹簧阻尼系统

$$G(s) = \frac{X_o(s)}{X_i(s)} = \frac{k}{cs+k} = \frac{1}{Ts+1}$$

式中，T——惯性环节时间常数，$T = \frac{c}{k}$。

上述两例说明，不同物理系统可以具有相同形式的传递函数。

3.3.5 振荡环节

振荡环节存在两个储能元件,当输入信号发生变化时,两个储能元件会发生能量的交换,使输出表现出振荡的形式,其微分方程形式为

$$T^2\frac{\mathrm{d}^2x_o(t)}{\mathrm{d}t^2}+2\zeta T\frac{\mathrm{d}x_o(t)}{\mathrm{d}t}+x_o(t)=x_i(t)$$

拉氏变换后可得系统的传递函数为

$$G(s)=\frac{X_o(s)}{X_i(s)}=\frac{1}{T^2s^2+2\zeta Ts+1}$$

或写为

$$G(s)=\frac{X_o(s)}{X_i(s)}=\frac{\omega_n^2}{s^2+2\zeta\omega_ns+\omega_n^2}$$

式中,ω_n——无阻尼固有频率;T——振荡环节时间常数,$T=1/\omega_n$;ζ——阻尼比,$0<\zeta<1$。

二阶系统的框图如图 3-22 所示。

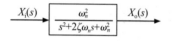

图 3-22 二阶环节框图

①当 $0<\zeta<1$ 时,输出是振荡过程,此时二阶环节即为振荡环节。

②当 $\zeta\geqslant 1$ 时,输出是单调上升或下降曲线而不振荡,达到常值。此时二阶环节不是振荡环节,而是两个一阶惯性环节的组合。由此可知振荡环节是二阶环节,但二阶环节不一定是振荡环节。

例 3.14 图 3-23 所示为电感 L、电阻 R 和电容 C 的串、并联电路,$u_i(t)$ 为输入电压,$u_o(t)$ 为输出电压,试求该系统的传递函数。

解:根据基尔霍夫定律,有

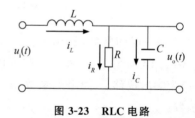

图 3-23 RLC 电路

$$\begin{cases}u_i(t)=L\dfrac{\mathrm{d}i_L}{\mathrm{d}t}+u_o(t)\\[2mm]u_o(t)=Ri_R=\dfrac{1}{C}\displaystyle\int i_C\mathrm{d}t\\[2mm]i_L=i_C+i_R\end{cases}$$

拉氏变换后可得

$$\begin{cases}U_i(s)=LsI_L(s)+U_o(s)\\[2mm]U_o(s)=RI_R(s)=\dfrac{1}{Cs}I_c(s)\\[2mm]I_L(s)=I_c(s)+I_R(s)\end{cases}$$

简化后可得传递函数为

$$G(s)=\frac{U_o(s)}{U_i(s)}=\frac{1}{LCs^2+\dfrac{L}{R}s+1}$$

或写成

$$G(s) = \frac{\omega_n^2}{s^2 + 2\zeta\omega_n s + \omega_n^2}$$

式中,ω_n——系统的固有频率;$\omega_n = \sqrt{\dfrac{1}{LC}}$;$\zeta$——系统的阻尼比;$\zeta = \dfrac{1}{2R}\sqrt{\dfrac{L}{C}}$。

例 3.15 图 3-24 所示为一做旋转运动的惯量-阻尼-弹簧系统。在转动惯量为 J 的转子上带有叶片与弹簧,其弹簧扭转刚度和黏性阻尼系数分别为 k 与 c。若在外部施加一转矩 M 作为输入,以转子转角 θ 作为输出,试求系统的传递函数。

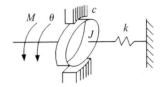

图 3-24 旋转运动系统

解:系统动力学方程为

$$J\ddot{\theta} + c\dot{\theta} + k\theta = M$$

拉氏变换后可得系统的传递函数为

$$G(s) = \frac{\Theta(s)}{M(s)} = \frac{1}{Js^2 + cs + k}$$

或写成

$$G(s) = \frac{K}{s^2 + 2\zeta\omega_n s + \omega_n^2}$$

式中,$\omega_n = \sqrt{\dfrac{k}{J}}$;$\zeta = \dfrac{c}{2\sqrt{Jk}}$;$K = \dfrac{1}{J}$。

由此可知无论是机械系统还是电路系统,虽然结构不同,但传递函数表示形式可以是一样的,只是参数代表的具体物理含义不一样。

3.3.6 延时环节

延时环节是输入信号作用时间 τ 之后才有输出,而且不失真地反映输入信号,延时环节是线性环节,符合叠加原理,微分方程为

$$x_o(t) = x_i(t - \tau)$$

拉氏变换后系统的传递函数为

$$G(s) = \frac{L[x_o(t)]}{L[x_i(t)]} = \frac{L[x_i(t-\tau)]}{L[x_i(t)]} = \frac{X_i(s)e^{-\tau s}}{X_i(s)} = e^{-\tau s}$$

式中,τ——延迟时间。

延时环节的框图如图 3-25 所示。

延时(滞后)环节常存在于一些液压、气动或机械传动装置中,延时(滞后)容易使系统的输出产生振荡,所以在设计系统时,应尽量消除滞后的影响。

$X_i(s) \rightarrow \boxed{e^{-\tau s}} \rightarrow X_o(s)$

图 3-25 延时环节的框图

实际控制系统通常由若干个典型环节组合而成,在了解了典型环节的传递函数后,可

以根据环节的连接结构(例如串联或并联),直接写出整个系统的传递函数。例如,如图 3-26 所示,一个由比例、积分和微分并联组成的 PID 调节器作用于系统,该调节器的传递函数可写成

$$G(s) = K_p + K_i \frac{1}{s} + K_d s$$

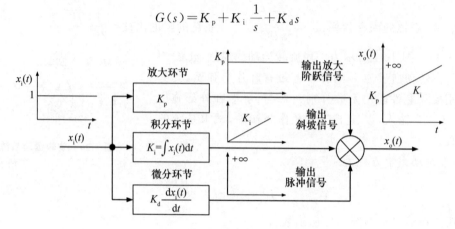

图 3-26　PID 调节器框图

3.4　传递函数框图及简化

3.4.1　传递函数框图的组成

　　一个控制系统一般由若干环节按一定的关系组合而成,为了清晰表示系统中各环节间的关系和信号的传递过程,常采用框图形式。框图表示的控制系统也是系统数学模型的一种图形化表达方式,尤其对复杂系统,通过微分方程化简很难得到传递函数,利用框图通过一定的变换就可得到传递函数。

　　控制系统的框图由 4 个基本元素组成:信号线、分支点、相加点和环节方框,如图 3-27 所示。

$X(s) \longrightarrow$	$X(s) \longrightarrow \begin{array}{l} X_1(s) \\ X_2(s) \end{array}$	$X_1(s) \longrightarrow \bigotimes \xrightarrow{X(s)=X_1(s)\pm X_2(s)}$ $\pm$ $X_2(s)$	$X_i(s) \longrightarrow \boxed{G(s)} \xrightarrow{X_o(s)}$
(a)信号线	(b)分支点	(c)相加点	(d)方框

图 3-27　框图的 4 个基本元素

　　①信号线:代表控制系统某一部分的信号及其流通方向,如图 3-27(a)所示。用单向带箭头的线段表示,箭头方向是信号的传递方向,信号线旁标记的符号代表该信号的拉氏变换式,如 $X(s)$。

　　②分支点:将系统相同的信号输送到不同的支路上,如图 3-27(b)所示,在分支点处,各信号和输入信号相同,即

$$X(s) = X_1(s) = X_2(s)$$

③相加点:多个信号在某一点进行相加或相减汇合称为相加点,如图 3-27(c)所示,并用"+"表示信号相加,"−"表示相减,若相加点处无符号,默认是符号"+",相加点可以有多个输入,但输出只有一个,输出信号等于各输入信号的代数叠加,即

$$X(s) = X_1(s) \pm X_2(s)$$

④方框:方框代表系统某一环节或通道的输出与输入的关系,如图 3-27(d)所示,方框内部标明该环节的传递函数,即

$$X_o(s) = G(s)X_i(s)$$

3.4.2 传递函数框图的连接形式

在控制系统中,任何复杂系统的传递函数框图主要由各环节的框图经串联、并联和反馈3 种基本形式连接而成。

1. 串联连接

串联是指各环节首尾相连,如图 3-28(a)所示,两个环节的传递函数 $G_1(s)$ 和 $G_2(s)$ 串联连接,则系统输出为

$$X_o(s) = G_2(s)X_1(s) = G_2(s)G_1(s)X_i(s)$$

等效后的系统传递函数为

$$G(s) = \frac{X_o(s)}{X_i(s)} = G_1(s)G_2(s) \tag{3-15}$$

等效后的系统传递函数框图如图 3-28(b)所示。

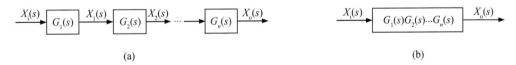

$$(a) \qquad\qquad (b)$$

图 3-28　环节的串联连接

结论:两个环节串联连接的传递函数可等效为两个环节传递函数的乘积。由此可推出,串联环节总的传递函数等于各环节传递函数的乘积,如图 3-29 所示。

$$(a) \qquad\qquad (b)$$

图 3-29　多个环节的串联连接

2. 并联连接

如图 3-30(a)所示,两个环节的传递函数 $G_1(s)$ 和 $G_2(s)$ 并联连接,则系统输出为

$$X_o(s) = G_1(s)X_i(s) \pm G_2(s)X_i(s) = [G_1(s) \pm G_2(s)]X_i(s)$$

等效后的系统传递函数为

$$G(s)=\frac{X_o(s)}{X_i(s)}=G_1(s)\pm G_2(s) \tag{3-16}$$

等效后的系统传递函数框图如图 3-30(b)所示。

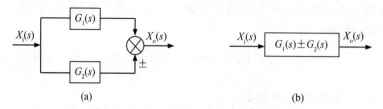

图 3-30　环节的并联连接

结论：两个环节并联连接其等效传递函数为两个环节传递函数的代数和。由此可推出，并联环节总的传递函数等于各环节传递函数之和，如图 3-31 所示。

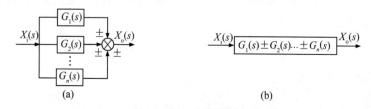

图 3-31　多个环节的并联连接

3. 反馈连接

两个环节的传递函数 $G(s)$ 和 $H(s)$ 连接如图 3-32(a)所示，则称为反馈连接。"－"表示负反馈，"＋"表示正反馈，一般系统都具有负反馈作用。等效后的系统传递函数，即闭环传递函数框图如图 3-32(b)所示。

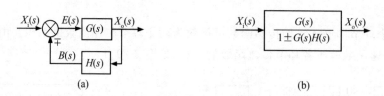

图 3-32　环节的反馈连接

根据图 3-32(a)可知，系统输出为

$$X_o(s)=G(s)E(s)=G(s)[X_i(s)\mp B(s)]=G(s)[X_i(s)\mp H(s)X_o(s)]$$

等效后的系统传递函数为

$$G_B(s)=\frac{X_o(s)}{X_i(s)}=\frac{G(s)}{1\pm G(s)H(s)} \tag{3-17}$$

$G_B(s)$ 称为系统的闭环传递函数,即系统输出与输入的拉氏变换之比。

$$G_B(s) = \frac{X_o(s)}{X_i(s)}$$

$G(s)$ 称为系统的前向通道传递函数,即系统输出与偏差的拉氏变换之比。

$$G(s) = \frac{X_o(s)}{E(s)}$$

$H(s)$ 称为系统的反馈传递函数,即反馈信号与系统输出的拉氏变换之比。

$$H(s) = \frac{B(s)}{X_o(s)}$$

$G_K(s)$ 称为系统的开环传递函数,即反馈信号与偏差的拉氏变换之比。

$$G_K(s) = \frac{B(s)}{E(s)} = \frac{X_o(s)}{E(s)} \frac{B(s)}{X_o(s)} = G(s)H(s)$$

在复杂的闭环控制系统中,除了主反馈外,还有相互交错的局部反馈。为了简化系统的传递函数框图,还需要将信号的分支点和相加点进行前移和后移,以便能够进行简化。

3.4.3 传递函数框图的建立

框图也是建立传递函数的一种方式,而且对于复杂系统来说,是一定要用到的方式。

常用的建立系统传递函数框图的步骤如下。

①根据基本的物理、电学和化学等定律,建立系统各环节的微分方程;

②将微分方程在初始条件为零时进行拉氏变换,并做出各环节传递函数的框图;

③根据信号的流向,将各框图依次连接起来,便可得到系统的传递函数框图。

例 3.16 图 3-33 所示为无源网络电路,绘制系统的传递函数框图。

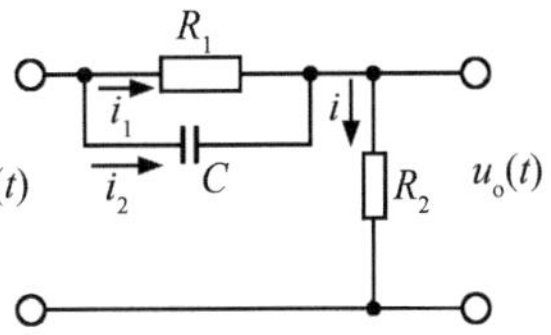

图 3-33 无源网络电路

解: 根据基尔霍夫定律,系统微分方程为

$$\begin{cases} u_i(t) = i_1(t)R_1 + u_o(t) \\ i_1(t)R_1 = \frac{1}{C}\int i_2(t)\,dt \\ u_o(t) = i(t)R_2 \\ i(t) = i_1(t) + i_2(t) \end{cases}$$

对微分方程进行拉氏变换得

$$\begin{cases} U_i(s) = I_1(s)R_1 + U_o(s) \\ I_1(s)R_1 = \frac{1}{Cs}I_2(s) \\ U_o(s) = I(s)R_2 \\ I(s) = I_1(s) + I_2(s) \end{cases}$$

将代数方程用框图表示(图 3-34)。

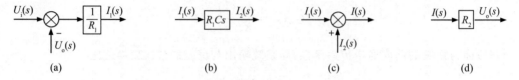

图 3-34 无源网络电路系统各环节传递函数框图

根据图 3-34 中各信号的传递关系,用信号线将各组成部分的框图连接起来,便得到无源网络电路系统的传递函数框图,如图 3-35 所示。

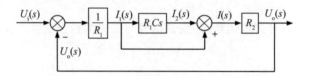

图 3-35 无源网络电路系统传递函数框图

由图 3-35 可知,无源网络电路系统的传递函数框图由串联、并联和反馈组成,系统的前向通道传递函数为

$$G(s)=\frac{R_2(1+R_1Cs)}{R_1}$$

系统开环传递函数与前向通道传递函数相同,系统闭环传递函数为

$$G_B(s)=\frac{U_o(s)}{U_i(s)}=\frac{R_1Cs+1}{R_1Cs+1+\dfrac{R_1}{R_2}}$$

3.4.4 传递函数框图的等效变换

复杂系统框图可能包含多个环节,而且连接复杂,对其做适当的简化,有利于推导整个系统的闭环传递函数。但框图的简化必须遵循等效变换基本原则,即变换前后各变量间的传递函数保持不变。

1.分支点等效变换

(1)分支点前移

将分支点从环节的输出端移到输入端称为分支点前移,如图 3-36 所示。

由图 3-36 可知,分支点移动前后的输出为

$$X_o(s)=G(s)X_i(s)$$

结论:分支点前移,应在分支路上串联具有相同传递函数的框图。

(2)分支点后移

将分支点从环节的输入端移到输出端称为分支点后移,如图 3-37 所示。

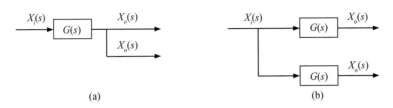

(a)　　　　　　　　　　　　　　(b)

图 3-36　分支点前移的等效变换

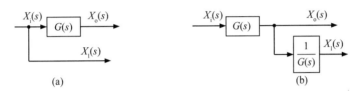

(a)　　　　　　　　　　　　　　(b)

图 3-37　分支点后移的等效变换

由图 3-37 可知,分支点移动后的输出为

$$X_1(s) = \frac{1}{G(s)} X_o(s) = X_i(s)$$

结论:分支点后移,应在被后移的分支路上串联具有相同传递函数倒数的框图。

(3)相邻分支点可以相互换位

当两个分支点之间没有其他任何环节时,称这两个分支点为相邻分支点,此时它们可以相互交换位置,其等效变换如图 3-38 所示。

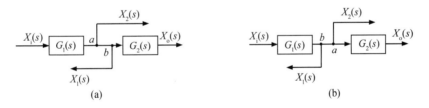

(a)　　　　　　　　　　　　　　(b)

图 3-38　相邻两个分支点的换位

结论:相邻两个引出点 a 和 b 交换位置后,引出的信号不变。

2.相加点等效变换

(1)相加点前移

相加点前移的等效变换如图 3-39 所示。

(a)　　　　　　　　　　　　　　(b)

图 3-39　相加点前移的等效变换

相加点前移后的输出为

$$X_3(s)=G(s)\left[X_1(s)\pm\frac{1}{G(s)}X_2(s)\right]=G(s)X_1(s)\pm X_2(s)$$

与相加点前移之前的输出相等。

（2）相加点后移

相加点后移的等效变换如图 3-40 所示。

（a）　　　　　　　　　　　　　　　　（b）

图 3-40　相加点后移的等效变换

相加点后移之后的输出为

$$X_3(s)=G(s)X_1(s)\pm G(s)X_2(s)=G(s)\left[X_1(s)\pm X_2(s)\right]$$

（3）相邻相加点可以相互换位

当两个相加点之间没有其他任何环节时，称这两个相加点为相邻相加点，此时既可以将它们交换位置，也可以合并成一个相加点，等效变换如图 3-41 所示。

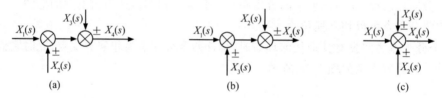

（a）　　　　　　　　　　　（b）　　　　　　　　　　　（c）

图 3-41　相邻相加点的等效变换

根据传递函数框图等效变换的几种基本法则，对于一个比较复杂的框图，总可以经过相应的变换，求出系统的传递函数。表 3-1 总结了几种常见框图的等效变换。

表 3-1　常见框图的等效变换

序号	名称	原框图	等效框图
1	串联	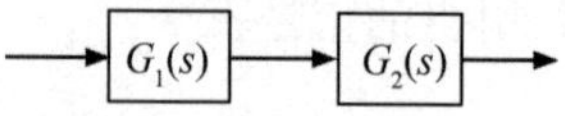 $G_1(s)$ → $G_2(s)$	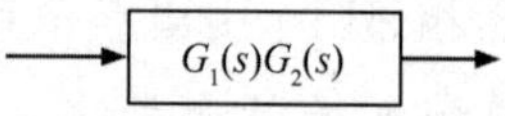 $G_1(s)G_2(s)$
2	并联	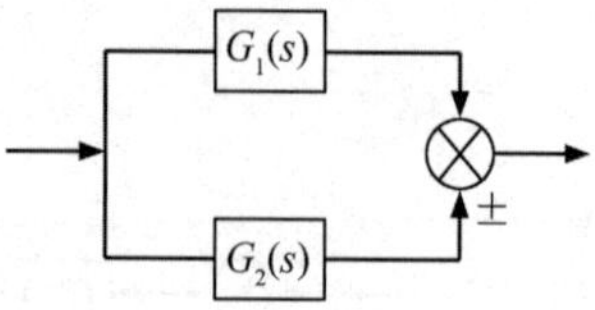 $G_1(s)$ $G_2(s)$ ±	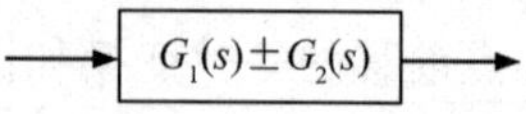 $G_1(s)\pm G_2(s)$
3	反馈	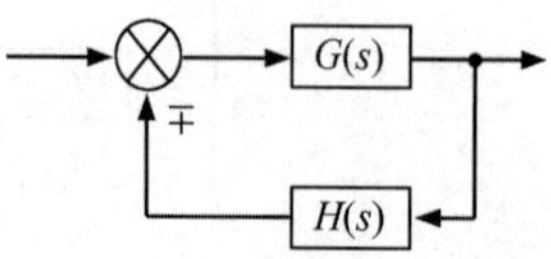 ∓ $G(s)$ $H(s)$	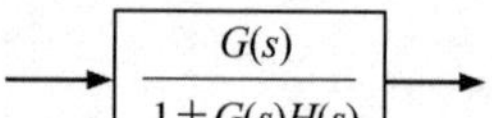 $\dfrac{G(s)}{1\pm G(s)H(s)}$

续表 3-1

序号	名称	原框图	等效框图
4	相加点前移		
5	相加点后移		
6	分支点前移		
7	分支点后移		
8	相加点合并		

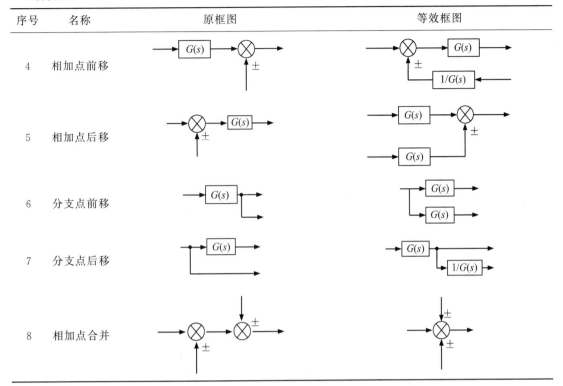

例 3.17 已知系统框图如图 3-42 所示，求系统传递函数 $\dfrac{X_o(s)}{X_i(s)}$。

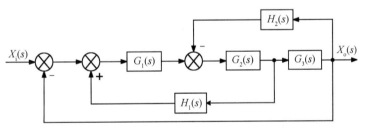

图 3-42 系统框图

解：(1)将 $G_2(s)$ 后面的分支点移到 $G_3(s)$ 后，可得

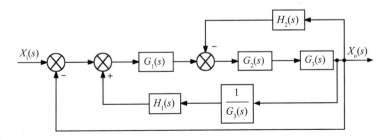

(2)将 $G_1(s)$ 后面的相加点移到 $G_1(s)$ 前,可得

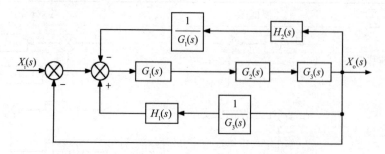

(3)将 3 条反馈回路合并后,可得

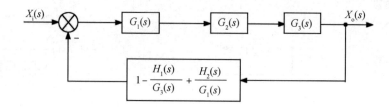

(4)根据串联连接和反馈连接原则化简后,可得

$$X_i(s) \rightarrow \boxed{\dfrac{G_1 G_2 G_3}{1-G_1 G_2 H_1 + G_2 G_3 H_2 + G_1 G_2 G_3}} \rightarrow X_o(s)$$

(5)系统的传递函数为

$$\frac{X_o(s)}{X_i(s)} = \frac{G_1(s)G_2(s)G_3(s)}{1-G_1(s)G_2(s)H_1(s)+G_2(s)G_3(s)H_2(s)+G_1(s)G_2(s)G_3(s)}$$

对含有多个局部反馈回路的控制系统,当满足整个框图只有一条前向通道,且各局部反馈回路存在公共的传递函数方框时,系统的闭环传递函数也可用下列公式求取:

$$G_B(s) = \frac{X_o(s)}{X_i(s)} = \frac{\text{前向通道的传递函数之积}}{1+\sum\left[\text{每一反馈回路的开环传递函数}\right]}$$

式中,分母中和项符号负反馈时取+,正反馈时取−。

例 3.18 含有 3 条反馈回路,满足只有一条前向通道,而且 3 条反馈回路都含有 $G_2(s)$ 的条件,因此直接用上述公式就可得出系统闭环传递函数,可避免复杂的框图简化步骤。

3.5 梅逊公式

框图是描述控制系统的一种很有用的图示法,然而,对于复杂的控制系统,框图的简化过程仍比较烦琐。由梅逊(S. J. Mason)提出的信号流图,不仅具有框图表示系统的特点,而且还能直接应用梅逊公式方便地写出系统的传递函数。因此,信号流图在控制工程中被广泛应用。

3.5.1 信号流图

信号流图和系统的框图一样,都是控制系统中信号传递关系的图解描述,而且信号流图的形式更为简单,便于绘制和应用。

1. 信号流图的组成

信号流图主要由节点和支路两部分组成,如图 3-43 所示。

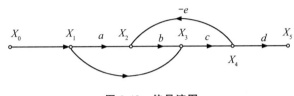

图 3-43 信号流图

(1)节点

节点表示系统中的变量或信号,用小圆圈表示。

①输入节点(源节点)。只有输出支路的节点称为输入节点,表示系统输入变量,图 3-43 中的 X_0 即是输入节点。

②输出节点(汇点)。只有输入支路的节点称为输出节点,表示系统输出变量,图 3-43 中的 X_5 即是输出节点。

③混合节点。既有输入支路又有输出支路的节点称为混合节点,图 3-43 中的 X_1、X_2、X_3 和 X_4 都是混合节点。

(2)支路

支路是连接两个节点的有向线段,支路上的箭头表示信号传递的方向,传递函数标在支路上,增益为 1 时不标出。

(3)前向通道

从输入节点开始到输出节点终止,而且每个节点只通过一次的通道,叫作前向通道。图 3-43 中的 $X_0 \rightarrow X_1 \rightarrow X_2 \rightarrow X_3 \rightarrow X_4 \rightarrow X_5$ 和 $X_0 \rightarrow X_1 \rightarrow X_3 \rightarrow X_4 \rightarrow X_5$ 就是 2 条前向通道。

(4)前向通道传递函数

前向通道中的各个支路传递函数的乘积即为前向通道传递函数,图 3-43 中的 2 条前向通道传递函数分别为 $abcd$ 和 cd。

(5)回路

通道的起点和终点在同一节点上,且信号经过任一节点只有一次的闭环通路。图 3-43 中的 $X_2 \rightarrow X_3 \rightarrow X_4 \rightarrow X_2$ 就是 1 个回路。

(6)回路传递函数

回路中所有支路传递函数的乘积即为回路的传递函数,图 3-43 中的回路传递函数为 $-bce$。

(7)不接触回路

相互没有公共节点的回路称为不接触回路,在图 3-43 中不存在不接触回路。

控制工程基础

2.信号流图的绘制

框图与信号流图之间存在一一对应的关系,由系统的框图可以绘出信号流图。

例 3.18 已知某系统的传递函数框图如图 3-44 所示,试画出相应的信号流图。

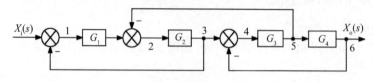

图 3-44 系统框图

解:由图 3-44 可知,选择每个相加点的输出和分支点作为节点信号,则共有 6 个不同的信号,绘制信号流图时,从左到右依次画出 6 个对应的节点,按框图中信号的传递关系用支路将它们连接起来,并标出支路的信号传递方向。框图中的传递函数标注在对应的支路上,所绘制的信号流图如图 3-45 所示。

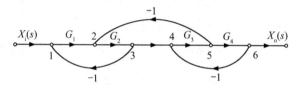

图 3-45 信号流图

3.5.2 梅逊公式

利用梅逊公式可以很方便地写出系统的传递函数,梅逊公式的一般形式为

$$G(s)=\frac{1}{\Delta}\sum_{k=1}^{n}P_k\Delta_k \tag{3-18}$$

式中,Δ——特征式,且 $\Delta=1-\sum L_a+\sum L_b L_c-\sum L_d L_e L_f+\cdots$;$n$——前向通道的个数;$P_k$——从输入节点到输出节点的第 k 条前向通道的传递函数;Δ_k——第 k 条前向通道的特征余子式,即把与第 k 条前向通道相接触的回路传递函数去掉以后的 Δ 值;$\sum L_a$——所有不同回路传递函数之和;$\sum L_b L_c$——所有两两互不接触的回路传递函数乘积之和;$\sum L_d L_e L_f$——所有 3 个互不接触的回路传递函数乘积之和。

例 3.19 已知系统的信号流图如图 3-46 所示,试用梅逊公式求系统的传递函数。

解:在该系统中,共有 3 条前向通道,前向通道传递函数分别为

$$P_1=G_1 G_2 G_3 G_4 G_5$$
$$P_2=G_1 G_6 G_4 G_5$$
$$P_3=G_1 G_2 G_7$$

系统有 4 条回路,回路传递函数分别为

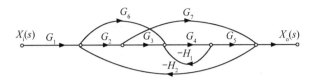

图 3-46　系统的信号流图

$$L_1 = -G_4 H_1$$
$$L_2 = -G_2 G_7 H_2$$
$$L_3 = -G_6 G_4 G_5 H_2$$
$$L_4 = -G_2 G_3 G_4 G_5 H_2$$

回路 L_1 和 L_2 互不接触，其他回路都有接触，特征式为

$$\Delta = 1 - (L_1 + L_2 + L_3 + L_4) + L_1 L_2$$

从 Δ 中将与前向通道 P_1 接触的回路去掉，4 个回路都与 P_1 接触，因此特征余子式 Δ_1 为

$$\Delta_1 = 1$$

同理对于前向通道 P_2 和 P_3，特征余子式分别为

$$\Delta_2 = 1, \Delta_3 = 1 - L_1$$

系统的传递函数为

$$
\begin{aligned}
\frac{X_o(s)}{X_i(s)} &= \frac{1}{\Delta}(P_1 \Delta_1 + P_2 \Delta_2 + P_3 \Delta_3) \\
&= \frac{G_1 G_2 G_3 G_4 G_5 + G_1 G_6 G_4 G_5 + G_1 G_2 G_7 (1 + G_4 H_1)}{1 + G_4 H_1 + G_2 G_7 H_2 + G_6 G_4 G_5 H_2 + G_2 G_3 G_4 G_5 H_2 + G_4 H_1 G_2 G_7 H_2}
\end{aligned}
$$

例 3.20　试求图 3-47 所示的系统传递函数。

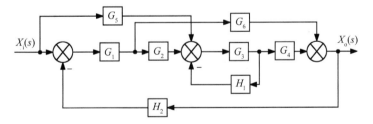

图 3-47　系统框图

解：将图 3-47 所示的系统框图转换成信号流图，如图 3-48 所示。

系统有 3 条前向通道，其传递函数分别为

$$P_1 = G_1 G_2 G_3 G_4$$
$$P_2 = G_5 G_3 G_4$$
$$P_3 = G_1 G_6$$

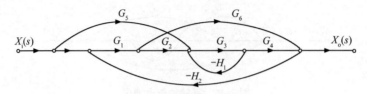

图 3-48 系统信号流图

系统有 3 条回路,其传递函数分别为

$$L_1 = -G_1 G_2 G_3 G_4 H_2$$
$$L_2 = -G_1 G_6 H_2$$
$$L_3 = -G_3 H_1$$

回路 L_2 和 L_3 互不接触,系统的特征式为

$$\Delta = 1 - (L_1 + L_2 + L_3) + L_2 L_3$$

前向通道 P_1、P_2 与各回路接触,故特征余子式 $\Delta_1 = \Delta_2 = 1$。
前向通道 P_3 只与回路 L_3 不接触,故特征余子式 $\Delta_3 = 1 - L_3$。
传递函数为

$$\frac{X_o(s)}{X_i(s)} = \frac{1}{\Delta}(P_1 \Delta_1 + P_2 \Delta_2 + P_3 \Delta_3)$$
$$= \frac{G_1 G_2 G_3 G_4 + G_3 G_4 G_5 + G_1 G_6 (1 + G_3 H_1)}{1 + G_1 G_2 G_3 G_4 H_2 + G_1 G_6 H_2 + G_3 H_1 + G_1 G_3 G_6 H_1 H_2}$$

例 3.21 图 3-49 所示为系统电路,试求系统的传递函数。

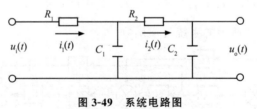

图 3-49 系统电路图

解:根据基尔霍夫定律,系统的微分方程为

$$\begin{cases} i_1(t) R_1 + u(t) = u_i(t) \\ u(t) = \frac{1}{C_1} \int [i_1(t) - i_2(t)] dt \\ i_2(t) R_2 + u_o(t) = u(t) \\ \frac{1}{C_2} \int i_2(t) dt = u_o(t) \end{cases}$$

设初始条件为零,对系统的微分方程进行拉氏变换,得

$$\begin{cases} I_1(s)R_1 + U(s) = U_i(s) \\ U(s) = \dfrac{1}{C_1 s}\big[I_1(s) - I_2(s) \big] \\ I_2(s)R_2 + U_o(s) = U(s) \\ \dfrac{1}{C_2 s} I_2(s) = U_o(s) \end{cases}$$

根据上式,可得到各环节的传递函数框图,如图 3-50 所示。

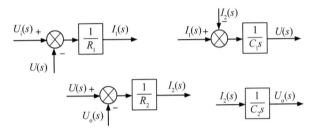

图 3-50　系统各环节的传递函数框图

将各环节的传递函数框图按信号的传递关系连接起来,便得到系统的传递函数框图,如图 3-51 所示。

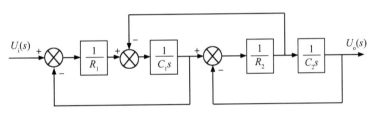

图 3-51　系统框图

将图 3-51 所示的框图化为信号流图,如图 3-52 所示。

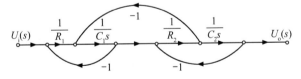

图 3-52　系统信号流图

在该系统中,只有 1 条前向通道,传递函数为

$$P_1 = \frac{1}{R_1}\frac{1}{C_1 s}\frac{1}{R_2}\frac{1}{C_2 s}$$

系统有 3 条回路,传递函数分别为

$$L_1 = -\frac{1}{R_1 C_1 s}$$

$$L_2 = -\frac{1}{R_2 C_2 s}$$

$$L_3 = -\frac{1}{R_2 C_1 s}$$

回路 L_1 和 L_2 互不接触,特征式为

$$\Delta = 1 - (L_1 + L_2 + L_3) + L_1 L_2$$

$$= 1 + \frac{1}{R_1 C_1 s} + \frac{1}{R_2 C_2 s} + \frac{1}{R_2 C_1 s} + \frac{1}{R_1 C_1 s} \frac{1}{R_2 C_2 s}$$

从 Δ 中将与 P_1 接触的回路去掉,特征余子式 Δ_1 为

$$\Delta_1 = 1$$

系统的传递函数为

$$\frac{U_o(s)}{U_i(s)} = \frac{1}{\Delta}(P_1 \Delta_1)$$

$$= \frac{1}{R_1 R_2 C_1 C_2 s^2 + (R_1 C_1 + R_2 C_2 + R_1 C_2)s + 1}$$

3.6 反馈控制系统传递函数

3.6.1 典型反馈控制系统

在控制系统工作过程中,通常会受到 2 类输入信号作用,一类是给定输入或参考输入信号,另一类是干扰信号。为了尽可能消除干扰对系统输出的影响,一般采用负反馈控制,将系统设计成闭环控制系统。

典型的反馈控制系统框图如图 3-53 所示。图中 $X_i(s)$ 为系统的输入信号,$X_o(s)$ 为系统的输出信号,$N(s)$ 为作用在系统前向通道上的干扰信号,$E(s)$ 为偏差信号,$B(s)$ 为反馈信号。

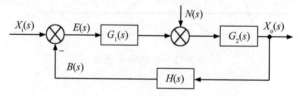

图 3-53 典型反馈控制系统框图

3.6.2 给定输入信号下的传递函数

推导在输入信号 $X_i(s)$ 作用下系统的传递函数,此时认为 $N(s) = 0$。

1. 开环传递函数

系统的开环传递函数为

$$G_{K}(s) = \frac{B(s)}{E(s)} = G_1(s)G_2(s)H(s) \tag{3-19}$$

式中，$G_1(s)G_2(s)$——系统前向通道的传递函数；$H(s)$——反馈通道的传递函数。

由此可见，系统的开环传递函数即为前向通道的传递函数与反馈通道的传递函数的乘积。

2. 闭环传递函数

系统的闭环传递函数为

$$G_{B}(s) = \frac{X_{oi}(s)}{X_i(s)} = \frac{G_1(s)G_2(s)}{1 + G_1(s)G_2(s)H(s)} \tag{3-20}$$

当 $H(s) = 1$ 时，称为单位负反馈控制系统，此时

$$G_{B}(s) = \frac{G_1(s)G_2(s)}{1 + G_1(s)G_2(s)} = \frac{G_K(s)}{1 + G_K(s)} \tag{3-21}$$

式(3-21)表明单位负反馈系统闭环传递函数与开环传递函数之间的关系。

3. 偏差传递函数

系统的偏差传递函数是指偏差信号的拉氏变换与输入信号的拉氏变换之比，即

$$G_{E}(s) = \frac{E(s)}{X_i(s)} = \frac{1}{1 + G_1(s)G_2(s)H(s)} \tag{3-22}$$

3.6.3 干扰输入信号下的传递函数

推导在干扰信号 $N(s)$ 作用下系统的传递函数，此时认为 $X_i(s) = 0$。

1. 干扰作用下的闭环传递函数

在干扰信号作用下系统闭环的传递函数是输出与干扰信号的拉氏变换之比，即

$$G_{N}(s) = \frac{X_{oN}(s)}{N(s)} = \frac{G_2(s)}{1 + G_1(s)G_2(s)H(s)} \tag{3-23}$$

2. 干扰作用下的偏差传递函数

在干扰信号作用下系统的偏差传递函数是指偏差信号与干扰信号的拉氏变换之比，即

$$G_{E}(s) = \frac{E(s)}{N(s)} = \frac{-G_2(s)H(s)}{1 + G_1(s)G_2(s)H(s)} \tag{3-24}$$

3.6.4 系统总输出及干扰消除方法

由式(3-20)和式(3-23)可分别得出输入信号和扰动信号作用下系统的输出，即

$$X_{oi}(s) = G_{B}(s)X_i(s) = \frac{G_1(s)G_2(s)}{1 + G_1(s)G_2(s)H(s)}X_i(s)$$

$$X_{\text{oN}}(s) = G_N(s)N(s) = \frac{G_2(s)}{1+G_1(s)G_2(s)H(s)}N(s)$$

根据线性叠加原理,当输入信号和扰动信号同时作用于系统时,系统总输出为

$$X_o(s) = X_{\text{oi}}(s) + X_{\text{oN}}(s)$$
$$= \frac{G_1(s)G_2(s)}{1+G_1(s)G_2(s)H(s)}X_i(s) + \frac{G_2(s)}{1+G_1(s)G_2(s)H(s)}N(s)$$

若设计系统时能保证 $|G_1(s)G_2(s)H(s)| \gg 1$,且 $|G_1(s)H(s)| \gg 1$,则干扰引起输出为

$$X_{\text{oN}}(s) = \frac{G_2(s)}{1+G_1(s)G_2(s)H(s)}N(s) \approx \frac{G_2(s)}{G_1(s)G_2(s)H(s)}N(s)$$
$$\approx \frac{1}{G_1(s)H(s)}N(s) \approx \delta N(s) \tag{3-25}$$

由于 δ 为极小值,干扰引起的输出即为极小值,因此闭环系统的优点之一就是使干扰引起的误差为极小,此时通过反馈回路组成的闭环系统能使输出只跟随输入而变化。不管干扰怎样,只要输入不变,输出总保持不变或变化很小。

如果系统没有反馈回路,则系统成为开环系统,此时干扰引起的输出无法被消除,全部形成误差。

3.6.5 直流电动机反馈控制系统

图 3-54 所示为电枢电压控制式直流电动机原理图,设 u_a 为电枢两端的控制电压,ω 为电动机旋转角速度,M 为折合到电动机轴上的总负载转矩。当激磁不变时,在电枢电压控制的情况下,u_a 为给定输入,M_L 为干扰输入,ω 为输出。系统中 e_d 为电动机旋转时电枢两端的反电动势,i 为电动机的电枢电流。

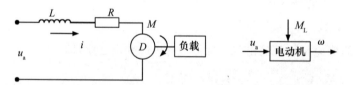

(a)直流电动机工作原理图　　　　(b)直流电动机工作原理简图

图 3-54　电枢电压控制式直流电动机工作原理

数字资源 3-2
直流电动机工作原理介绍

根据基尔霍夫定律,电动机电枢回路的方程为

$$L\frac{\mathrm{d}i}{\mathrm{d}t} + iR + e_d = u_a$$

式中,L——电动机内电感;R——电动机内电阻。

当激磁不变时,e_d 与角速度 ω 成正比,即

$$e_d = k_d\omega$$

式中,k_d——反电动势常数。

根据刚体的转动定律,电动机转子的动力方程为

$$J\frac{d\omega}{dt}=M-M_L$$

式中,J——转动部分折合到电动机轴上的总的转动惯量。

当激磁不变时,电动机的电磁力矩 M 与电枢电流 i 成正比。即

$$M=k_m i$$

式中,k_m——电动机电磁力矩常数。

对上述各式在初始条件为零时进行拉氏变换,得

$$(Ls+R)I(s)+E_d(s)=U_a(s)$$
$$E_d(s)=k_d(s)\Omega(s)$$
$$Js\Omega(s)=M(s)-M_L(s)$$
$$M(s)=k_m I(s)$$

绘出上述各式传递函数框图,如图 3-55 所示。

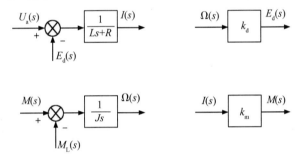

图 3-55 直流电动机各式传递函数框图

将各式传递函数框图按信号的传递关系连接起来,便得到系统的传递函数框图,如图 3-56 所示。

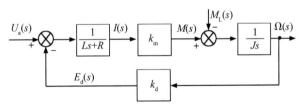

图 3-56 直流电动机传递函数框图

在给定输入 $U_a(s)$ 作用下,$M_L(s)=0$,系统的传递函数为

$$G_u(s)=\frac{\Omega(s)}{U_a(s)}=\frac{\dfrac{1}{k_d}}{\dfrac{LJ}{k_d k_m}s^2+\dfrac{RJ}{k_d k_m}s+1}$$

在干扰输入 $M_L(s)$ 作用下，$U_a(s)=0$，系统的传递函数为

$$G_M(s)=\frac{\Omega(s)}{M_L(s)}=\frac{-\left(\dfrac{1}{k_d k_m}s+\dfrac{R}{k_d k_m}\right)}{\dfrac{LJ}{k_d k_m}s^2+\dfrac{RJ}{k_d k_m}s+1}$$

按照线性系统叠加原理，直流电动机控制系统总输出为

$$\Omega(s)=\frac{\dfrac{1}{k_d}U_a(s)-\left(\dfrac{1}{k_d k_m}s+\dfrac{R}{k_d k_m}\right)M_L(s)}{\dfrac{LJ}{k_d k_m}s^2+\dfrac{RJ}{k_d k_m}s+1}$$

习题

3.1 简述传递函数的定义与性质。

3.2 传递函数中零极点及放大系数的含义是什么？对系统产生什么作用？

3.3 关于传递函数，下列哪些说法是正确的。

(1)传递函数只适用于线性定常系统；

(2)传递函数不仅取决于系统的结构参数，给定输入和扰动信号对传递函数也有影响；

(3)传递函数一般为复变量 s 的真分式；

(4)闭环传递函数的极点决定了系统的稳定性。

3.4 采用负反馈形式连接后，请判断下列说法是否正确。

(1)一定能使闭环系统稳定；

(2)系统动态性能一定会提高；

(3)一定能使干扰引起的误差逐渐减小，最后完全消除；

(4)需要调整系统的结构参数，才能改善系统性能。

3.5 如图 3-57 所示的电路系统，建立输出与输入之间的传递函数。

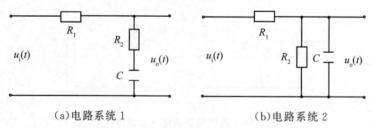

(a)电路系统 1   (b)电路系统 2

图 3-57 电路系统

3.6 如图 3-58 所示的机械系统，建立输出与输入之间的传递函数。

3.7 如图 3-59 所示的电路与机械系统，建立输出与输入之间的传递函数，并分析其传递函数的相同点。

3.8 如图 3-60 所示的电路系统，建立输出与输入之间的传递函数 $U_o(s)/U_i(s)$。

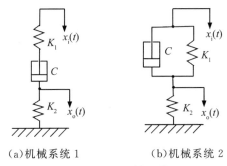

（a）机械系统 1　　　　（b）机械系统 2

图 3-58　机械系统

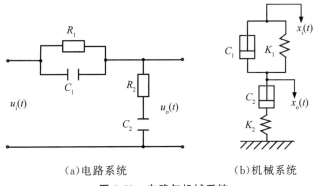

（a）电路系统　　　　　（b）机械系统

图 3-59　电路与机械系统

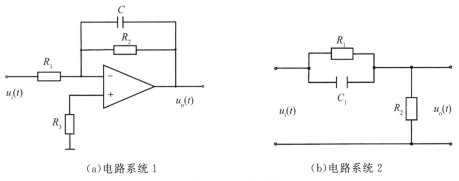

（a）电路系统 1　　　　　　　（b）电路系统 2

图 3-60　电路系统

3.9　系统框图如图 3-61 所示，分别写出以 $X_i(s)$ 和 $N(s)$ 为输入，以 $X_o(s)$ 为输出的开环和闭环传递函数。

3.10　系统框图如图 3-62 所示，求出系统的传递函数 $X_o(s)/X_i(s)$。

3.11　系统框图如图 3-63 所示，求出系统的传递函数 $X_o(s)/X_i(s)$。

3.12　系统框图如图 3-64 所示，求出系统的传递函数 $X_o(s)/X_i(s)$。

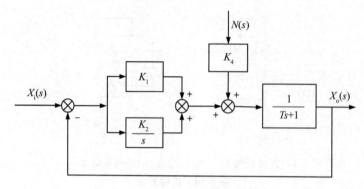

图 3-61　题 3.9 系统控制框图

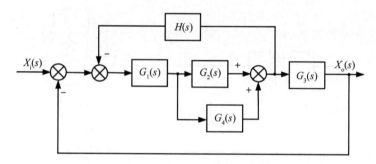

图 3-62　题 3.10 系统控制框图

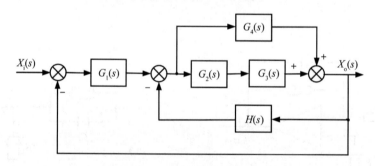

图 3-63　题 3.11 系统控制框图

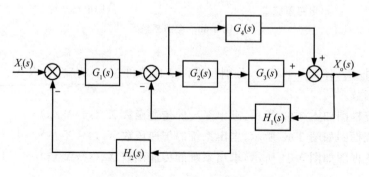

图 3-64　题 3.12 系统控制框图

3.13 系统框图如图 3-65 所示,求出系统的传递函数 $X_o(s)/X_i(s)$。

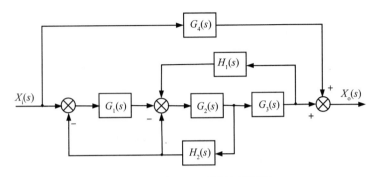

图 3-65 题 3.13 系统控制框图

3.14 系统框图如图 3-66 所示,求出系统的传递函数 $X_o(s)/X_i(s)$。

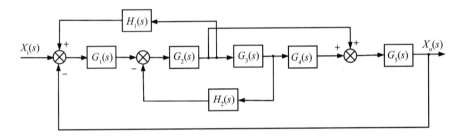

图 3-66 题 3.14 系统控制框图

3.15 系统微分方程组如下:输入为 $x(t)$,输出为 $y(t)$,试建立对应框图和信号流图,并求出传递函数 $Y(s)/X(s)$。

$$x_1(t) = x(t) - y(t)$$

$$x_2(t) = \tau \frac{\mathrm{d}x_1(t)}{\mathrm{d}t} + k_1 x_1(t)$$

$$x_3(t) = k_2 x_2(t)$$

$$x_4(t) = x_3(t) - x_5(t) - k_5 y(t)$$

$$\frac{\mathrm{d}x_5(t)}{\mathrm{d}t} = k_3 x_4(t)$$

$$k_3 x_5(t) = T \frac{\mathrm{d}y(t)}{\mathrm{d}t} + y(t)$$

3.16 已知系统信号流图如图 3-67 所示,分别画出对应的框图,并写出其传递函数。

3.17 已知系统信号流图如图 3-68 所示,写出其传递函数。

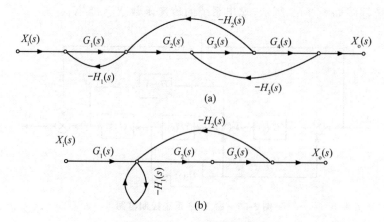

图 3-67　题 3.16 系统信号流图

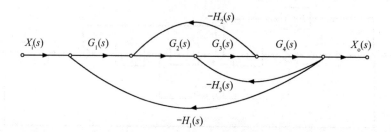

图 3-68　题 3.17 系统信号流图

第 4 章　控制系统误差与时域分析

在确定系统的数学模型之后,便可以用几种不同的方法分析控制系统的动态和稳态性能。在经典控制理论中,常用时域分析法、根轨迹法或频域分析法分析线性定常控制系统的性能。其中,时域分析法是一种直接在时间域中对系统进行分析校正的方法,具有直观、准确的优点,可以提供系统时间响应的全部信息,但在研究系统参数改变导致系统性能指标变化的趋势这一类问题、对系统进行校正设计时,时域分析法显得不是非常方便。时域分析法是最基本的分析方法,该方法引出的概念、方法和结论为后续学习复域法、频域法等其他方法分析控制系统提供了基础。

早在 1800 年前,中国古人发明了指南车,无论车轮向哪个方向行驶,小木人的手臂始终指向南方。1948 年,维纳出版了著作《控制论》,标志着控制作为一门单独的学科在西方社会的诞生,并提出了控制系统时间响应与误差分析的初步概念。1954 年,钱学森出版了著作《工程控制论》,强调了在复杂的飞行器系统工程中,控制系统时间响应与误差分析对系统性能的巨大影响。

本章主要介绍典型输入信号、时间响应组成、时间响应评价指标、控制系统误差分析、一阶系统时域分析、二阶系统时域分析以及高阶系统时域分析。

4.1　典型输入信号

在大多数情况下,控制系统输入信号以无法预测的方式发生变化,因此在设计控制系统时都是选择某一类输入信号。为了便于对控制系统进行分析和设计,同时也为了便于对各种控制系统的性能进行比较,经常采用一些基本的输入函数形式,称之为典型输入信号。在控制系统中常用的典型输入信号有单位脉冲函数、单位阶跃函数、单位斜坡函数以及单位加速度函数,如表 4-1 所示。

表 4-1　典型输入信号

名称	图形表达方式	时域表达式	复数域表达式
单位脉冲函数		$\delta(t) = \begin{cases} 0 & t \neq 0 \\ \infty & t = 0 \end{cases}$ $\int_{-\infty}^{+\infty} \delta(t)\mathrm{d}t = 1$	1

续表 4-1

名称	图形表达方式	时域表达式	复数域表达式
单位阶跃函数	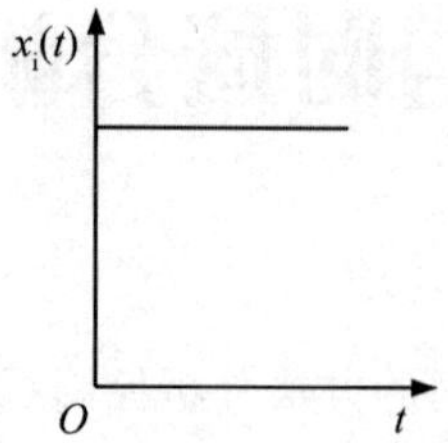	$u(t) = \begin{cases} 1, t \geqslant 0 \\ 0, t < 0 \end{cases}$	$\dfrac{1}{s}$
单位斜坡函数	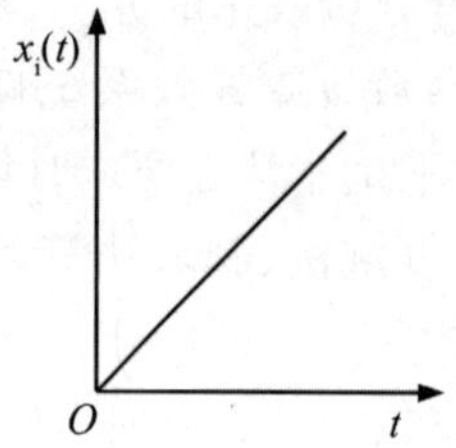	$x_i(t) = \begin{cases} t, t \geqslant 0 \\ 0, t < 0 \end{cases}$	$\dfrac{1}{s^2}$
单位加速度函数	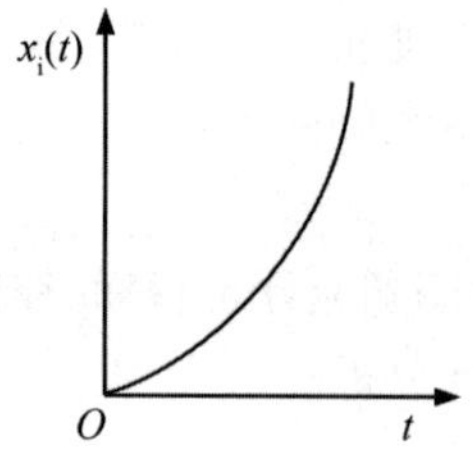	$x_i(t) = \begin{cases} \dfrac{1}{2} t^2, t \geqslant 0 \\ 0, t < 0 \end{cases}$	$\dfrac{1}{s^3}$

在同一系统中,不同形式的输入信号所对应的输出响应是不同的,但对于线性定常控制系统来说,它们所表征的系统性能是一致的。因此,通常以单位阶跃函数作为典型输入信号,对各种控制系统的性能进行比较和研究。

4.2 时间响应组成

微分方程是描述控制系统特性的常用方法之一,通过对微分方程求解可知系统输出量的特性。如质量 m 与弹簧 k 构成的机械系统,在外力 $F\sin\omega t$ 作用下,其微分方程为

$$m\ddot{y}(t) + ky(t) = F\sin\omega t$$

将其化简为

$$\ddot{y}(t) + \frac{k}{m}y(t) = \frac{F}{m}\sin\omega t$$

则系统的特征方程为

$$s^2 + \frac{k}{m} = 0$$

特征方程的根为

$$s = \pm j\sqrt{\frac{k}{m}}$$

设 $\omega_n = \sqrt{k/m}$，ω_n 为系统的无阻尼固有频率。

由于特征方程的两个根为一对共轭复数根，所以微分方程的通解为

$$y_1(t) = C_1\cos\omega_n t + C_2\sin\omega_n t$$

设方程的特解为

$$y_2(t) = A\cos\omega t + B\sin\omega t$$

代入原方程，得

$$A\left(\frac{k}{m} - \omega^2\right)\cos\omega t + B\left(\frac{k}{m} - \omega^2\right)\sin\omega t = \frac{F}{m}\sin\omega t$$

比较两端同类项系数，得

$$A\left(\frac{k}{m} - \omega^2\right) = 0, B\left(\frac{k}{m} - \omega^2\right) = \frac{F}{m}$$

所以方程的特解为

$$y_2(t) = \frac{F}{k - m\omega^2}\sin\omega t$$

综上所述，微分方程的解为

$$y(t) = y_1(t) + y_2(t) = C_1\cos\omega_n t + C_2\sin\omega_n t + \frac{F}{k - m\omega^2}\sin\omega t$$

设 $\lambda = \omega/\omega_n$，则微分方程的解为

$$y(t) = C_1\cos\omega_n t + C_2\sin\omega_n t + \frac{F}{k}\frac{1}{1 - \lambda^2}\sin\omega t$$

设 $t = 0$ 时，初始位移和初始速度分别为 y_0 和 $\dot{y}_0$，可求得系数 C_1 和 C_2 为

$$C_2 = y_0, C_1 = \frac{\dot{y}_0}{\omega_n} - \frac{F}{k}\frac{1}{1 - \lambda^2}$$

微分方程的解为

$$\underbrace{\underbrace{y(t) = y_0\cos\omega_n t + \frac{\dot{y}_0}{\omega_n}\sin\omega_n t}_{\text{零输入响应}} \overbrace{- \frac{F}{k}\frac{1}{1 - \lambda^2}\sin\omega_n t + \frac{F}{k}\frac{1}{1 - \lambda^2}\sin\omega t}^{\text{强迫响应}}}_{\text{零状态响应}} \tag{4-1}$$

由式（4-1）可知，第一项和第二项是由初始条件引起的自由响应，第三项是由输入引起的自由伴随振动，即自由响应，其振动频率为系统的固有频率 ω_n，第四项是由输入引起的强迫响应，其振动频率为输入频率 ω。由此可知，输入不仅激起了强迫响应，而且激起了自由响应。

微分方程的解即是系统的时间响应,按振动性质分为由固有频率 ω_n 构成振荡的自由响应,由输入频率 ω 引起振荡的强迫响应;按振动源分为由系统的初始条件引起的自由响应,称为零输入响应,当系统初始条件为零时由输入引起的强迫响应,称为零状态响应。

在传递函数定义时,已经明确初始条件为零,因此由 $Y(s)=G(s)X(s)$ 进行拉普拉斯逆变换所得到的时间响应 $y(t)$ 即是零状态响应,因此系统的时间响应为

$$y(t)=\overbrace{\frac{F}{k}\frac{1}{1-\lambda^2}\sin\omega_n t}^{\text{自由响应}}+\overbrace{\frac{F}{k}\frac{1}{1-\lambda^2}\sin\omega t}^{\text{强迫响应}}\tag{4-2}$$

$$\underbrace{\phantom{\frac{F}{k}\frac{1}{1-\lambda^2}\sin\omega_n t+\frac{F}{k}\frac{1}{1-\lambda^2}\sin\omega t}}_{\text{零状态响应}}$$

由式(4-2)可知,系统的时间响应就是零状态响应,包括自由响应和强迫响应。

对于一般情况,若齐次方程的特征根 s_i 各不相同,则通解为

$$y_1(t)=\sum_{i=1}^{n}A_{1i}e^{s_i t}+\sum_{i=1}^{n}A_{2i}e^{s_i t}$$

设特解为

$$y_2(t)=B(t)$$

系统的微分方程解为

$$y(t)=\overbrace{\underbrace{\sum_{i=1}^{n}A_{1i}e^{s_i t}}_{\text{零输入响应}}+\underbrace{\sum_{i=1}^{n}A_{2i}e^{s_i t}}_{}}^{\text{自由响应}}+\overbrace{B(t)}^{\text{强迫响应}}$$

$$\underbrace{\phantom{\sum_{i=1}^{n}A_{2i}e^{s_i t}+B(t)}}_{\text{零状态响应}}$$

系统的时间响应为

$$y(t)=\overbrace{\underbrace{\sum_{i=1}^{n}A_{2i}e^{s_i t}}_{}}^{\text{自由响应}}+\overbrace{B(t)}^{\text{强迫响应}}$$

$$\underbrace{\phantom{\sum_{i=1}^{n}A_{2i}e^{s_i t}+B(t)}}_{\text{零状态响应}}$$

式中,n 和 s_i 与系统的初始状态、输入无关,只取决于系统的结构参数,即系统的固有特性。

在控制理论中系统的时间响应分为瞬态响应和稳态响应。

瞬态响应是当特征根实部小于零,即 $\text{Re}(s_i)<0$ 时,随着时间的增长,自由响应逐渐衰减,当 $t\rightarrow\infty$ 时自由响应趋于零,此时所有的极点均位于 $[s]$ 平面的左半平面,称为系统是稳定的,自由响应称为瞬态响应。反之,系统不稳定,自由响应就不是瞬态响应。

稳态响应是指强迫响应,即输出的稳态值。

系统的极点性质反映了系统的稳定性、响应的快速性、响应的准确性。极点实部的性质 $\text{Re}(s_i)<0$ 还是 $\text{Re}(s_i)>0$ 决定了系统是否稳定。当系统稳定时,$|\text{Re}(s_i)|$ 的大小,决定了自由响应衰减的快慢,即决定了系统响应趋向于稳态值的快慢。极点虚部 $\text{Im}(s_i)$ 的情况在很大

程度上决定了自由响应的振荡情况,决定了系统的响应在规定时间内接近稳态值的情况,影响着响应的准确性。

4.3 时间响应评价指标

在典型输入信号作用下,任何一个控制系统的时间响应都由动态和稳态两个过程组成。动态过程又称为过渡过程即瞬态过程,指系统在典型输入信号的作用下,系统输出从初始状态到最终状态的时间响应过程。由于系统结构和参数不同,动态过程表现也不同,有衰减、发散或等幅振荡形式。对于可以实际运行的控制系统,其动态过程必须是衰减的,换句话说,系统必须是稳定的。

稳态过程是指系统在典型输入信号的作用下,当时间 $t \to \infty$ 时,系统输出的表现形式。稳态过程表征系统输出量最终复现输入量的程度,提供系统有关稳态偏差的信息。

4.3.1 动态性能评价指标

稳定是控制系统能够正常运行的首要条件,只有当系统稳定,即动态过程为衰减时,研究系统的动态性能才有意义。

通常在单位阶跃函数作用下,测定或计算系统的动态性能。一般认为单位阶跃函数对系统而言是比较严峻的工作状态,若系统在单位阶跃函数作用下的动态性能满足要求,那么系统在其他形式的输入作用下,其动态性能也是令人满意的。在单位阶跃函数的作用下,描述稳定系统动态过程随时间 t 的变化状况的指标,称为动态性能指标。图 4-1 所示为典型一阶系统单位阶跃响应——单调上升曲线和典型二阶系统单位阶跃响应——振荡曲线,其动态性能指标通常有如下几项。

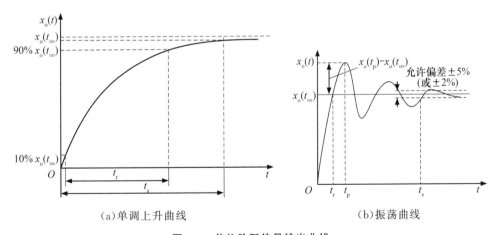

(a)单调上升曲线　　　　　　　　　(b)振荡曲线

图 4-1　单位阶跃信号输出曲线

①上升时间 t_r:对于单调上升曲线指输出值从稳态值 10% 上升到稳态值 90% 所需的时间;对于振荡曲线指输出值第一次上升到稳态值所需的时间。上升时间是系统响应速度的一种度量,上升时间越短,响应速度越快。

②峰值时间 t_p:指输出值超过其稳态值后到达第一个峰值所需的时间。

③调节(响应)时间 t_s:指输出值到达并保持在稳态值 ±5% 或 ±2% 偏差范围内所需的最短时间。

④超调量 σ:指输出值的最大偏离值 $x_o(t_p)$ 和稳态值 $x_o(t_\infty)$ 的差值与稳态值 $x_o(t_\infty)$ 比的百分数,即

$$\sigma = \frac{x_o(t_p) - x_o(t_\infty)}{x_o(t_\infty)} \times 100\% \tag{4-3}$$

⑤振荡次数 N:指在调节时间 t_s 内,系统输出值在稳态值上下波动的次数。N 次数越少, 表明系统稳定性越好。

上述动态性能指标,基本上可以体现系统动态过程的特征。在实际应用中,常用的动态性能指标为上升时间、调节时间和超调量。通常,用上升时间 t_r 评价系统的响应速度,用超调量 σ 评价系统的阻尼程度,而调节(响应)时间 t_s 是同时反映响应速度和阻尼程度的综合性指标。

4.3.2 稳态性能评价指标

稳态误差是描述系统稳态性能的一种性能指标,是控制系统准确性的体现。通常在阶跃函数、斜坡函数或加速度函数作用下进行测定或计算,若时间趋于无穷时,控制系统的实际输出量不等于理想输出量,则系统存在稳态误差,因此稳态误差是系统控制精度的一种度量。

4.4 控制系统误差分析

4.4.1 控制系统误差与偏差

对于一个实际的控制系统,由于控制系统结构、输入作用的类型(控制量或扰动量)以及输入函数形式(阶跃、斜坡或加速度)的不同,控制系统的稳态输出不可能在任何形式的扰动作用下都能恢复到平衡位置,也不可能在任何情况下与平衡位置的距离都一致,也就是说,控制系统的稳态误差是不可避免的,控制系统的设计任务之一是尽可能地减少系统的稳态误差,或者使稳态误差小于某一理想值。显然,只有当控制系统稳定时,研究稳态误差才有意义。

1. 误差 $e(t)$ 与偏差 $\varepsilon(t)$

系统偏差是以控制系统输入端为基准的定义,即输入量与反馈量的差值 $\varepsilon(t)$,即

$$\varepsilon(t) = x_i(t) - b(t)$$

其拉氏变换后为

$$E(s) = X_i(s) - B(s) = X_i(s) - H(s)X_o(s) \tag{4-4}$$

对于单位负反馈控制系统(反馈环节的传递函数 $H(s)=1$),其偏差为

$$E(s) = X_i(s) - X_o(s)$$

系统误差是以控制系统输出端为基准的定义,即系统理想输出 $x_{or}(t)$ 与实际输出 $x_o(t)$ 的差值,即

$$e(t) = x_{or}(t) - x_o(t)$$

其拉氏变换后为

$$E_1(s) = X_{or}(s) - X_o(s) \tag{4-5}$$

2. 误差与偏差的关系

一个闭环控制系统之所以能对输出 $x_o(t)$ 起控制作用,就在于运用偏差 $E(s)$ 进行控制,当 $X_{or}(s) = X_o(s)$ 时,$E(s) = 0$ 就不会对控制系统起控制作用,由式(4-4)可得

$$X_i(s) - H(s)X_{or}(s) = 0$$

$$X_i(s) = H(s)X_{or}(s) \text{ 或 } X_{or}(s) = \frac{1}{H(s)}X_i(s) \tag{4-6}$$

由式(4-6)可知给定输入与理想输出之间的关系,对于单位负反馈控制系统来说,给定输入就是理想输出。

当 $X_{or}(s) \neq X_o(s)$ 时,$E(s) \neq 0$ 就会对控制系统起控制作用,而 $X_i(s) = H(s)X_{or}(s)$,代入式(4-4)可得

$$E(s) = X_i(s) - H(s)X_o(s) = H(s)X_{or}(s) - H(s)X_o(s) = H(s)[X_{or}(s) - X_o(s)]$$

$$E(s) = H(s)E_1(s) \text{ 或 } E_1(s) = \frac{1}{H(s)}E(s) \tag{4-7}$$

由式(4-7)可知控制系统的偏差与误差之间的关系,求出偏差 $E(s)$ 后即可求出误差 $E_1(s)$,对于单位负反馈控制系统来说,控制系统的偏差就是控制系统的误差。

误差与偏差的关系如图 4-2 所示。

由于从输出端定义的误差不方便测量,因此在控制系统中常常采用以输入端为基准定义的偏差 $E(s)$ 进行分析和计算。对于单位负反馈控制系统,偏差与误差是相同的;对于非单位反馈控制系统,可根据式(4-7)对偏差进行转换,得到误差。

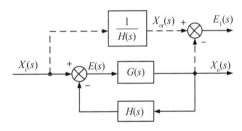

图 4-2 误差与偏差的关系

4.4.2 控制系统稳态误差与稳态偏差

1. 稳态误差与稳态偏差

对于图 4-2 所示的闭环控制系统,对给定输入的系统偏差为

$$E(s) = \frac{1}{1 + G(s)H(s)}X_i(s) \tag{4-8}$$

如果 $E(s)$ 的极点均位于[s]平面的左半平面内,且不包含虚轴,根据终值定理,稳态偏差计算公式为

$$\varepsilon_{ss} = \lim_{t \to \infty} \varepsilon(t) = \lim_{s \to 0} sE(s) \tag{4-9}$$

如果 $E_1(s)$ 的极点均位于 $[s]$ 平面的左半平面内,且不包含虚轴,根据终值定理,稳态误差计算公式为

$$e_{ss} = \lim_{t \to \infty} e(t) = \lim_{s \to 0} s E_1(s) = \lim_{s \to 0} s \frac{E(s)}{H(s)} \qquad (4\text{-}10)$$

对于单位负反馈控制系统,稳态误差和稳态偏差相同,即

$$e_{ss} = \varepsilon_{ss} = \lim_{s \to 0} \frac{1}{1+G(s)} X_i(s)$$

2. 反馈控制系统稳态偏差

图 4-3 所示为典型反馈控制系统框图,作用在控制系统的输入信号有给定输入信号和干扰信号,因此对于典型反馈控制系统,稳态偏差有两类,包括给定输入的稳态偏差和干扰输入的稳态偏差。前者反映了控制系统的控制准确性,即控制精度;后者反映了控制系统的抗干扰能力,即控制系统的刚性。

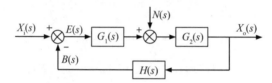

图 4-3　典型反馈控制系统框图

(1)对于给定输入的稳态偏差

如图 4-3 所示,当干扰信号 $N(s)=0$ 时,对于给定输入 $X_i(s)$ 的偏差 $E(s)$ 为

$$E(s) = \frac{1}{1+G_1(s)G_2(s)H(s)} X_i(s) = \frac{1}{1+G_K(s)} X_i(s) \qquad (4\text{-}11)$$

如果 $E(s)$ 极点均位于 $[s]$ 平面的左半平面内,不包含虚轴,则由终值定理可得稳态偏差为

$$\varepsilon_{ss} = \lim_{t \to \infty} \varepsilon(t) = \lim_{s \to 0} s E(s) = \lim_{s \to 0} s \frac{1}{1+G_K(s)} X_i(s) \qquad (4\text{-}12)$$

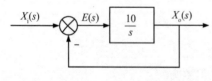

图 4-4　例 4-1 反馈控制系统框图

由式(4-12)可知,给定输入作用下的系统稳态偏差不仅与开环传递函数 $G_K(s)$ 的结构有关,还与输入信号 $X_i(s)$ 的类型有关。对于不同的输入信号,稳态偏差不一样。

例 4-1　单位反馈控制系统如图 4-4 所示,当 $x_i(t)=u(t)$ 和 $x_i(t)=t$ 时,分别计算控制系统的稳态误差。

解:由于该系统是单位负反馈控制系统,稳态误差和稳态偏差相等,因此误差为

$$E_1 = E(s) = \frac{1}{1+G(s)} X_i(s) = \frac{1}{1+\dfrac{10}{s}} X_i(s) = \frac{s}{s+10} X_i(s)$$

稳态误差为

$$e_{ss} = \lim_{s \to 0} s E_1(s) = \lim_{s \to 0} s \cdot \frac{s}{s+10} \cdot X_i(s)$$

当 $x_i(t) = u(t)$ 时，$X_i(s) = \dfrac{1}{s}$，则

$$e_{ss} = \lim_{s \to 0} s \cdot \frac{s}{s+10} \cdot \frac{1}{s} = 0$$

该系统在单位阶跃信号的作用下，其稳态误差为 0，说明控制系统可以达到任意期望的控制精度，期望的控制精度要求越高，所需时间就越长。

当 $x_i(t) = t$ 时，$X_i(s) = \dfrac{1}{s^2}$，则

$$e_{ss} = \lim_{s \to 0} s \cdot \frac{s}{s+10} \cdot \frac{1}{s^2} = 0.1$$

该系统在单位斜坡信号的作用下，其稳态误差为 0.1，说明控制系统在一定时间范围内控制精度低于 0.1。

（2）对于干扰信号的稳态偏差

如图 4-3 所示，当给定输入 $X_i(s) = 0$ 时，对于干扰信号 $N(s)$ 的偏差 $E(s)$ 为

$$E(s) = X_i(s) - B(s) = -H(s)X_o(s)$$

$$E(s) = \frac{-G_2(s)H(s)}{1 + G_1(s)G_2(s)H(s)} N(s) = \frac{-G_2(s)H(s)}{1 + G_k(s)} N(s) \tag{4-13}$$

如果 $E(s)$ 极点均位于 [s] 平面的左半平面内，不包含虚轴，则由终值定理可得稳态偏差为

$$\varepsilon_{ss} = \lim_{t \to \infty} \varepsilon(t) = \lim_{s \to 0} s E(s) = \lim_{s \to 0} s \frac{-G_2(s)H(s)}{1 + G_k(s)} N(s) \tag{4-14}$$

由式（4-14）可知，干扰作用的系统稳态偏差不仅与开环传递函数 $G_K(s)$ 的结构有关，还与被控对象传递函数 $G_2(s)$、反馈传递函数 $H(s)$ 和干扰信号 $N(s)$ 的类型有关。

（3）控制系统总的稳态偏差

如图 4-3 所示，控制系统同时受到给定输入 $X_i(s)$ 和干扰信号 $N(s)$ 作用时，系统总的稳态偏差为给定输入的稳态偏差与干扰信号的稳态偏差之和。

$$\varepsilon_{ss} = \lim_{t \to \infty} \varepsilon(t) = \lim_{s \to 0} s E(s) = \lim_{s \to 0} s \frac{1}{1 + G_k(s)} X_i(s) + \lim_{s \to 0} s \frac{-G_2(s)H(s)}{1 + G_k(s)} N(s)$$

由于输入信号和系统结构参数对稳态偏差都有影响，有必要分析系统结构参数与输入信号对稳态偏差的影响规律，为控制系统的设计提供理论依据。

4.4.3　给定输入信号作用下的稳态偏差

只考虑给定输入信号 $X_i(s)$ 作用时，设干扰信号 $N(s) = 0$。此时，系统的开环传递函数为

$$G_K(s) = G_1(s)G_2(s)H(s)$$

由式(4-9)可知系统的稳态偏差为

$$\varepsilon_{ss} = \lim_{t \to \infty} \varepsilon(t) = \lim_{s \to 0} s \cdot E(s) = \lim_{s \to 0} s \cdot \frac{X_i(s)}{1 + G_K(s)}$$

系统开环传递函数标准形式为

$$G_k(s) = \frac{K \prod_{i=1}^{m} (\tau_i s + 1)}{s^v \prod_{j=1}^{n-v} (T_j s + 1)} \quad (n \geqslant m) \tag{4-15}$$

式中，K——系统的开环增益；τ_i，T_j——各典型环节的时间常数；v——积分环节的个数，表征系统的类型，也称其为系统的无差度。对应于 $v = 0$、1、2 的系统，分别称为 0 型、Ⅰ型和Ⅱ型系统。

1. 阶跃输入信号(恒值输入信号)

系统输入信号为阶跃信号 $x_i(t) = A \cdot u(t)$，即 $X_i(s) = A/s$，A 为阶跃信号的幅值，则稳态偏差为

$$\varepsilon_{ss} = \lim_{s \to 0} s \cdot \frac{\dfrac{A}{s}}{1 + G_K(s)} = \lim_{s \to 0} \frac{A}{1 + G_K(s)} = \frac{A}{1 + \lim_{s \to 0} G_K(s)}$$

设静态位置无偏系数 K_p

$$K_p = \lim_{s \to 0} G_K(s) \tag{4-16}$$

则稳态偏差为

$$\varepsilon_{ss} = \frac{A}{1 + K_p} \tag{4-17}$$

将式(4-15)代入式(4-16)得

$$K_p = \lim_{s \to 0} \frac{K}{s^v} \tag{4-18}$$

当 $v = 0$ 时，$K_p = K$，稳态偏差 $\varepsilon_{ss} = \dfrac{A}{1+K}$；

当 $v \geqslant 1$ 时，$K_p = \infty$，稳态偏差 $\varepsilon_{ss} = 0$。

可见，在阶跃信号 $x_i(t) = A \cdot u(t)$ 作用下，0 型系统能够跟踪阶跃信号，但存在稳态偏差，为了减少稳态偏差可适当增大开环增益 K，但过大的开环增益 K 会影响控制系统的稳定性；对于Ⅰ型及以上控制系统，能够跟踪输入信号，且稳态偏差为零。

2. 斜坡输入信号(恒速输入信号)

系统输入信号为斜坡信号 $x_i(t) = At$，即 $X_i(s) = \dfrac{A}{s^2}$，A 为斜坡信号的斜率，则稳态偏差为

$$\varepsilon_{ss}=\lim_{s\to0}s\cdot\frac{\dfrac{A}{s^2}}{1+G_K(s)}=\lim_{s\to0}\frac{A}{s+sG_K(s)}$$

设静态速度无偏系数 K_v

$$K_v=\lim_{s\to0}sG_K(s) \tag{4-19}$$

则稳态偏差为

$$\varepsilon_{ss}=\frac{A}{K_v} \tag{4-20}$$

将式(4-15)代入式(4-19)得

$$K_v=\lim_{s\to0}\frac{K}{s^{v-1}} \tag{4-21}$$

当 $v=0$ 时，$K_v=0$，$\varepsilon_{ss}=\infty$；

当 $v=1$ 时，$K_v=K$，$\varepsilon_{ss}=\dfrac{A}{K}$；

当 $v\geqslant2$ 时，$K_v=\infty$，$\varepsilon_{ss}=0$。

可见，在斜坡信号 $x_i(t)=At$ 作用下，0 型控制系统的输出不能跟踪斜坡输入的变化，稳态偏差趋于无穷大；Ⅰ型控制系统可以跟踪斜坡输入，但存在稳态偏差，可以适当地增大 K 值减小稳态偏差；Ⅱ型控制系统能够跟踪斜坡输入，且稳态偏差为零。

3. 抛物线输入信号（恒加速度输入信号）

系统输入信号为加速度信号 $x_i(t)=\dfrac{1}{2}At^2$，即 $X_i(s)=\dfrac{A}{s^3}$，A 为加速度信号的幅值，则

$$\varepsilon_{ss}=\lim_{s\to0}s\frac{\dfrac{A}{s^3}}{1+G_K(s)}=\lim_{s\to0}\frac{A}{s^2+s^2G_K(s)}$$

设静态加速度无偏系数 K_a

$$K_a=\lim_{s\to0}s^2G_K(s) \tag{4-22}$$

则稳态偏差为

$$\varepsilon_{ss}=\frac{A}{K_a} \tag{4-23}$$

将式(4-15)代入式(4-22)得

$$K_a=\lim_{s\to0}\frac{K}{s^{v-2}} \tag{4-24}$$

当 $v\leqslant1$ 时，$K_a=0$，$\varepsilon_{ss}=\infty$；

当 $v=2$ 时，$K_a=K$，$\varepsilon_{ss}=\dfrac{A}{K}$；

当 $v\geqslant3$ 时，$K_a=\infty$，$\varepsilon_{ss}=0$。

可见，在抛物线信号 $x_i(t)=\dfrac{1}{2}At^2$ 作用下，0 型和Ⅰ型控制系统都不能跟踪抛物线输入

信号；Ⅱ型控制系统能跟踪输入信号，但是存在稳态偏差，控制系统达到稳态时，系统输出和输入的信号都以相同的速度和加速度变化，但输出在位置上要落后于输入一个常量。

上述分析了不同类型开环传递函数对不同输入信号的稳态偏差影响，具有一定的规律性，典型输入信号对不同类型控制系统的稳态偏差如表 4-2 所示。

表 4-2　典型输入信号对不同类型控制系统的稳态偏差

系统类型	稳态偏差		
	阶跃输入信号	斜坡输入信号	抛物线输入信号
0 型	$\dfrac{A}{1+K}$	∞	∞
Ⅰ 型	0	$\dfrac{A}{K}$	∞
Ⅱ 型	0	0	$\dfrac{A}{K}$

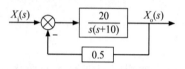

图 4-5　例 4-2 控制系统框图

例 4-2　已知控制系统框图如图 4-5 所示，求输入信号为 $X_i(s)=\dfrac{1}{s}+\dfrac{1}{s^2}$ 时系统的稳态偏差和稳态误差。

解： 控制系统的开环传递函数（标准型）为

$$G_K(s)=\frac{20\times0.5}{s(s+10)}=\frac{1}{s(0.1s+1)}$$

方法 1

当 $X_i(s)=\dfrac{1}{s}$ 时

$$K_p=\lim_{s\to0}G_K(s)=\lim_{s\to0}\frac{1}{s(0.1s+1)}=\infty$$

$$\varepsilon_{ss1}=\frac{1}{1+K_p}=0$$

当 $X_i(s)=\dfrac{1}{s^2}$ 时

$$K_v=\lim_{s\to0}G_K(s)=\lim_{s\to0}s\frac{1}{s(0.1s+1)}=1$$

$$\varepsilon_{ss2}=1$$

由线性系统叠加原理可知，控制系统总的稳态偏差

$$\varepsilon_{ss}=\varepsilon_{ss1}+\varepsilon_{ss2}=1$$

控制系统总的稳态误差　　$e_{ss}=\dfrac{\varepsilon_{ss}}{0.5}=\dfrac{1}{0.5}=2$

方法 2

控制系统的偏差为

$$E(s)=\frac{1}{1+G_K(s)}X_i(s)=\frac{1}{1+\dfrac{1}{s(0.1s+1)}}X_i(s)=\frac{s(0.1s+1)}{s(0.1s+1)+1}X_i(s)$$

当控制系统输入为 $X_i(s) = \dfrac{1}{s} + \dfrac{1}{s^2}$ 时

控制系统总的稳态偏差

$$\varepsilon_{ss} = \lim_{s \to 0} sE(s) = \lim_{s \to 0} \left[s \frac{s(0.1s+1)}{s(0.1s+1)+1} \left(\frac{1}{s} + \frac{1}{s^2} \right) \right] = 0 + 1 = 1$$

控制系统总的稳态误差
$$e_{ss} = \frac{\varepsilon_{ss}}{0.5} = \frac{1}{0.5} = 2$$

例 4-3 分析如图 4-6 所示的位置随动系统不同结构形式的稳态误差。

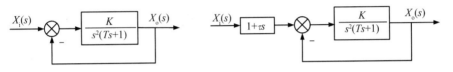

（a）位置随动系统控制框图 （b）输入端增加比例-微分环节

图 4-6　例 4-3 控制系统框图

解：（1）控制系统的开环传递函数（标准型）为

$$G_K(s) = \frac{K}{s^2(Ts+1)}$$

如图 4-6（a）所示的系统为单位负反馈控制系统，稳态误差与稳态偏差相同，系统为Ⅱ型。

当输入信号为 $X_i(s) = \dfrac{1}{s}$ 时，$K_p = \infty$，$e_{ss} = \varepsilon_{ss} = 0$；

当输入信号为 $X_i(s) = \dfrac{1}{s^2}$ 时，$K_v = \infty$，$e_{ss} = \varepsilon_{ss} = 0$；

当输入信号为 $X_i(s) = \dfrac{1}{s^3}$ 时，$K_a = K$，$e_{ss} = \varepsilon_{ss} = \dfrac{1}{K}$。

（2）如图 4-6（b）所示，在单位反馈控制系统的输入端增加比例-微分环节，控制系统的闭环传递函数为

$$G_B(s) = \frac{X_o(s)}{X_i(s)} = \frac{K(\tau s+1)}{Ts^3 + s^2 + K}$$

系统增加了一个闭环零点，称为非典型结构系统，对于单位反馈系统，$X_i(s) = X_{or}(s)$，其误差为

$$E_1(s) = X_i(s) - X_o(s) = X_i(s) \left[1 - \frac{K(\tau s+1)}{Ts^3 + s^2 + K} \right] = \frac{s(Ts^2 + s - K\tau)}{Ts^3 + s^2 + K} X_i(s)$$

当输入为 $X_i(s) = \dfrac{1}{s}$ 时，稳态误差为

$$e_{ss} = \lim_{s \to 0} sE_1(s) = \lim_{s \to 0} s \frac{s(Ts^2 + s - K\tau)}{Ts^3 + s^2 + K} \times \frac{1}{s} = 0$$

当输入为 $X_i(s)=\dfrac{1}{s^2}$ 时,稳态误差为

$$e_{ss}=\lim_{s\to0}sE_1(s)=\lim_{s\to0}s\frac{s(Ts^2+s-K\tau)}{Ts^3+s^2+K}\times\frac{1}{s^2}=-\tau$$

当输入为 $X_i(s)=\dfrac{1}{s^3}$ 时,稳态误差为

$$e_{ss}=\lim_{s\to0}sE_1(s)=\lim_{s\to0}\frac{s(Ts^2+s-K\tau)}{Ts^3+s^2+K}\times\frac{1}{s^3}=\infty$$

（3）如在图 4-6(a)所示的前向通道中,加入比例-微分环节,系统为单位反馈控制系统,稳态误差与稳态偏差相同,开环传递函数(标准型)为

$$G_K(s)=\frac{K(\tau s+1)}{s^2(Ts+1)}$$

当输入为 $X_i(s)=\dfrac{1}{s}$ 时,$K_p=\infty$,$e_{ss}=\varepsilon_{ss}=0$；

当输入为 $X_i(s)=\dfrac{1}{s^2}$ 时,$K_v=\infty$,$e_{ss}=\varepsilon_{ss}=0$；

当输入为 $X_i(s)=\dfrac{1}{s^3}$ 时,$K_a=K$,$e_{ss}=\varepsilon_{ss}=\dfrac{1}{K}$。

由例 4-3 可知,在前向通道中加入比例-微分环节,对控制系统的稳态误差无影响。

例 4-4 控制系统框图如图 4-7 所示,图 4-7(a)为比例控制系统,图 4-7(b)为微分反馈控制系统,其中 $\tau=0.22$。求在单位斜坡信号作用下,两个系统的稳态误差。

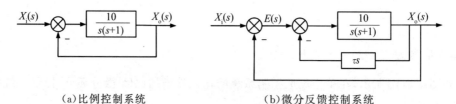

(a)比例控制系统　　　　　　　　(b)微分反馈控制系统

图 4-7　例 4-4 控制系统框图

解:（1）图 4-7(a)所示为单位负反馈控制系统,稳态误差与稳态偏差相同,系统开环传递函数(标准型)为

$$G_K(s)=\frac{10}{s(s+1)}$$

当 $X_i(s)=\dfrac{1}{s^2}$ 时,$K_v=\lim_{s\to0}sG_K(s)=\lim_{s\to0}s\dfrac{10}{s(s+1)}=10$,$e_{ss}=\varepsilon_{ss}=\dfrac{1}{K_v}=\dfrac{1}{10}=0.1$

（2）图 4-7(b)所示为单位负反馈控制系统,稳态误差与稳态偏差相同,系统开环传递函数(标准型)为

$$G_K(s) = \frac{\dfrac{10}{s(s+1)}}{1 + \tau s \dfrac{10}{s(s+1)}} = \frac{10}{s(s+10\tau+1)}$$

当 $X_i(s) = \dfrac{1}{s^2}$ 时，

$$K_v = \lim_{s \to 0} s G_K(s) = \lim_{s \to 0} s \frac{10}{s(s+10\tau+1)} = \frac{10}{10\tau+1}$$

$$e_{ss} = \varepsilon_{ss} = \frac{1}{K_v} = \frac{10\tau+1}{10} = 0.32$$

由例 4-4 可知，增加微分反馈环节会增大稳态误差。

例 4-4 表明，控制系统增加微分反馈环节，只要微分系数大于零，就会使系统稳态误差增加。增加微分反馈可提高控制系统的动态性能，要减小稳态误差，必须增大开环放大系数。

4.4.4 干扰信号作用下的稳态偏差

实际控制系统在工作中不可避免地要受到干扰因素影响，控制系统在干扰信号作用下的稳态误差反映了控制系统的抗干扰能力，分析干扰引起的稳态误差与系统结构参数、干扰信号的关系，为合理设计控制系统结构与参数，提高系统抗干扰能力提供理论依据。

仅考虑干扰信号 $N(s)$ 作用时，输入信号 $X_i(s) = 0$，干扰作用下控制系统的偏差为

$$E(s) = \frac{-G_2(s)H(s)}{1 + G_1(s)G_2(s)H(s)} N(s)$$

稳态偏差为

$$\varepsilon_{ss} = \lim_{t \to \infty} \varepsilon(t) = \lim_{s \to 0} s E(s) = \lim_{s \to 0} s \frac{-G_2(s)H(s)}{1 + G_1(s)G_2(s)H(s)} N(s) \tag{4-25}$$

干扰作用下控制系统的误差为

$$E_1(s) = \frac{E(s)}{H(s)} = \frac{-G_2(s)}{1 + G_1(s)G_2(s)H(s)} N(s)$$

稳态误差为

$$e_{ss} = \lim_{s \to 0} s E_1(s) = \lim_{s \to 0} s \frac{-G_2(s)}{1 + G_1(s)G_2(s)H(s)} N(s) \tag{4-26}$$

当 $|G_1(s)G_2(s)H(s)| \geqslant 1$ 时，式(4-26)近似为

$$e_{ss} = \lim_{s \to 0} s \frac{-1}{G_1(s)H(s)} N(s) \tag{4-27}$$

由式(4-27)可知，在深度反馈条件下，稳态误差 e_{ss} 主要与干扰信号 $N(s)$、$G_1(s)$ 和 $H(s)$ 有关。而 $G_1(s)$ 是干扰作用之前的前向通道的传递函数，一般是控制器的传递函数。

在分析传递函数 $G_1(s)$ 和 $G_2(s)$ 不同结构形式对单位反馈控制系统稳态偏差的影响时，设干扰信号为单位阶跃函数，即 $N(s) = \dfrac{1}{s}$。

$$设 G_1(s) = \frac{K_1 \prod\limits_{i=1}^{m}(\tau_i s+1)}{s^{v_1} \prod\limits_{j=1}^{n-v_1}(T_j s+1)} \quad (n \geqslant m), G_2(s) = \frac{K_2 \prod\limits_{i=1}^{m}(\tau_i s+1)}{s^{v_2} \prod\limits_{j=1}^{n-v_2}(T_j s+1)} \quad (n \geqslant m)$$

(1)当 $G_1(s)$ 和 $G_2(s)$ 都不含积分时,即 $v_1 = v_2 = 0$,代入式(4-25),则稳态偏差为

$$\varepsilon_{ss} = \frac{-1}{K_1 + \dfrac{1}{K_2}}$$

可见,增大 K_1,则稳态偏差减小,而增大 K_2,则稳态偏差更大。但是当 K_1 比较大时,K_2 对稳态偏差的影响不显著,即

$$\varepsilon_{ss} = \frac{-1}{K_1}$$

(2)当 $G_1(s)$ 含一个积分环节,$G_2(s)$ 不含积分环节时,即 $v_1 = 1, v_2 = 0$,代入式(4-26),则稳态偏差为

$$\varepsilon_{ss} = 0$$

(3)当 $G_1(s)$ 不含积分环节,$G_2(s)$ 含一个积分环节时,即 $v_1 = 0, v_2 = 1$,代入式(4-26),则稳态偏差为

$$\varepsilon_{ss} = \frac{-1}{K_1}$$

综上所述,为了提高控制系统的准确性,增加控制系统的抗干扰能力,必须增大干扰作用之前的回路 $G_1(s)$ 的增益 K_1,或积分环节的数目,这样可以同时减小或消除给定输入和干扰作用下产生的稳态误差。而增大干扰作用之后到输出量之间的这一段回路的增益 K_2 或这一段回路中积分环节的数目,对减小干扰引起的误差是没有好处的。此外,如果干扰信号可测量,采用干扰补偿的顺馈校正方法可有效减小干扰作用下的稳态误差。

输入信号 $X_i(s)$ 和干扰信号 $N(s)$ 同时作用至控制系统时,根据线性系统叠加原理,控制系统总的稳态误差 e_{ss} 等于输入信号 $X_i(s)$ 单独作用于控制系统所引起的稳态误差 e_{ss1} 和干扰信号 $N(s)$ 单独作用于控制系统所引起的稳态误差 e_{ss2} 之和,即 $e_{ss} = e_{ss1} + e_{ss2}$。

例 4-5 图 4-3 所示为典型反馈控制系统框图,其中

$$G_1(s) = \frac{1000}{s+100}, G_2(s) = \frac{4}{s+2}, H(s) = \frac{2}{s}, x_i(t) = 2t, n(t) = 0.5 \cdot u(t),$$

求系统的稳态偏差和稳态误差。

解:系统的开环传递函数(标准型)为

$$G_K(s) = G_1(s)G_2(s)H(s) = \frac{8000}{s(s+100)(s+2)}$$

$$= \frac{40}{s(0.01s+1)(0.5s+1)}$$

由开环传递函数可知,系统为Ⅰ型。

(1)对于给定输入 $x_i(t) = 2t$, $X_i(s) = \dfrac{2}{s^2}$ 时,

给定输入稳态偏差为 $\varepsilon_{ss1} = \dfrac{2}{K_v} = \dfrac{2}{K} = \dfrac{2}{40} = 0.05$

给定输入偏差为

$$E(s) = \frac{1}{1 + G_K(s)} X_i(s) = \frac{1}{1 + G_1(s) G_2(s) H(s)} X_i(s)$$

给定输入误差为

$$E_1(s) = \frac{E(s)}{H(s)} = \frac{1}{1 + G_1(s) G_2(s) H(s)} \frac{1}{H(s)} X_i(s)$$

$$= \frac{s(s+2)(s+100)}{s(s+2)(s+100) + 8000} \cdot \frac{s}{2} \cdot \frac{2}{s^2}$$

$$= \frac{s(s+2)(s+100)}{s(s+2)(s+100) + 8000} \cdot \frac{1}{s}$$

给定输入稳态误差为

$$e_{ss1} = \lim_{s \to 0} s E_1(s) = \lim_{s \to 0} s \frac{s(s+2)(s+100)}{s(s+2)(s+100) + 8000} \frac{1}{s} = 0$$

(2)对于干扰输入 $n(t) = 0.5 \cdot u(t)$, $N(s) = \dfrac{0.5}{s}$ 时,

干扰信号作用下的稳态偏差为

$$\varepsilon_{ss2} = \lim_{s \to 0} s \cdot \frac{-G_2(s) H(s)}{1 + G_1(s) G_2(s) H(s)} \cdot N(s)$$

$$= \lim_{s \to 0} s \cdot \frac{-\dfrac{2}{0.5s + 1} \times \dfrac{2}{s}}{1 + \dfrac{40}{s(0.01s + 1)(0.5s + 1)}} \cdot \frac{0.5}{s} = -0.05$$

干扰信号作用下的稳态误差为

$$e_{ss2} = \lim_{s \to 0} s \cdot \frac{-G_2(s)}{1 + G_1(s) G_2(s) H(s)} \cdot N(s)$$

$$= \lim_{s \to 0} s \cdot \frac{-\dfrac{2}{0.5s + 1}}{1 + \dfrac{40}{s(0.01s + 1)(0.5s + 1)}} \cdot \frac{0.5}{s} = 0$$

系统总的稳态偏差

$$\varepsilon_{ss} = \varepsilon_{ss1} + \varepsilon_{ss2} = 0.05 - 0.05 = 0$$

系统总的稳态误差

$$e_{ss} = e_{ss1} + e_{ss2} = 0$$

例 4-6 已知复合控制系统框图如图 4-8 所示,其中

$$G_1(s) = \frac{K_1}{T_1 s + 1} \qquad G_2(s) = \frac{K_2}{s(T_2 s + 1)}$$

(1)在图 4-8(a)中,$X_i(s) = \frac{1}{s^2}$,怎样选择 $G_c(s)$ 可使系统的稳态误差等于零?

(2)在图 4-8(b)中,$N(s) = \frac{1}{s}$,怎样选择 $G_c(s)$ 可使系统能克服干扰的影响?

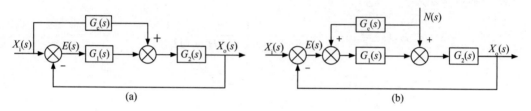

(a)   (b)

图 4-8 复合控制系统框图

解:(1)图 4-8(a)所示的控制系统,其闭环传递函数为

$$G_B(s) = \frac{X_o(s)}{X_i(s)} = \frac{[G_c(s) + G_1(s)]G_2(s)}{1 + G_1(s)G_2(s)}$$

将 $G_1(s)$、$G_2(s)$ 代入,并整理得闭环传递函数为

$$G_B(s) = \frac{G_c(s)K_2(T_1 s + 1) + K_1 K_2}{T_1 T_2 s^3 + (T_1 + T_2)s^2 + s + K_1 K_2}$$

单位反馈控制系统的误差为

$$E_1(s) = E(s) = X_i(s) - X_o(s) = X_i(s) - G_B(s)X_i(s) = [1 - G_B(s)]X_i(s)$$

将 $G_B(s)$ 代入,整理后得

$$E_1(s) = \frac{T_1 T_2 s^3 + (T_1 + T_2)s^2 + s - G_c(s)K_2(T_1 s + 1)}{T_1 T_2 s^3 + (T_1 + T_2)s^2 + s + K_1 K_2} X_i(s)$$

当输入 $X_i(s) = \frac{1}{s^2}$ 时,系统的稳态误差为

$$\begin{aligned}
e_{ss} &= \lim_{s \to 0} s E_1(s) = \lim_{s \to 0} s \frac{T_1 T_2 s^3 + (T_1 + T_2)s^2 + s - G_c(s)K_2(T_1 s + 1)}{T_1 T_2 s^3 + (T_1 + T_2)s^2 + s + K_1 K_2} \cdot \frac{1}{s^2} \\
&= \frac{1}{K_1 K_2} \cdot \lim_{s \to 0} \frac{s - G_c(s) \cdot K_2}{s} \\
&= \frac{1}{K_1 K_2} \cdot \lim_{s \to 0} \left[1 - \frac{G_c(s) \cdot K_2}{s} \right]
\end{aligned}$$

若要使 $e_{ss}=0$，则必须有 $\dfrac{G_c(s)K_2}{s}=1$，即

$$G_c(s)=\frac{s}{K_2}$$

(2)图 4-8(b)所示控制系统中，设 $X_i(s)=0$，可求得在干扰信号 $N(s)$ 作用下的系统误差为

$$E_1(s)=E(s)=-X_o(s)$$

$$=-\frac{G_2(s)[1+G_c(s)G_1(s)]}{1+G_1(s)G_2(s)}\cdot N(s)$$

将 $G_1(s)$、$G_2(s)$ 代入 $E(s)$ 中，得

$$E_1(s)=-\frac{\dfrac{K_2}{s(T_2s+1)}\left[1+G_c(s)\dfrac{K_1}{T_1s+1}\right]}{1+\dfrac{K_1}{T_1s+1}\cdot\dfrac{K_2}{s(T_2s+1)}}\cdot\frac{1}{s}$$

$$=-\frac{K_2T_1s+K_2+K_1K_2G_c(s)}{T_1T_2s^3+(T_1+T_2)s^2+s+K_1K_2}\cdot\frac{1}{s}$$

为了消除干扰的影响，应使干扰引起的稳态误差为零，即

$$e_{ss}=\lim_{s\to0}sE_1(s)=\lim_{s\to0}s\left(-\frac{K_2T_1s+K_2+K_1K_2G_c(s)}{T_1T_2s^3+(T_1+T_2)s^2+s+K_1K_2}\right)\cdot\frac{1}{s}=0$$

可得

$$K_2T_1s+K_2+K_1K_2G_c(s)=0$$

因此

$$G_c(s)=-\frac{1}{G_1(s)}=-\frac{T_1s+1}{K_1}$$

由例 4-6 可知，加入复合控制可以减少乃至消除稳态误差。

4.4.5　减小稳态误差的方法

减小和消除稳态误差的方法有多种形式，主要采取以下几种方法。

①适当提高系统的开环增益 K，即放大系数。

②提高系统的型别，即增加开环传递函数的积分环节个数，但型别超过 3 次会影响控制系统的稳定性。

③采用复合控制方式，采用增加开环增益或串入积分环节可以提高稳态精度，但不一定具有良好的动态性能，此时可以采用复合控制方式，如例 4-6，在满足稳态精度的同时，还可以提高控制系统的动态性能。

4.5 一阶系统时域分析

4.5.1 一阶系统的传递函数

用一阶微分方程描述的控制系统,称为一阶系统,典型一阶系统控制框图如图 4-9 所示,一阶系统闭环传递函数的标准形式(时间常数形式)为

$$G_B(s) = \frac{X_o(s)}{X_i(s)} = \frac{1}{Ts+1} \tag{4-28}$$

式中,T——一阶系统的时间常数,极点为 $-1/T$。

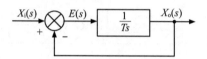

图 4-9 一阶系统控制框图

系统开环传递函数为

$$G_K(s) = \frac{1}{Ts}$$

4.5.2 一阶系统的时间响应

1. 一阶系统的单位脉冲响应

当系统的输入信号 $x_i(t)$ 是理想的单位脉冲函数 $\delta(t)$ 时,其输入信号的拉氏变换为

$$X_i(s) = L[\delta(t)] = 1$$

则系统的输出 $x_o(t)$ 为

$$X_o(s) = G_B(s)X_i(s)$$

$$x_o(t) = L^{-1}[G_B(s)X_i(s)] = L^{-1}\left[\frac{1}{Ts+1}\right]$$

$$x_o(t) = \frac{1}{T}e^{-t/T} \tag{4-29}$$

一阶系统的单位脉冲响应计算结果如表 4-3 所示,响应曲线如图 4-10 所示,它是一单调下降的指数曲线。

表 4-3 一阶系统的单位脉冲响应计算结果

时间 t	0	T	$2T$	$3T$	$4T$	∞
输出 $x_o(t)$	$\frac{1}{T}$	$0.368\frac{1}{T}$	$0.135\frac{1}{T}$	$0.050\frac{1}{T}$	$0.018\frac{1}{T}$	0

由表 4-3 可知,当 $t=4T$ 时,输出值达到了初值的 2% 以内,因此对一阶系统,以 2% 误差精度为标准的单位脉冲响应调节时间为 $4T$,以 5% 误差精度为标准的单位脉冲响应调节时间为 $3T$,可见一阶系统单位脉冲响应调节时间只与系统的时间常数 T 有关。

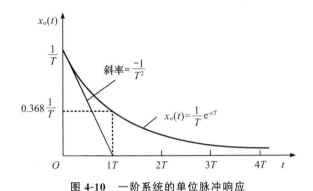

图 4-10 一阶系统的单位脉冲响应

数字资源 4-1
一阶系统单位
脉冲响应程序

由图 4-10 可知，通过响应曲线 $t=0$ 时，$x_o(t)=\dfrac{1}{T}$ 或 $t=T$ 时，$x_o(t)=0.368\dfrac{1}{T}$，可求得时间常数 T。通过 $t=0$ 时，斜率为 $\dfrac{-1}{T^2}$，也可求得 T。

2. 一阶系统单位阶跃响应

当系统的输入信号 $x_i(t)$ 是单位阶跃函数 $u(t)$ 时，其输入信号的拉氏变换为

$$X_i(s)=L[u(t)]=\frac{1}{s}$$

系统的输出 $x_o(t)$ 为

$$X_o(s)=G_B(s)X_i(s)=\frac{1}{Ts+1}\cdot\frac{1}{s}$$

$$x_o(t)=L^{-1}[X_o(s)]=L^{-1}\left[\frac{1}{Ts+1}\cdot\frac{1}{s}\right]$$

$$x_o(t)=1-e^{-t/T} \tag{4-30}$$

式中，$e^{-t/T}$——瞬态响应，由闭环系统极点 $-1/T$ 决定；1——稳态项。

一阶系统的单位阶跃响应计算结果如表 4-4 所示，由表 4-4 可知单位阶跃响应初值为 0，稳态值为 1，单位阶跃响应曲线如图 4-11 所示，这是一单调上升的指数曲线。

表 4-4 一阶系统的单位阶跃响应计算结果

时间 t	0	T	$2T$	$3T$	$4T$	∞
输出 $x_o(t)$	0	0.632	0.865	0.950	0.982	1

由表 4-4 可知，以 $\pm2\%$ 误差精度为标准的单位阶跃响应调节时间 $t_s=4T$，以 $\pm5\%$ 误差精度为标准的单位阶跃响应调节时间为 $3T$。

由图 4-11 和表 4-4 可知，一阶系统单位阶跃响应没有超调量，通过响应曲线 $t=T$ 时，$x_o(t)=0.632$，可求得时间常数 T。通过 $t=0$ 时，斜率为 $\dfrac{1}{T}$，也可求得 T。

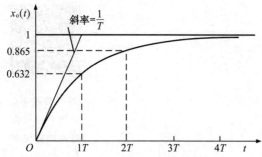

数字资源 4-2
一阶系统单位
阶跃响应程序

图 4-11　一阶系统的单位阶跃响应

由图 4-9 可知,一阶系统单位反馈开环传递函数为 I 型,因此一阶系统对单位阶跃输入稳态误差与稳态偏差都为零。

3. 一阶系统单位斜坡响应

当系统的输入信号 $x_i(t)$ 是单位斜坡函数 $x_i(t)=t$ 时,其输入信号的拉氏变换为

$$X_i(s)=L[t]=\frac{1}{s^2}$$

系统的输出为

$$X_o(s)=G_B(s)X_i(s)=\frac{1}{Ts+1}\cdot\frac{1}{s^2}$$

$$x_o(t)=L^{-1}[X_o(s)]=L^{-1}\left[\frac{1}{Ts+1}\cdot\frac{1}{s^2}\right]$$

$$x_o(t)=t-T+Te^{-t/T} \tag{4-31}$$

式中,$Te^{-t/T}$——瞬态项;$t-T$——稳态项。

如图 4-9 所示,一阶系统单位反馈开环传递函数为 I 型,因此一阶系统对单位斜波输入是有误差的。对于单位反馈控制系统,其误差与偏差相同,因此误差为

$$e(t)=\varepsilon(t)=x_i(t)-x_o(t)=t-(t-T+Te^{-t/T})=T(1-e^{-t/T})$$

当 $t\to\infty$ 时,稳态误差为

$$e_{ss}=e(\infty)=T$$

由静态速度无偏系数 K_v 也可计算稳态误差,结果相同。

$$K_v=K=\frac{1}{T}$$

稳态误差为

$$e_{ss}=\frac{1}{K_v}=T$$

当 $t=0$ 时,$x_o(t)=0$,$e(t)=0$,一阶系统的单位斜坡响应曲线如图 4-12 所示。

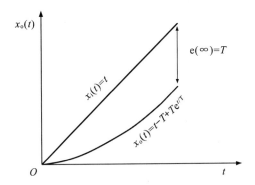

图 4-12 一阶系统的单位斜坡响应

数字资源 4-3
一阶系统单位
斜波响应程序

结论:通过一阶系统对 3 种典型输入信号的时间响应的分析,不难看出线性定常系统的一个重要性质,即一个输入信号微分的时间响应等于该输入信号时间响应的微分;一个输入信号积分的时间响应等于该输入信号时间响应的积分。基于上述的性质,对线性定常系统只需要讨论一种典型输入信号的响应,就可推知其他输入信号的时间响应。

例 4-7 一阶系统的控制框图如图 4-13 所示,其中 K_K 为前向通道放大系数,K_H 为反馈回路放大系数。

(1)设 $K_K=10$,$K_H=1$,求系统的调节时间 t_s(按 $\pm2\%$ 误差);

(2)设 $K_K=10$,如果要求 $t_s=0.1$,求反馈回路放大系数 K_H。

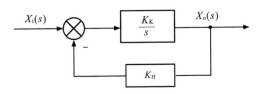

图 4-13 一阶系统的控制框图

解:由一阶系统的控制框图可得系统的闭环传递函数为

$$G_B(s)=\frac{X_o(s)}{X_i(s)}=\frac{\dfrac{1}{K_H}}{\dfrac{1}{K_K K_H}s+1}$$

系统的时间常数为

$$T=\frac{1}{K_K K_H}$$

(1)将 $K_K=10$,$K_H=1$ 代入上式可得 $T=0.1$,按 $\pm2\%$ 误差,系统的调节时间为

$$t_s=4T=0.4s$$

(2)按 $\pm2\%$ 误差计算 $t_s=4T=\dfrac{4}{K_K K_H}$

将 $t_s=0.1s$,$K_K=10$ 代入得 $K_H=4$。

4.6 二阶系统时域分析

4.6.1 二阶系统的传递函数

用二阶微分方程描述的系统,称为二阶系统。它是控制系统的一种基本组成形式,许多高阶系统在一定的条件下常近似地用二阶系统表征。因此,二阶系统的分析和计算方法具有重要的实际意义。

典型二阶系统控制框图如图 4-14 所示。

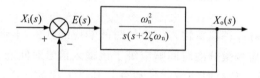

图 4-14 二阶系统控制框图

二阶系统的开环传递函数为

$$G_K(s) = \frac{X_o(s)}{E(s)} = \frac{\omega_n^2}{s(s+2\zeta\omega_n)} \tag{4-32}$$

二阶系统的闭环传递函数为

$$G_B(s) = \frac{X_o(s)}{X_i(s)} = \frac{\omega_n^2}{s^2 + 2\zeta\omega_n s + \omega_n^2} \tag{4-33}$$

式中,ω_n——无阻尼固有频率;ζ——阻尼比。它们是二阶系统的特征参数。

二阶系统的闭环传递函数特征方程为

$$s^2 + 2\zeta\omega_n s + \omega_n^2 = 0$$

该方程的根称为系统的特征根,为

$$s_{1,2} = -\zeta\omega_n \pm \omega_n\sqrt{\zeta^2-1} \tag{4-34}$$

由此可知,s_1、s_2 完全取决于 ω_n、ζ 两个参数根。

当 $0<\zeta<1$ 时为欠阻尼系统,$s_{1,2} = -\zeta\omega_n \pm j\omega_n\sqrt{1-\zeta^2}$,特征根为共轭复数根;

当 $\zeta=0$ 时为无阻尼系统,$s_{1,2} = \pm j\omega_n$,特征根为共轭纯虚根;

当 $\zeta=1$ 时为临界阻尼系统,$s_{1,2} = -\omega_n$,特征根为相等的负实根;

当 $\zeta>1$ 时为过阻尼系统,$s_{1,2} = -\zeta\omega_n \pm \omega_n\sqrt{\zeta^2-1}$,特征根为不相等的负实根。

4.6.2 二阶系统的单位阶跃响应

二阶系统特征根的性质取决于阻尼比 ζ 值的大小,对于不同的阻尼比 ζ,s_1、s_2 可能为实数根、复数根或重根,则相应的单位阶跃响应的形式也不相同。

1. 过阻尼($\zeta > 1$)

当 $\zeta > 1$ 时，$s_{1,2} = -\zeta\omega_n \pm \omega_n\sqrt{\zeta^2 - 1}$ 为两个不相等的负实根，系统输出的拉氏变换为

$$X_o(s) = \frac{A_1}{s} + \frac{A_2}{s - s_1} + \frac{A_3}{s - s_2}$$

式中，A_1, A_2, A_3——待定系数。

二阶系统在过阻尼时单位阶跃响应为

$$x_o(t) = A_1 + A_2 e^{s_1 t} + A_3 e^{s_2 t} \quad (t \geq 0) \tag{4-35}$$

由于 s_1、s_2 为两个不相等的负实数根，则系统的响应随时间 t 单调上升，无振荡和超调，其单位阶跃响应曲线如图 4-15 所示。由于响应中含有负指数项，因而随着时间的推移，对应的分量逐渐趋于零，输出响应最终趋于稳态值。

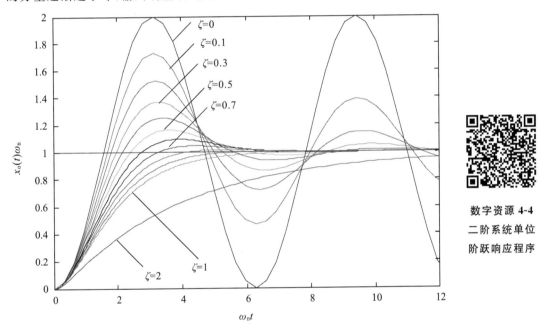

数字资源 4-4
二阶系统单位
阶跃响应程序

图 4-15　二阶系统在不同 ζ 值下的单位阶跃响应曲线

2. 临界阻尼($\zeta = 1$)

当 $\zeta = 1$ 时，$s_{1,2} = -\omega_n$ 为一对相等的负实根，系统输出的拉氏变换为

$$X_o(s) = \frac{\omega_n^2}{(s + \omega_n)^2 \cdot s} = \frac{1}{s} - \frac{1}{s + \omega_n} - \frac{\omega_n}{(s + \omega_n)^2}$$

二阶系统在临界阻尼时单位阶跃响应为

$$x_o(t) = 1 - e^{-\omega_n t}(1 + \omega_n t) \quad (t \geq 0) \tag{4-36}$$

由式(4-36)和图 4-15 可知，二阶系统在临界阻尼时单位阶跃响应曲线无振荡和超调，系统的响应速度比 $\zeta > 1$ 时快。

3. 无阻尼(ζ＝0)

当 ζ＝0 时，$s_{1,2}=\pm j\omega_n(\zeta=0)$为一对纯虚根，系统输出的拉氏变换为

$$X_o(s)=\frac{\omega_n^2}{s^2+\omega_n^2}\cdot\frac{1}{s}=\frac{1}{s}-\frac{s}{s^2+\omega_n^2}$$

则二阶系统在无阻尼时单位阶跃响应为

$$x_o(t)=1-\cos\omega_n t \qquad (t\geqslant 0) \tag{4-37}$$

由式(4-37)和图 4-15 可知，二阶系统在无阻尼时单位阶跃响应为等幅振荡曲线。

4. 欠阻尼(0＜ζ＜1)

当 0＜ζ＜1 时，$s_{1,2}=-\zeta\omega_n\pm\omega_n\sqrt{\zeta^2-1}=-\zeta\omega_n\pm j\omega_n\sqrt{1-\zeta^2}$，令 $\omega_d=\omega_n\sqrt{1-\zeta^2}$，$\omega_d$ 称为二阶系统有阻尼固有频率。$s_{1,2}=-\zeta\omega_n\pm j\omega_d$ 为一对共轭复数根。系统输出的拉氏变换为

$$X_o(s)=\frac{\omega_n^2}{s^2+2\zeta\omega_n s+\omega_n^2}\cdot\frac{1}{s}=\frac{\omega_n^2}{(s+\zeta\omega_n)^2+\omega_d^2}\cdot\frac{1}{s}=\frac{1}{s}-\frac{s+2\zeta\omega_n}{(s+\zeta\omega_n)^2+\omega_d^2}$$
$$=\frac{1}{s}-\frac{s+\zeta\omega_n}{(s+\zeta\omega_n)^2+\omega_d^2}-\frac{\zeta\omega_n}{(s+\zeta\omega_n)^2+\omega_d^2}$$

二阶系统在欠阻尼时单位阶跃响应为

$$x_o(t)=1-e^{-\zeta\omega_n t}\cos\omega_d t-\frac{\zeta\omega_n}{\omega_d}e^{-\zeta\omega_n t}\sin\omega_d t \qquad (t\geqslant 0) \tag{4-38}$$

将式(4-38)整理得

$$x_o(t)=1-\frac{e^{-\zeta\omega_n t}}{\sqrt{1-\zeta^2}}\left(\sqrt{1-\zeta^2}\cos\omega_d t+\zeta\sin\omega_d t\right)=1-\frac{e^{-\zeta\omega_n t}}{\sqrt{1-\zeta^2}}\sin\left(\omega_d t+\arctan\frac{\sqrt{1-\zeta^2}}{\zeta}\right) \tag{4-39}$$

由式(4-39)和图 4-15 可知，二阶系统在欠阻尼时单位阶跃响应为衰减振荡曲线，必然产生超调。

图 4-15 绘出了不同 ζ 值对应的单位阶跃响应曲线，从图 4-15 中可以看出：ζ 值越大，系统响应越快，超调越小；ζ 值越小，系统响应振荡越强，振荡频率越高。当 ζ＝0 时，系统响应为等幅振荡曲线，不能正常工作，属于不稳定状态。

在欠阻尼系统中，当 ζ＝0.4~0.8 时，不仅其过渡过程响应时间比 ζ＝1 时更短，而且振荡也不太严重，因此实际系统常采用 ζ＝0.707 作为最佳阻尼比。

由于二阶系统的单位反馈开环传递函数为Ⅰ型，对于单位阶跃输入，稳态误差与稳态偏差都为 0。

4.6.3 二阶系统时间响应的动态性能指标

系统的动态性能指标是根据欠阻尼二阶系统的单位阶跃响应描述，二阶欠阻尼控制系统的单位阶跃响应曲线如图 4-1 所示。

1. 上升时间 t_r

当 $t = t_r$ 时，$x_o(t_r) = 1$ 代入式(4-39)，令 $\beta = \arctan \dfrac{\sqrt{1-\zeta^2}}{\zeta}$，得

$$1 = 1 - \frac{e^{-\zeta\omega_n t_r}}{\sqrt{1-\zeta^2}} \sin(\omega_d t_r + \beta)$$

从而

$$\frac{e^{-\zeta\omega_n t_r}}{\sqrt{1-\zeta^2}} \sin(\omega_d t_r + \beta) = 0$$

即

$$\sin(\omega_d t_r + \beta) = 0$$

得

$$\omega_d t_r + \beta = 0, \pi, 2\pi, 3\pi, \cdots$$

由于上升时间 t_r 是指响应曲线第一次达到输出稳态值的时间，故取 $\omega_d t_r + \beta = \pi$，即

$$t_r = \frac{\pi - \beta}{\omega_d} \tag{4-40}$$

由 $\omega_d = \omega_n \sqrt{1-\zeta^2}$、式(4-40)及图 4-15 可知，当 ζ 一定时，ω_n 增大，t_r 减小；当 ω_n 一定时，ζ 增大，t_r 增大。

2. 峰值时间 t_p

根据峰值时间定义，将式(4-39)对时间 t 求导，并令其为零，即

$$\frac{\mathrm{d}x_o(t)}{\mathrm{d}t}\Big|_{t=t_p} = 0$$

从而

$$\frac{-1}{\sqrt{1-\zeta^2}} \left[-\zeta\omega_n e^{-\zeta\omega_n t_p} \sin(\omega_d t_p + \beta) + \omega_n e^{-\zeta\omega_n t_p} \cos(\omega_d t_p + \beta) \right] = 0$$

$$\frac{-\omega_n e^{-\zeta\omega_n t_p}}{\sqrt{1-\zeta^2}} \left[\sqrt{1-\zeta^2} \cos(\omega_d t_p + \beta) - \zeta\sin(\omega_d t_p + \beta) \right] = 0$$

$$\frac{\sin(\omega_d t_p + \beta)}{\cos(\omega_d t_p + \beta)} = \frac{\sqrt{1-\zeta^2}}{\zeta}$$

$$\tan(\omega_d t_p + \beta) = \tan\beta$$

$$\omega_d t_p = 0, \pi, 2\pi, 3\pi, \cdots$$

由于峰值时间 t_p 是指响应曲线达到第一个峰值所需的时间，故应取 $\omega_d t_p = \pi$，于是

$$t_p = \frac{\pi}{\omega_d} \tag{4-41}$$

由 $\omega_d = \omega_n \sqrt{1-\zeta^2}$、式(4-41)及图 4-15 可知，当 ζ 一定时，ω_n 增大，t_p 减小；ω_n 一定时，ζ 增大，t_p 增大。

3. 最大超调量 σ

将式(4-39)和 $x_o(t_\infty)=1$，$t_p=\dfrac{\pi}{\omega_d}$ 代入超调量计算公式 $\sigma=\dfrac{x_o(t_p)-x_o(t_\infty)}{x_o(t_\infty)}\times100\%$，可得

$$\sigma=e^{-\zeta\omega_n\pi/\omega_d}\left(\cos\pi+\frac{\zeta}{\sqrt{1-\zeta^2}}\sin\pi\right)\times100\%$$

化简得

$$\sigma=e^{-\zeta\omega_n\pi/\omega_d}\times100\%=e^{-\zeta\pi/\sqrt{1-\zeta^2}}\times100\% \tag{4-42}$$

由式(4-42)可知，超调量 σ 只与阻尼比 ζ 有关，而与无阻尼固有频率 ω_n 无关。当 ζ 为不同值时，二阶系统最大超调量如表4-5所示。当 $\zeta=0.4\sim0.8$ 时，超调量 $\sigma=25.4\%\sim1.52\%$。

表 4-5   不同阻尼比二阶振荡系统最大超调量

阻尼比 ζ	0.1	0.2	0.3	0.4	0.5	0.6	0.7	0.8	0.9
最大超调量 $\sigma/\%$	72.93	52.68	37.25	25.4	16.32	9.49	4.61	1.52	0.15

4. 调节（响应）时间 t_s

根据调节（响应）时间 t_s 定义可知

$$|x_o(t)-x_o(t_{ttt\infty})|\leqslant\Delta\cdot x_o(t_\infty)\qquad(t\geqslant t_s,\ \Delta=0.02\sim0.05)$$

由 $x_o(t_\infty)=1$ 可得 $|x_o(t)-1|\leqslant\Delta$

将式(4-39)代入，可得

$$\left|e^{-\zeta\omega_n t_s}\frac{1}{\sqrt{1-\zeta^2}}\sin\left(\omega_d t_s+\arctan\frac{\sqrt{1-\zeta^2}}{\zeta}\right)\right|\leqslant\Delta$$

即

$$e^{-\zeta\omega_n t_s}\frac{1}{\sqrt{1-\zeta^2}}\leqslant\Delta$$

解得

$$t_s\geqslant\frac{1}{\zeta\omega_n}\ln\frac{1}{\Delta\sqrt{1-\zeta^2}} \tag{4-43}$$

当 $0<\zeta<0.8$ 时，可得到时间响应的近似值为

$$\Delta=0.02,\quad t_s\approx\frac{4}{\zeta\omega_n}$$

$$\Delta=0.05,\quad t_s\approx\frac{3}{\zeta\omega_n} \tag{4-44}$$

由式(4-43)可知，当 $\Delta=0.02$，$\zeta=0.76$ 时，t_s 达到最小值；当 $\Delta=0.05$，$\zeta=0.68$ 时，t_s 达到最小值，因此 $\zeta=0.707$ 作为最佳阻尼比是可行的。

5.振荡次数 N

根据振荡次数定义可知 $N = \dfrac{t_s}{2\pi/\omega_d}$

当 $0 < \zeta < 0.8, \Delta = 0.02$ 时,$t_s \approx \dfrac{4}{\zeta\omega_n}$,得 $N = \dfrac{2\sqrt{1-\zeta^2}}{\pi\zeta}$

当 $0 < \zeta < 0.8, \Delta = 0.05$ 时,$t_s \approx \dfrac{3}{\zeta\omega_n}$,得 $N = \dfrac{1.5\sqrt{1-\zeta^2}}{\pi\zeta}$

由此可知,振荡次数 N 只与阻尼比 ζ 有关。

通过以上分析可以得到以下结论。

①动态性能指标中,上升时间 t_r、峰值时间 t_p 以及调节时间 t_s 都是反映系统快速性的指标。t_r、t_p 反映输入初始时系统反应的快速性,t_r(或 t_p)值小,表明系统在信号输入初始时响应速度快;t_s 反映系统整体上对输入信号的快速性,t_s 值小,表明动态过程短,系统响应快。最大超调量 σ 和振荡次数 N 表明系统的阻尼特性,是表示系统稳定性的指标。

②阻尼比 ζ 和无阻尼固有频率 ω_n 是影响系统动态性能的系统参数。σ 和 N 只与阻尼比 ζ 有关,t_r、t_p 和 t_s 与 ζ 和 ω_n 两者都有关。由上述性能指标的计算公式可知,系统性能对系统结构和参数的要求往往是相互制约的。例如质量弹簧阻尼器的二阶系统及 RLC 电路中,加大 ω_n,可提高系统的响应速度,但同时减小了 ζ,而阻尼程度减小,系统的稳定性就会变差。

③要使二阶系统具有良好的性能,必须选择合理的阻尼比 ζ 和系统的无阻尼固有频率 ω_n。设计二阶系统时,先根据对最大超调量 σ 的要求确定阻尼比 ζ,再根据对调节时间 t_s 等指标的要求确定无阻尼固有频率 ω_n。综合考虑系统的稳定性和快速性,一般将 $\zeta = 0.707$ 称为最佳阻尼比。此时,系统不仅响应速度快,而且超调量较小,对应的二阶系统称为最佳二阶振荡系统。

4.6.4 二阶系统时间响应的动态性能分析

1.二阶系统的动态性能分析

根据系统的传递函数和输入,计算二阶系统的性能指标,即对控制系统进行分析。

例 4-8 已知单位负反馈控制系统的开环传递函数 $G_K(s) = \dfrac{K}{s(s+3)}$,求系统参数分别为 $K=2$、$K=4$ 时,系统的单位阶跃响应和性能指标 σ、t_s。

解: 由 $\dfrac{\omega_n^2}{s(s+2\zeta\omega_n)} = \dfrac{K}{s(s+3)}$,可得 $\omega_n = \sqrt{K}$,$2\zeta\omega_n = 3$。

(1)当 $K=2$ 时

$$\omega_n = \sqrt{2}, \quad \zeta \approx 1.06 > 1$$

系统为过阻尼状态,其输出响应无超调,无振荡,最大超调量 $\sigma = 0$。

系统的闭环传递函数为 $G_B(s) = \dfrac{2}{s^2+3s+2}$,则其单位阶跃输出为

数字资源 4-5
例 4-8 单位阶跃
响应及性能指标

$$X_o(s) = G_B(s)X_i(s) = \dfrac{2}{s(s+1)(s+2)} = \dfrac{1}{s} - \dfrac{2}{s+1} + \dfrac{1}{s+2}$$

系统的单位阶跃响应为

$$x_o(t) = 1 - 2e^{-t} + e^{-2t}$$

系统由一个比例环节和两个惯性环节串联而成,$T_1 = 1s$、$T_2 = 0.5s$,系统的调节时间近似由时间常数较大的惯性环节决定,因此系统时间常数近似为

$$t_s = 4T_1 = 4s \quad (\text{误差} \pm 2\%)$$

(2)当 $K = 4$ 时

$$\omega_n = 2, \quad \zeta = 0.75 < 1$$

系统为欠阻尼,其性能指标为

$$\sigma = e^{-\zeta\pi/\sqrt{1-\zeta^2}} = e^{-0.75 \times \pi/\sqrt{1-0.75^2}} = 2.8\%$$

$$t_s = \frac{4}{\zeta\omega_n} = 2s \quad (\text{误差} \pm 2\%)$$

系统的单位阶跃响应为

$$x_o(t) = 1 - \frac{e^{-\zeta\omega_n t}}{\sqrt{1-\zeta^2}} \sin(\omega_d t + \beta)$$
$$= 1 - 1.51\sin(1.32t + 41.4°)$$

2. 二阶系统的结构参数确定

根据系统结构、输入及时间响应曲线相关的性能指标,确定系统的结构参数,称为系统辨识,即系统分析的逆过程。

例 4-9 图 4-16 所示为在质量块(m)上施加 8N 阶跃力结构及时间响应曲线,求系统的结构参数 m、k 和 c 值。

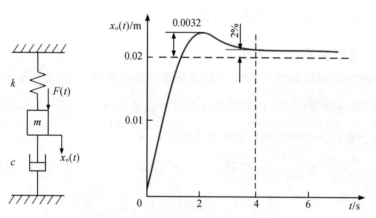

图 4-16 例 4-9 系统结构与输出响应曲线

解:由阶跃输入后的响应曲线可知

$$x_o(t_\infty) = 0.02m$$
$$x_o(t_p) - x_o(t_\infty) = 0.0032m$$
$$t_s = 4s$$

由图 4-16 结构图可知,系统的闭环传递函数为

$$G(s)=\frac{X_{\mathrm{o}}(s)}{X_{\mathrm{i}}(s)}=\frac{1}{ms^2+cs+k}$$

由输入 8N 力可知, $X_{\mathrm{i}}(s)=\dfrac{8}{s}$

根据输出稳态值求出弹簧刚度

$$x_{\mathrm{o}}(t_\infty)=\lim_{t\to\infty}x_{\mathrm{o}}(t)=\lim_{s\to0}sX_{\mathrm{o}}(s)=\lim_{s\to0}\frac{1}{ms^2+cs+k}\frac{8}{s}=\frac{8}{k}$$

$$x_{\mathrm{o}}(t_\infty)=0.02\mathrm{m} \qquad k=400\mathrm{N/m}$$

根据最大超调量求出阻尼比

$$\sigma=\mathrm{e}^{-\zeta\pi/\sqrt{1-\zeta^2}}\times100\%$$

$$\sigma=\frac{x_{\mathrm{o}}(t_{\mathrm{p}})-x_{\mathrm{o}}(t_\infty)}{x_{\mathrm{o}}(t_\infty)}\times100\%=\frac{0.0032}{0.02}\times100\%=16\%$$

$$\zeta=0.5$$

根据调节时间求出固有频率

$$t_{\mathrm{s}}=\frac{4}{\zeta\omega_{\mathrm{n}}}=4\mathrm{s} \qquad \omega_{\mathrm{n}}=2\mathrm{rad/s}$$

根据固有频率和阻尼比求出质量和黏性阻尼系数

$$\omega_{\mathrm{n}}^2=k/m \qquad m=100\mathrm{kg}$$
$$2\zeta\omega_{\mathrm{n}}=c/m \qquad c=200\mathrm{Ns/m}$$

4.6.5 二阶系统动态性能的改善方法

为了改善二阶系统的动态性能,常采用增加微分反馈环节或比例-微分环节的方法。

1. 增加微分反馈环节提高系统动态性能

例 4-10 控制系统框图如图 4-17 所示,当输入单位阶跃信号时,要求 $\sigma\leqslant16.3\%$。

(1)校核原系统是否满足超调量的要求?

(2)若在原系统中增加微分反馈环节,如图 4-17(b)所示,求微分反馈的 τ 值。

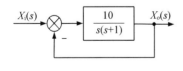

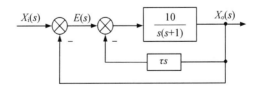

(a)原控制系统　　　　　　　　　(b)增加微分反馈环节的控制系统

数字资源 4-6
单位阶跃响应
及性能指标

图 4-17　例 4-10 控制系统框图

解：(1)图 4-17(a)所示的控制系统的闭环传递函数为

$$G_B(s) = \frac{10}{s^2 + s + 10}$$

由此求得：$\omega_n = \sqrt{10} \approx 3.16\text{rad/s}$；$2\zeta\omega_n = 1$，$\zeta = 0.16$。

在单位阶跃信号作用下，系统的最大超调量 $\sigma = 60.4\%$，不满足要求。其他性能参数为

$$t_r = 0.55\text{s}, \ t_p = 1.01\text{s}, \ t_s = 7\text{s}$$

(2)原系统加入微分反馈环节后，所构成的新系统如图 4-17(b)所示，其闭环传递函数为

$$G_B(s) = \frac{10}{s^2 + (1 + 10\tau)s + 10}$$

为了满足条件 $\sigma \leqslant 16.3\%$，由 $\sigma = e^{-\zeta\pi/\sqrt{1-\zeta^2}} \times 100\%$ 计算得 $\zeta = 0.5$。

$\omega_n = \sqrt{10} \approx 3.16\text{rad/s}$ 不变，由 $(1 + 10\tau) = 2\zeta\omega_n$ 计算得 $\tau = 0.22\text{s}$。
其他性能参数为

$$t_r = 0.77\text{s}, \ t_p = 1.15\text{s}, \ t_s = 2.22\text{s}$$

本例表明，加入微分反馈环节后，系统的上升时间和峰值时间有所增加，但是综合效果调节(响应)时间大幅度减少，超调量减小，因此动态性能得到改善。

2. 前向通道增加比例-微分环节提高系统动态性能

例 4-11 控制系统框图如图 4-18 所示。

(1)已知 $\omega_n = 3\text{rad/s}$，$\zeta = 1/6$，计算系统的性能指标 t_r、t_s 和 σ。

(2)在原系统中增加比例-微分环节如图 4-18(b)所示，其中 $\tau = 0.2$。求此时系统的阻尼比和固有频率，分析系统的单位阶跃响应，并计算系统的性能指标 t_s 和 σ。

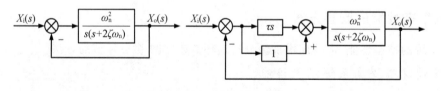

(a)原控制系统　　　　　(b)增加比例-微分环节的控制系统

数字资源 4-7
例 4-11 单位阶跃
响应及性能指标

图 4-18　例 4-11 控制系统框图

解：(1)由于 $\zeta = 1/6$，故系统是一个二阶欠阻尼系统，$\omega_n = 3\text{rad/s}$，图 4-18(a)所示系统的闭环传递函数为

$$G_B(s) = \frac{9}{s^2 + s + 9}$$

由此可得系统的动态指标为

$$\sigma = e^{-\zeta\pi/\sqrt{1-\zeta^2}} \times 100\% = 59\%$$

$$\omega_d = \omega_n \sqrt{1-\zeta^2} = 2.958$$

$$\beta = \arctan\left(\frac{\omega_d}{\zeta\omega_n}\right) = 1.403$$

$$t_r = \frac{\pi-\beta}{\omega_d} = 0.588\text{s}$$

$$t_s = \frac{3}{\zeta\omega_n} = 6\text{s} \quad (\Delta = 5\%)$$

显然原系统超调量较大,调节时间较长。

(2)图 4-18(b)所示增加比例-微分环节后系统的开环传递函数为

$$G_K(s) = \frac{\omega_n^2(\tau s+1)}{s(s+2\zeta\omega_n)} = \frac{\omega_n^2(\tau s+1)}{2\zeta\omega_n s(s/2\zeta\omega_n+1)} = \frac{K(\tau s+1)}{s(s/2\zeta\omega_n+1)}$$

式中,开环增益 $K = \omega_n/2\zeta$。

闭环传递函数为

$$G_B(s) = \frac{\omega_n^2}{z}\left(\frac{s+z}{s^2+2\zeta_d\omega_n s+\omega_n^2}\right)$$

式中,$z = 1/\tau$;$\zeta_d = \zeta + \omega_n/2z$。

由此可知,加入比例-微分环节后的系统是带闭环零点的二阶系统,固有频率不变,$\omega_n = 3$,而阻尼比 $\zeta_d = \zeta + \omega_n/2z \approx 0.47$,较原系统提高,但仍为欠阻尼系统。

闭环传递函数可展开如下形式

$$G_B(s) = \frac{X_o(s)}{X_i(s)} = \frac{\omega_n^2}{s^2+2\zeta_d\omega_n s+\omega_n^2} + \frac{1}{z}\frac{s\omega_n^2}{s^2+2\zeta_d\omega_n s+\omega_n^2}$$

系统输出为

$$X_o(s) = \frac{\omega_n^2}{s^2+2\zeta_d\omega_n s+\omega_n^2}X_i(s) + \frac{1}{z}\frac{s\omega_n^2}{s^2+2\zeta_d\omega_n s+\omega_n^2}X_i(s) = X_{o1}(s) + \frac{1}{z}sX_{o1}(s)$$

$$x_o(t) = x_{o1}(t) + \frac{1}{z}\frac{dx_{o1}(t)}{dt}$$

系统输入单位阶跃信号,则 $x_{o1}(t)$ 及其导数为

$$x_{o1}(t) = L^{-1}\left[\frac{\omega_n^2}{s(s^2+2\zeta_d\omega_n s+\omega_n^2)}\right] = 1 - \frac{e^{-j\omega_n t}}{\sqrt{1-\zeta^2}}\sin(\omega_d t+\beta)$$

$$\frac{dx_{o1}(t)}{dt} = \frac{e^{-j\omega_n t}}{\sqrt{1-\zeta^2}}\left[\zeta_d\omega_n\sin(\omega_d t+\beta) - \omega_d\cos(\omega_d t+\beta)\right]$$

综合上述表达式并整理后,即可得到加入比例-微分环节后二阶系统的单位阶跃响应表达式,即

$$x_o(t) = x_{o1}(t) + \frac{1}{z}\frac{dx_{o1}(t)}{dt} = 1 - \frac{e^{-j\omega_n t}}{\sqrt{1-\zeta^2}}\frac{1}{z}(\sin\omega_d t+\varphi+\beta)$$

式中，l——极点和零点之间的距离；$\varphi = \arcsin\omega_d/l$。

加入比例-微分环节后，$\zeta = 0.47$，$\omega_n = 3$，因此二阶系统的性能指标为

$$\sigma = e^{-\zeta\pi/\sqrt{1-\zeta^2}} \times 100 = 18.8\%$$

$$t_s = \frac{3}{\zeta\omega_n} = 2.13s \quad (\Delta = \pm 5\%)$$

由本例及相关文献对二阶系统性能指标的分析表明：由于零点的存在，系统的振荡有增加的趋势，z 越小，极点和零点之间的距离 l 越大，系统的超调量就越大，振荡越强烈。此外，在系统前向通道中加入微分环节对高频噪声有很强的放大作用，所以系统输入端有较强的噪声时，不要在控制器中引入微分项。

4.7 高阶系统时域分析

4.7.1 高阶系统时间响应

三阶及三阶以上的控制系统称为高阶系统。其传递函数的一般表达式为

$$G_B(s) = \frac{b_m s^m + b_{m-1} s^{m-1} + \cdots + b_0}{a_n s^n + a_{n-1} s^{n-1} + \cdots + a_0} \quad (n \geqslant m)$$

系统的特征方程为

$$a_n s^n + a_{n-1} s^{n-1} + \cdots + a_0 = 0$$

特征方程有 n 个特征根，设其中实数根有 n_1 个，共轭虚根有 n_2 对，因此 $n = n_1 + 2n_2$。

特征方程可分解为 n_1 个一次因式 $s - p_j (j = 1, 2, \cdots, n_1)$ 与 n_2 个二次因式 $s^2 + 2\zeta_k\omega_{nk}s + \omega_{nk}^2 (k = 1, 2, \cdots, n_2)$ 的乘积，也就是系统有 n_1 个实极点 p_j 与 n_2 对共轭复数极点 $-\zeta_k\omega_{nk} \pm j\omega_{nk} \cdot \sqrt{1-\zeta_k^2}$。

系统的传递函数有 m 个零点，$s = z_i (i = 1, 2, \cdots, m)$，则系统的传递函数可写为

$$G_B(s) = \frac{K \prod_{i=1}^{m} (s - z_i)}{\prod_{j=1}^{n_1} (s - p_j) \prod_{k=1}^{n_2} (s^2 + 2\zeta_k\omega_{nk}s + \omega_{nk}^2)} \tag{4-45}$$

在单位阶跃信号的作用下，系统的输出为

$$X_o(s) = G_B(s) \cdot \frac{1}{s} = \frac{K \prod_{i=1}^{m} (s - z_i)}{s \prod_{j=1}^{n_1} (s - p_j) \prod_{k=1}^{n_2} (s^2 + 2\zeta_k\omega_{nk}s + \omega_{nk}^2)}$$

上式展开得

$$X_o(s) = \frac{A_0}{s} + \sum_{j=1}^{n_1} \frac{A_j}{s - p_j} + \sum_{k=1}^{n_2} \frac{B_k s + C_k}{s^2 + 2\zeta_k\omega_{nk}s + \omega_{nk}^2}$$

式中，A_0，A_j，B_k，C_k 为待定系数。对上式进行拉氏逆变换，可得系统的单位阶跃响应

$$x_o(t) = A_0 + \sum_{j=1}^{n_1} A_j e^{-p_j t} + \sum_{k=1}^{n_2} D_k e^{-\zeta_k \omega_{nk} t} \sin(\omega_{dk} t + \beta_k) \quad (t \geqslant 0) \tag{4-46}$$

式中，$\beta_k = \arctan \dfrac{B_k \omega_{nk}}{C_k - \zeta_k \omega_{nk} B_k}$，$D_k = \sqrt{B_k^2 + \left(\dfrac{C_k - \zeta_k \omega_{nk} B_k}{\omega_{nk}}\right)^2}$

由式(4-46)可知，高阶系统的单位阶跃响应是由多个惯性环节和二阶振荡环节的响应叠加而成的。其中，A_0 表示输出响应的稳态分量，由输入信号和系统传递函数常系数所决定；其他各项表示输出响应的瞬态分量，其形式取决于传递函数的极点。

对高阶系统进行分析，可得如下结论。

①当系统闭环极点全部在[s]平面左边时，其特征根具有负实部，因此系统总是稳定的，其衰减的快慢取决于各项所对应极点的负实部值。

②极点的实部绝对值越大，其相应的瞬态分量衰减越快，即离虚轴越远的极点，其对应的瞬态分量衰减就越快，而离虚轴越近的极点，其对应的瞬态分量衰减就越慢，因此离虚轴越近的极点在总的瞬态分量中占据主导地位。

③靠得很近的一对闭环零点、极点(称为偶极子对)在系统动态响应中所占分量很小，可以忽略不计。

④实际控制系统一般都是高阶的系统。在一定条件下，将高阶系统近似简化为一阶或二阶系统后再进行系统性能分析。如果不能用一阶或二阶系统近似，则采用主导极点的概念对系统进行近似分析，或者使用 MATLAB 软件对高阶系统进行分析。

4.7.2 高阶系统主导极点

对系统中离虚轴最近的极点，其他极点离虚轴的距离比该极点离虚轴的距离大 5 倍以上，且该极点附近没有零点，则称该极点为主导极点，系统的时间响应主要由主导极点决定。如图 4-19 所示，极点 s_1 和 s_2 是一对共轭复数极点，离虚轴最近，其实部为 $-\zeta \omega_n$，其他极点离虚轴次近的是 s_5，其实部为 $-5\zeta \omega_n$，因此共轭复数极点 s_1 和 s_2 是该高阶系统的主导极点，即该高阶系统可简化为二阶系统，其时间响应表现形式由阻尼比决定。

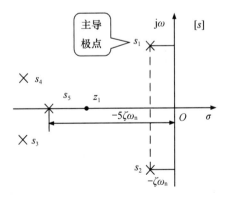

图 4-19 主导极点

例 4-12 控制系统的闭环传递函数为

$$G(s) = \frac{800}{(s+20)(s+10)(s^2+2s+4)}$$

试分析主导极点及动态性能。

例 4-12 单位阶跃
响应及性能指标

解：系统闭环极点分别为 $-10, -40, -1\pm j\sqrt{3}$，因此主导极点为 $-1\pm j\sqrt{3}$，该系统可简化为二阶系统，其闭环传递函数为

$$G(s) = \frac{4}{s^2+2s+4}$$

采用 MATLAB 绘制原系统与简化后系统的单位阶跃响应曲线，如图 4-20 所示。

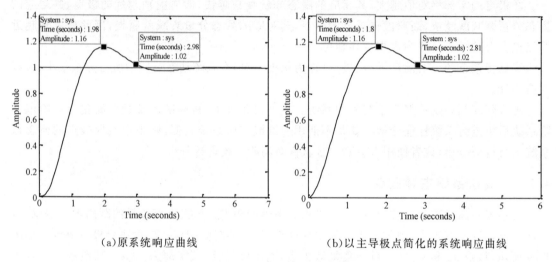

(a)原系统响应曲线　　　　　　(b)以主导极点简化的系统响应曲线

图 4-20　单位阶跃响应曲线

由图 4-20 可知，原系统与简化系统超调量都是 16%，误差 $\pm 2\%$ 的调节时间分别为 2.98s 和 2.81s，差异较小，因此用主导极点近似原四阶系统是可行的。

例 4-13 控制系统的闭环传递函数为

$$G(s) = \frac{400}{(s+2)(10s+1)(s^2+10s+100)}$$

试分析主导极点及动态性能。

解：闭环极点分别为 $-2, -0.1, -5\pm j\sqrt{3}$，因此主导极点为 -0.1，该系统可化简为一阶系统，其闭环传递函数为

$$G(s) = \frac{2}{10s+1}$$

采用 MATLAB 绘制原系统和简化后系统的单位阶跃响应曲线,如图 4-21 所示。

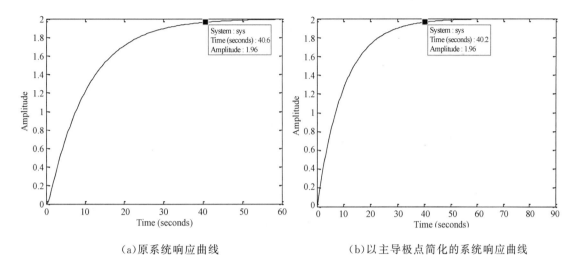

（a）原系统响应曲线　　　　　　（b）以主导极点简化的系统响应曲线

图 4-21　单位阶跃响应曲线

由图 4-21 可知,原系统与简化系统误差±2%的调节时间分别为 40.6s 和 40.2s,差异很小,因此用主导极点近似原四阶系统是可行的。

数字资源 4-9
**例 4-13 单位阶跃
响应及性能指标**

习题

4.1 已知单位负反馈系统的开环传递函数分别为

(1)$G(s)=\dfrac{100}{(0.1s+1)(s+5)}$;

(2)$G(s)=\dfrac{50}{s(0.1s+1)(s+5)}$;

(3)$G(s)=\dfrac{10(2s+1)}{s^2(s^2+6s+100)}$。

试求输入分别为 $x_i(t)=2t$ 和 $x_i(t)=2+2t+t^2$ 时,系统的稳态误差。

4.2　已知单位负反馈控制系统的闭环传递函数如下,试求其静态位置、速度和加速度无偏系数。

(1)$G_B(s)=\dfrac{50(s+2)}{s^3+2s^2+51s+100}$;　　　　　(2)$G_B(s)=\dfrac{2(s+2)(s+1)}{s^4+3s^3+2s^2+6s+4}$。

4.3　已知单位负反馈控制系统的开环传递函数为

$$G_K(s)=\dfrac{K}{s(Ts+1)}$$

试选择参数 K 和 T 的值,同时满足下列两组指标:
(1)当 $x_i(t)=t$,系统的稳态误差 $e_{ss}\leqslant 2\%$;
(2)当 $x_i(t)=u(t)$ 时,系统的动态性能指标为 $\sigma\leqslant 20\%$,$t_s\leqslant 0.1s$(误差取±5%)。

4.4 比例-微分控制系统框图如图 4-22 所示。

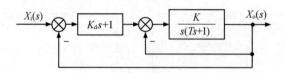

图 4-22 比例-微分控制系统框图

当系统输入为单位斜坡信号时,试求:

(1)$K_d=0$ 时的系统稳态误差;

(2)选择 K_d,使系统的稳态误差为零。

4.5 控制系统框图如图 4-23 所示,当输入 $x_i(t)$ 和 $n(t)$ 均分别为单位阶跃输入和单位斜波输入时,分别确定输出对 2 个输入的稳态误差 e_{ssx} 及 e_{ssn}。

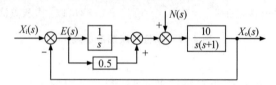

图 4-23 题 4.5 控制系统框图

4.6 控制系统框图如图 4-24 所示,其中

$$G_1(s)=K_p+\frac{K}{s}, \quad G_2(s)=\frac{1}{Js}$$

当输入 $x_i(t)$ 以及 $n_1(t)$ 和 $n_2(t)$ 均为单位阶跃函数时,试求

(1)在 $x_i(t)$ 作用下系统的稳态误差;

(2)在 $n_1(t)$ 作用下系统的稳态误差;

(3)在 $n_1(t)$ 和 $n_2(t)$ 同时作用下系统的稳态误差。

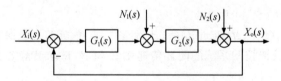

图 4-24 题 4.6 控制系统框图

4.7 系统的单位脉冲响应如下,试求系统的闭环传递函数。

(1)$x_o(t)=0.0125e^{-1.25t}$;   (2)$x_o(t)=0.1(1-e^{-t/3})$;   (3)$x_o(t)=5t+10\sin(4t+45°)$。

4.8 在零初始条件下,试求下列各系统微分方程的单位脉冲响应。

(1)$0.2x'_o(t)+x_o(t)=2x_i(t)$;

(2)$0.04x''_o(t)+0.24x'_o(t)+x_o(t)=x_i(t)$。

4.9 已知一阶系统的闭环传递函数为

$$G(s) = \frac{X_o(s)}{X_i(s)} = \frac{10}{0.5s+1}$$

求系统的单位阶跃响应。

4.10 已知系统的闭环传递函数为

$$G(s) = \frac{X_o(s)}{X_i(s)} = \frac{1}{(s+1)(s+2)}$$

计算系统在输入 $x_i(t) = u(t)$ 作用下, 系统输出 $x_o(t)$ 的表达式。

4.11 已知系统的微分方程为

$$y'''(t) + 3y''(t) + 3y'(t) + y(t) = u(t)$$

求:零初始条件下, 当输入单位脉冲函数 $u(t) = \delta(t)$ 时的输出 $y(t)$。

4.12 某控制系统的微分方程为 $Ty'(t) + y(t) = Kx(t)$, 其中 $T = 0.5s, K = 10$。在零初始条件下, 试求:

(1)系统单位阶跃响应;

(2)系统单位斜坡响应。

4.13 已知二阶系统的单位阶跃响应为

$$x_o(t) = 10 - 12.5e^{-1.2t}\sin(1.6t + 53.1°)$$

试求:系统的超调量 σ、峰值时间 t_p 和调节时间 t_s。

4.14 已知控制系统的单位阶跃响应为

$$x_o(t) = 1 + 0.2e^{-60t} - 1.2e^{-10t}$$

试确定系统的阻尼比 ζ 和固有频率 ω_n。

4.15 用一温度计测量某容器中的水温, 经过 1 min 后指示出实际水温的 98%, 该温度计为一阶惯性系统, 试求:

(1)该温度计的时间常数是多少?

(2)如果给该容器加热, 使容器内水温以 0.1℃/s 的速度均匀上升, 温度计的稳态误差是多少?

4.16 图 4-25 所示为一电磁线圈的等效电路, 其中 $R = 200\Omega$, $L = 1H$。取电压 u 为输入量, 电流 i 为输出量, 试计算该线圈的瞬态过程调节时间 t_s(误差取 ±5%)。

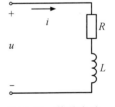

图 4-25 等效电路

4.17 控制系统框图如图 4-26 所示。要求系统单位阶跃响应的超调量 $\sigma = 9.5\%$, 且峰值时间 $t_p = 0.5s$。试确定 K_1 与 τ 的值, 并计算在此情况下系统的上升时间 t_r 和调节时间 t_s(误差取 ±2%)。

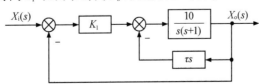

图 4-26 题 4.17 控制系统框图

4.18 单位负反馈二阶控制系统的阶跃响应为

$$x_o(t) = 10[1 - 1.253e^{-1.2t}\sin(1.6t + 53.13)]$$

若系统的稳态误差 $e_{ss} = 0$,求系统的闭环传递函数 $G_B(s)$ 和开环传递函数 $G_K(s)$,以及系统的超调量 σ、上升时间 t_r 和调节时间 t_s(误差取 $\pm 5\%$)。

4.19 图 4-27 为控制系统框图,试选择参数 K_1 和 K_t,使系统的 $\omega_n = 6$,$\zeta = 1$。

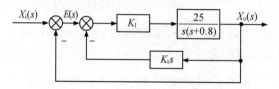

图 4-27   题 4.19 控制系统框图

4.20 控制系统框图如图 4-28 所示。

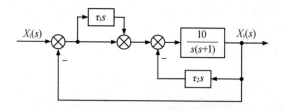

图 4-28   题 4.20 控制系统框图

试求:(1)取 $\tau_1 = 0$,$\tau_2 = 0.1$,计算速度反馈校正系统的超调量 σ、调节时间 t_s 和稳态误差 e_{ss};
(2)取 $\tau_1 = 0.1$,$\tau_2 = 0$,计算比例-微分校正系统的超调量 σ、调节时间 t_s 和稳态误差 e_{ss}。

4.21 单位负反馈系统的开环传递函数为

$$G_K(s) = \frac{K}{s(0.1s + 1)}$$

试分别求出当 $K = 10$ 和 $K = 20$ 时系统的阻尼比 ζ、无阻尼固有频率 ω_n、超调量 σ、峰值时间 t_p 及调节时间 t_s,并讨论 K 的大小对系统性能的影响。

第 5 章　控制系统频域特性分析

控制系统中的信号在满足一定条件下可以表示为不同频率的正弦信号的合成。描述控制系统在不同频率正弦信号作用时的稳态输出和输入信号之间关系的数学模型称为频率特性，它反映了正弦信号作用下系统输出响应的性能。频率特性和传递函数一样，可以用来表示线性系统或环节的动态特性。应用频率特性研究线性系统的方法称为频域分析法。

频域分析法是在频域范围内应用图解分析法评价系统性能的一种工程方法。其特点是可以根据系统的开环频率特性图形直观地分析闭环系统的性能，并能判别某些环节或参数对系统性能的影响，从而进一步获得改善系统性能的途径。控制系统的频域分析法弥补了时域分析法中的不足，已被广泛地用于线性定常系统的分析与设计。

1914—1918 年和 1939—1945 年的两次世界大战催生了经典控制理论的诞生。1932 年，奈奎斯特（H. Nyquist）的经典论文 *Regeneration theory* 标志着基于频域方法的经典控制论的初步形成。波德图是由贝尔实验室的荷兰裔科学家亨德里克·韦德·波德在 1940 年发明的，用简单但准确的方法绘制幅值及相位图，因此他发明的图也称为波德（Bode）图。1956 年钱学森的《工程控制论》（*Engineering Cybernetics*）则对经典频域理论进行了系统总结和完善。

本章首先介绍频率特性的基本概念，包括频率响应与频率特性、频率特性与传递函数的关系、频率特性的计算方法；其次介绍典型环节频率特性的 Nyquist 图与 Bode 图，以及开环频率特性 Nyquist 与 Bode 频率特性曲线的绘制方法；再次介绍最小相位系统；最后介绍闭环频率特性。

5.1　频域特性概述

5.1.1　频率响应与频率特性

1. 频率响应

由控制系统时域分析可知，线性定常系统的时间响应由瞬态响应和稳态响应两部分组成，当系统稳定时，其瞬态响应随着时间的推移逐渐衰减为零，系统的响应收敛于稳态响应。

时域分析研究线性定常系统对于典型输入信号的瞬态响应，而频域分析则研究线性定常系统对谐波信号的稳态响应。

例 5-1　线性定常控制系统闭环传递函数为

$$G_{\mathrm{B}}(s) = \frac{K}{Ts+1}$$

当输入谐波信号 $x_{\mathrm{i}}(t) = X_{\mathrm{i}}\sin\omega t$ 时，分析系统的时间响应。

解：当输入谐波信号 $x_{\mathrm{i}}(t) = X_{\mathrm{i}}\sin\omega t$ 时，即 $X_{\mathrm{i}}(s) = \dfrac{X_{\mathrm{i}}\omega}{s^2+\omega^2}$

系统的输出为

$$X_\mathrm{o}(s) = G(s)X_\mathrm{i}(s) = \frac{K}{Ts+1} \cdot \frac{X_\mathrm{i}\omega}{s^2+\omega^2}$$

系统的时间响应为

$$x_\mathrm{o}(t) = \frac{X_\mathrm{i}KT\omega}{1+T^2\omega^2}\mathrm{e}^{-t/T} + \frac{X_\mathrm{i}K}{\sqrt{1+T^2\omega^2}}\sin(\omega t - \arctan T\omega) \tag{5-1}$$

由于 $T > 0$，式(5-1)中的第一项将随时间增长而趋于零，称为输出的瞬态分量，而第二项为输出量的稳态分量，记为

$$x_\mathrm{os}(t) = \frac{X_\mathrm{i}K}{\sqrt{1+T^2\omega^2}}\sin(\omega t - \arctan T\omega) = X_\mathrm{o}(\omega)\sin(\omega t - \arctan T\omega) \tag{5-2}$$

对比式(5-2)的稳态输出与谐波输入可知，系统的稳态输出与输入信号的频率相同，但输出幅值和相位不同，稳态输出与谐波输入的幅值比 $A(\omega)$ 和相位差 $\varphi(\omega)$ 都是频率 ω 的函数，分别为

$$A(\omega) = \frac{X_\mathrm{o}(\omega)}{X_\mathrm{i}} = \frac{K}{\sqrt{1+T^2\omega^2}}$$

$$\varphi(\omega) = -\arctan T\omega \tag{5-3}$$

式(5-3)这个结论具有普遍性，因此对于稳定的线性定常系统，当输入谐波信号 $x_\mathrm{i}(t) = X_\mathrm{i}\sin\omega t$ 时，系统的稳态输出 $x_\mathrm{os}(t) = X_\mathrm{o}(\omega)\sin[\omega t + \varphi(\omega)]$ 也是同频率的谐波信号，但幅值和相位却发生了变化，输出幅值 $X_\mathrm{o}(\omega)$ 和输入信号幅值 X_i 成正比，且是输入谐波频率 ω 的函数，输出与输入信号的相位差 $\varphi(\omega)$ 也是 ω 的函数，如图 5-1 所示。

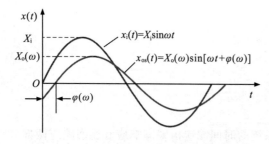

数字资源 5-1
谐波信号输入
时的稳态响应

图 5-1　谐波信号输入时的稳态响应曲线

线性定常系统对谐波信号的稳态响应称为频率响应。

频率响应是研究控制系统在频域中稳态响应的动态特性，而时域响应是研究控制系统时域中瞬态响应的动态特性。

2. 频率特性

频率响应是系统对谐波信号时间响应的一个特例。当输入谐波信号频率 ω 不同时，系统稳态输出与谐波输入的幅值比和相位差也不同。

系统在不同频率谐波信号输入时，其稳态输出响应与谐波输入信号的幅值比称为系统的

幅频特性,稳态输出响应与谐波输入信号的相位差 $\varphi(\omega)$ 称为系统的相频特性,即

$$\begin{cases} A(\omega)=\dfrac{X_{\mathrm{o}}(\omega)}{X_{\mathrm{i}}} \\[2mm] \varphi(\omega) \end{cases} \tag{5-4}$$

幅频特性和相频特性称为系统的频率特性。

频率特性指数表达形式为 $A(\omega)\cdot \mathrm{e}^{\mathrm{j}\varphi(\omega)}$,也可记为 $A(\omega)\cdot\angle\varphi(\omega)$,即频率特性是 ω 的复变函数,其幅值为 $A(\omega)$,相位为 $\varphi(\omega)$。

规定:相位逆时针为正 $\varphi(\omega)>0$,顺时针为负 $\varphi(\omega)<0$。相位超前为正 $\varphi(\omega)>0$,相位滞后为负 $\varphi(\omega)<0$。实际物理系统相位一般都是滞后的。

3. 频率特性的特点

频率特性分析是线性定常系统的基本方法之一,是经典控制理论的重要组成部分,频率特性具有以下特点。

①时间响应分析主要是对线性定常系统的过渡过程响应动态性能的分析;而频率特性分析则是研究系统稳态响应与谐波输入的幅值比和相位差随输入谐波信号频率 ω 的变化规律,获取系统的动态性能。

②在频域中研究系统的结构及参数变化对系统性能的影响很容易,而且能很方便地判别系统的稳定性和稳定储备量。

③根据频率特性进行参数选择或对系统进行校正也很容易,很方便地使系统达到预期的性能指标;根据频率特性,易于确定系统的工作频率范围。

④根据频率特性易于选择系统的工作频率范围避免噪声干扰,或根据系统的工作频率范围,设计具有适合的频率特性系统。

5.1.2　频率特性与传递函数的关系

设线性定常系统的微分方程为

$$a_n x_{\mathrm{o}}^{(n)}(t)+a_{n-1}x_{\mathrm{o}}^{(n-1)}(t)+\cdots+a_1\dot{x}_{\mathrm{o}}(t)+a_0 x_{\mathrm{o}}(t)=b_m x_{\mathrm{i}}^{(m)}(t)+$$
$$b_{m-1}x_{\mathrm{i}}^{(m-1)}(t)+\cdots+b_1\dot{x}_{\mathrm{i}}(t)+b_0 x_{\mathrm{i}}(t)$$

则系统传递函数为

$$G(s)=\frac{X_{\mathrm{o}}(s)}{X_{\mathrm{i}}(s)}=\frac{b_m s^m+b_{m-1}s^{m-1}+\cdots+b_1 s+b_0}{a_n s^n+a_{n-1}s^{n-1}+\cdots+a_1 s+a_0} \tag{5-5}$$

当输入信号为 $x_{\mathrm{i}}(t)=X_{\mathrm{i}}\sin\omega t$ 时,即 $X_{\mathrm{i}}(s)=\dfrac{X_{\mathrm{i}}\omega}{s^2+\omega^2}$

可得系统的输出

$$X_{\mathrm{o}}(s)=G(s)X_{\mathrm{i}}(s)=\frac{b_m s^m+b_{m-1}s^{m-1}+\cdots+b_1 s+b_0}{a_n s^n+a_{n-1}s^{n-1}+\cdots+a_1 s+a_0}\cdot\frac{X_{\mathrm{i}}\omega}{s^2+\omega^2} \tag{5-6}$$

若系统无重极点,则系统的输出为

$$X_o(s) = \sum_{i=1}^{n} \frac{A_i}{s - s_i} + \left(\frac{B}{s - j\omega} + \frac{B^*}{s + j\omega} \right) \tag{5-7}$$

式中,s_i——系统特征方程根;A_i、B、B^*——待定系数。

对式(5-7)进行拉氏逆变换,可得系统的输出为

$$x_o(t) = \sum_{i=1}^{n} A_i e^{s_i t} + (B e^{j\omega t} + B^* e^{-j\omega t}) \tag{5-8}$$

对于稳定的控制系统,系统特征根 s_i 均具有负实部,则当 $t \to \infty$ 时,式(5-8)中的瞬态分量将衰减为零,即系统的稳态响应为

$$x_{os}(t) = B e^{j\omega t} + B^* e^{-j\omega t} \tag{5-9}$$

若系统含有 k 重极点,则系统输出含 $t^k e^{s_i t}(i = 1, 2, \cdots, k-1)$。对于稳定的控制系统,由于 s_i 的实部为负,t^k 的增长没有 $e^{s_i t}$ 的衰减快,所以 $t^k e^{s_i t}$ 随着 $t \to \infty$ 趋于零。因此不管系统是否有重极点,其稳态响应都一样。

待定系数求解可得

$$B = G(j\omega) \frac{X_i \omega}{(s - j\omega)(s + j\omega)} (s - j\omega) \Big|_{s=j\omega} = G(j\omega) \frac{X_i \omega}{(s + j\omega)} \Big|_{s=j\omega}$$

$$= G(j\omega) \cdot \frac{X_i}{2j} = |G(j\omega)| e^{j \angle G(j\omega)} \cdot \frac{X_i}{2j}$$

同理可得

$$B^* = G(-j\omega) \cdot \frac{X_i}{-2j} = |G(j\omega)| e^{-j \angle G(j\omega)} \cdot \frac{X_i}{-2j}$$

则系统稳态响应为

$$x_{os}(t) = |G(j\omega)| X_i \frac{e^{j[\omega t + \angle G(j\omega)]} - e^{-j[\omega t + \angle G(j\omega)]}}{2j}$$

$$= |G(j\omega)| X_i \sin[\omega t + \angle G(j\omega)]$$

根据频率特性的定义可知,系统的幅频特性和相频特性分别为

$$A(\omega) = \frac{X_o(\omega)}{X_i} = |G(j\omega)|$$

$$\varphi(\omega) = \angle G(j\omega) \tag{5-10}$$

$G(j\omega) = A(\omega) \cdot e^{j\varphi(\omega)} = |G(j\omega)| e^{j \angle G(j\omega)}$ 即为系统的频率特性,频率特性量纲就是传递函数量纲。

由于 $G(j\omega)$ 是一个复变函数,也可以写成实部和虚部之和,即

$$G(j\omega) = \text{Re}[G(j\omega)] + \text{Im}[G(j\omega)] = u(\omega) + jv(\omega) \tag{5-11}$$

式中,$u(\omega)$ 和 $v(\omega)$——实频特性和虚频特性。

由此可知,一个系统可以用微分方程或传递函数描述,也可以用频率特性描述,它们之间的相互关系如图 5-2 所示。

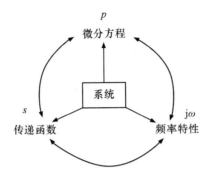

图 5-2 系统不同表达形式之间的关系

5.1.3 频率特性求取方法

1. 根据传递函数求取频率特性和频率响应

将系统的传递函数 $G(s)$ 中的 s 换成 $j\omega$,得到系统的频率特性 $G(j\omega)$,从而计算幅频特性 $A(\omega)$ 和相频特性 $\varphi(\omega)$,进而可以得到频率响应 $x_{os}(t)$。该方法简单方便,建议采用此方法求取频率特性和频率响应。

例 5-2 系统的传递函数为

$$G_B(s) = \frac{K}{(T_1 s + 1)(T_2 s + 1)}$$

求系统在 $x_i(t) = X_i \sin\omega t$ 作用下的频率响应。

解: 系统的频率特性为

$$G_B(j\omega) = G_B(s)\bigg|_{s=j\omega} = \frac{K}{(1+jT_1\omega)(1+jT_2\omega)}$$

幅频特性和相频特性分别为

$$A(\omega) = |G_B(j\omega)| = \frac{K}{\sqrt{1+T_1^2\omega^2}\sqrt{1+T_2^2\omega^2}}$$

$$\varphi(\omega) = \angle G_B(j\omega) = -\text{arctn}\,T_1\omega - \text{arctn}\,T_2\omega$$

系统的频率响应为

$$x_{os}(t) = X_i A(\omega)\sin[\omega t + \varphi(\omega)] =$$

$$\frac{X_i K}{\sqrt{1+T_1^2\omega^2}\sqrt{1+T_2^2\omega^2}}\sin(\omega t - \arctan T_1\omega - \arctan T_2\omega)$$

2. 根据系统的时间响应求取频率特性

从系统的时间响应获得频率响应,进而求出系统的幅频特性和相频特性,即频率特性。

对于比较复杂的控制系统,系统谐波输入时的时间响应很难通过拉氏逆变换法计算出来,因此不建议采用此方法。

例 5-3 系统的传递函数为

$$G_B(s) = \frac{K}{Ts+1}$$

求系统在 $x_i(t) = X_i\sin\omega t$ 作用下的频率特性。

解: 由例 5-1 可知系统输出的频率响应为

$$x_{os}(t) = \frac{X_i K}{\sqrt{1+T^2\omega^2}}\sin(\omega t - \arctan T\omega)$$

则系统的频率特性为

$$A(\omega) = \frac{X_o(\omega)}{X_i} = \frac{K}{\sqrt{1+T^2\omega^2}}$$

$$\varphi(\omega) = (-\arctan T\omega) - 0 = -\arctan T\omega$$

3. 根据系统的频率特性曲线求取频率特性

根据频率特性曲线,确定其传递函数,再根据传递函数确定频率特性,传递函数的确定方法将在本章最小相位系统中介绍。

5.1.4 频率特性的图形表示方法

在工程分析和设计中,通常把线性系统的频率特性用曲线表示出来,再运用图解法对系统进行研究。常用的频率特性曲线包括幅相频率特性曲线、对数频率特性曲线等。

(1)幅相频率特性曲线(Nyquist 图)

幅相频率特性曲线又称为 Nyquist 图或极坐标图,以频率 ω 作为参变量,将幅频特性和相频特性同时表示在复平面上。当 ω 从 $0 \to +\infty$ 变化时,频率特性 $G(j\omega) = |G(j\omega)| e^{j\angle G(j\omega)}$ 作为一个向量其端点在复平面上的轨迹。

(2)对数频率特性曲线(Bode 图)

对数频率特性曲线又称为 Bode 图,包括对数幅频特性与对数相频特性两条曲线。将幅值与频率的关系和相位与频率的关系分别绘制在半对数坐标系中,频率坐标按对数分度,幅值和相位坐标则以线性分度。

5.2 频率特性 Nyquist 图

频率特性 $G(j\omega)$ 是输入频率 ω 的复变函数,当 ω 从 $0 \to \infty$ 变化时,$G(j\omega)$ 作为一个向量,向量的长度为频率特性的幅值,向量与实轴正方向的夹角等于频率特性的相位,向量端点在复平面上的轨迹即是幅相频率特性曲线,也称为 Nyquist 图。通过计算不同频率对应的频率特性的幅值和相位,即可画出 Nyquist 图,如图 5-3 所示。

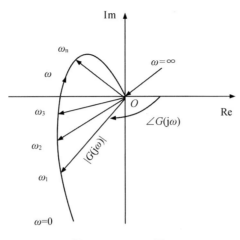

图 5-3 Nyquist 图

5.2.1 典型环节的 Nyquist 图

系统传递函数一般都是由典型环节组成的,所以系统的频率特性也都是由典型环节的频率特性组成的。熟悉每一个典型环节的频率特性,是了解和分析系统动态特性的基础。

1. 比例环节

比例环节传递函数为

$$G(s) = K \tag{5-12}$$

比例环节频率特性为

$$G(j\omega) = K \tag{5-13}$$

幅频特性和相频特性为

$$A(\omega) = |G(j\omega)| = K, \quad \varphi(\omega) = \angle G(j\omega) = 0° \tag{5-14}$$

实频特性和虚频特性为

$$u(\omega) = K, \quad v(\omega) = 0 \tag{5-15}$$

当 ω 从 $0 \to \infty$ 变化时,$G(j\omega)$ 的幅值总是 K,相位总是 $0°$,比例环节的 Nyquist 图为实轴上的一点,其坐标为 $(K, j0)$,如图 5-4 所示。

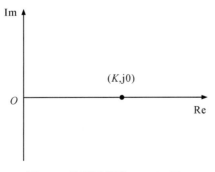

图 5-4 比例环节的 Nyquist 图

2.积分环节

积分环节传递函数为

$$G(s) = \frac{1}{s} \tag{5-16}$$

积分环节频率特性为

$$G(j\omega) = \frac{1}{j\omega} \tag{5-17}$$

幅频特性和相频特性为

$$A(\omega) = |G(j\omega)| = \frac{1}{\omega}, \quad \varphi(\omega) = \angle G(j\omega) = -90° \tag{5-18}$$

实频特性和虚频特性为

$$u(\omega) = 0, \quad v(\omega) = -\frac{1}{\omega} \tag{5-19}$$

当 $\omega \to 0$ 时,$|G(j\omega)| \to \infty$, $\angle G(j\omega) = -90°$;

当 $\omega \to \infty$ 时,$|G(j\omega)| = 0$, $\angle G(j\omega) = -90°$。

当 ω 从 $0 \to \infty$ 变化时,$G(j\omega)$ 的幅值由 $\infty \to 0$,相位总是 $-90°$,积分环节的 Nyquist 图是虚轴的负半轴,由无穷远点指向坐标原点,如图 5-5 所示。

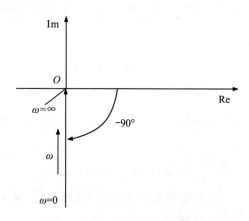

图 5-5 积分环节的 Nyquist 图

3.微分环节

微分环节传递函数为

$$G(s) = s \tag{5-20}$$

微分环节频率特性为

$$G(j\omega) = j\omega \tag{5-21}$$

幅频特性和相频特性为

$$A(\omega)=|G(j\omega)|=\omega, \quad \varphi(\omega)=\angle G(j\omega)=90° \tag{5-22}$$

实频特性和虚频特性为

$$u(\omega)=0, \quad v(\omega)=\omega \tag{5-23}$$

当 $\omega=0$ 时，$|G(j\omega)|=0$，$\angle G(j\omega)=90°$；

当 $\omega\to\infty$ 时，$|G(j\omega)|\to\infty$，$\angle G(j\omega)=90°$。

当 ω 从 $0\to\infty$ 变化时，$G(j\omega)$ 的幅值由 $0\to\infty$，其相位总是 $90°$。微分环节的 Nyquist 图是虚轴的正半轴，由坐标原点指向无穷远处，如图 5-6 所示。

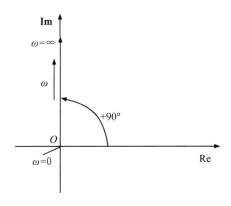

图 5-6 微分环节的 Nyquist 图

4. 惯性环节

惯性环节的传递函数为

$$G(s)=\frac{K}{Ts+1} \tag{5-24}$$

惯性环节的频率特性为

$$G(j\omega)=\frac{K}{1+jT\omega}=\frac{K(1-jT\omega)}{1+T^2\omega^2} \tag{5-25}$$

幅频特性和相频特性为

$$A(\omega)=|G(j\omega)|=\frac{K}{\sqrt{1+T^2\omega^2}}, \quad \varphi(\omega)=\angle G(j\omega)=-\arctan T\omega \tag{5-26}$$

实频特性和虚频特性为

$$u(\omega)=\frac{K}{1+T^2\omega^2}, \quad v(\omega)=\frac{-KT\omega}{1+T^2\omega^2} \tag{5-27}$$

当 $\omega=0$ 时，$|G(j\omega)|=K$，$\angle G(j\omega)=0°$；

当 $\omega=1/T$ 时，$|G(j\omega)|=K/\sqrt{2}$，$\angle G(j\omega)=-45°$；

当 $\omega \to \infty$ 时, $|G(j\omega)| = 0$, $\angle G(j\omega) = -90°$。

根据计算不同频率的幅值和相位值,可作出惯性环节的 Nyquist 图,如图 5-7 所示,频率特性曲线为一半圆。

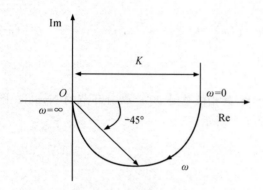

图 5-7 惯性环节的 Nyquist 图

数字资源 5-2 惯性环节的 Nyqutis 图

由实频和虚频特性可得到

$$\left(u - \frac{K}{2}\right)^2 + v^2 = \left(\frac{K}{2}\right)^2$$

这是一个以 $(K/2, j0)$ 为圆心、半径为 $K/2$ 的圆方程,当 $0 < \omega < \infty$ 时,是下半圆。

5. 一阶微分环节

一阶微分方程的传递函数为

$$G(s) = Ts + 1 \tag{5-28}$$

一阶微分方程的频率特性为

$$G(j\omega) = 1 + jT\omega \tag{5-29}$$

幅频特性和相频特性为

$$A(\omega) = |G(j\omega)| = \sqrt{1 + T^2\omega^2}, \quad \varphi(\omega) = \angle G(j\omega) = \arctan T\omega \tag{5-30}$$

实频特性和虚频特性为

$$u(\omega) = 1, \quad v(\omega) = T\omega \tag{5-31}$$

当 $\omega = 0$ 时, $|G(j\omega)| = 1$, $\angle G(j\omega) = 0°$;

当 $\omega = 1/T$ 时, $|G(j\omega)| = \sqrt{2}$, $\angle G(j\omega) = 45°$;

当 $\omega \to \infty$ 时, $|G(j\omega)| = 0$, $\angle G(j\omega) = 90°$。

由此可见,当 ω 从 $0 \to \infty$ 变化时, $|G(j\omega)|$ 由 $1 \to \infty$,其相位 $0° \to 90°$。一阶微分环节的 Nyquist 图始于点 $(1, j0)$,平行于虚轴,是在第一象限的一条垂线,如图 5-8 所示。

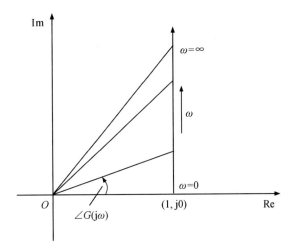

图 5-8 一阶微分环节的 Nyquist 图

6. 振荡环节

振荡环节的传递函数为

$$G(s) = \frac{\omega_n^2}{s^2 + 2\zeta\omega_n s + \omega_n^2} \quad (0 < \zeta < 1) \tag{5-32}$$

其频率特性为

$$G(j\omega) = \frac{\omega_n^2}{-\omega^2 + \omega_n^2 + j2\zeta\omega_n\omega} \tag{5-33}$$

对 $G(j\omega)$ 的分子分母同除以 ω_n^2，并令 $\lambda = \omega/\omega_n$，得

$$G(j\omega) = \frac{1}{(1-\lambda^2) + j2\zeta\lambda} = \frac{1-\lambda^2}{(1-\lambda^2) + 4\zeta^2\lambda^2} - j\frac{2\zeta\lambda}{(1-\lambda^2) + 4\zeta^2\lambda^2} \tag{5-34}$$

幅频特性和相频特性为

$$A(\omega) = |G(j\omega)| = \frac{1}{\sqrt{(1-\lambda^2)^2 + 4\zeta^2\lambda^2}} \quad \varphi(\omega) = \angle G(j\omega) = -\arctan\frac{2\zeta\lambda}{1-\lambda^2} \tag{5-35}$$

实频特性和虚频特性为

$$u(\omega) = \frac{1-\lambda^2}{(1-\lambda^2) + 4\zeta^2\lambda^2} \quad v(\omega) = \frac{2\zeta\lambda}{(1-\lambda^2) + 4\zeta^2\lambda^2} \tag{5-36}$$

当 $\lambda = 0$ 即 $\omega = 0$ 时，$|G(j\omega)| = 1$，$\angle G(j\omega) = 0°$；

当 $\lambda = 1$ 即 $\omega = \omega_n$ 时，$|G(j\omega)| = 1/2\zeta$，$\angle G(j\omega) = -90°$；

当 $\lambda \to \infty$ 即 $\omega \to \infty$ 时，$|G(j\omega)| = 0$，$\angle G(j\omega) = -180°$。

由此可见，当 ω 从 $0 \to \infty$（即 λ 由 $0 \to \infty$ 变化）时，$G(j\omega)$ 的幅值由 $1 \to 0$，其相位由 $0° \to -180°$，振荡环节的频率特性的 Nyquist 图始于点 $(1, j0)$，而终于坐标原点。曲线与虚轴的交点的频率就是无阻尼固有频率 ω_n，此时的幅值为 $1/2\zeta$，如图 5-9(a) 所示，幅值随频率的变化如图 5-9(b) 所示。

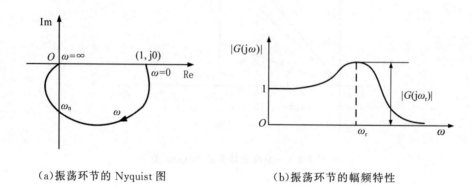

（a）振荡环节的 Nyquist 图　　　　　　（b）振荡环节的幅频特性

图 5-9　振荡环节的频率特性

由图 5-9(b) 可知，在阻尼比 ζ 较小时，在频率 ω_r 处会出现峰值，此峰值称为谐振峰值，记为 M_r，对应的频率 ω_r（或频率比 $\lambda_r = \omega_r / \omega_n$）称为谐振频率。

由最大值的特点可知，当 $\lambda = \lambda_r$ 时，有 $\left| \dfrac{\partial |G(j\omega)|}{\partial \lambda} \right|_{\lambda = \lambda_r} = 0$ 可得

$$\lambda_r = \sqrt{1 - 2\zeta^2} \tag{5-37}$$

又 $\lambda_r = \omega_r / \omega_n$，得

$$\omega_r = \omega_n \sqrt{1 - 2\zeta^2} \tag{5-38}$$

对应的谐振峰值和相位为

$$M_r = |G(j\omega_r)| = \frac{1}{2\zeta\sqrt{1-\zeta^2}} \quad \angle G(j\omega_r) = -\arctan\frac{\sqrt{1-2\zeta^2}}{\zeta} \tag{5-39}$$

当阻尼比 $\zeta \geqslant 0.707$ 时，谐振峰值不存在，阻尼比越小，谐振峰值越大，因此在设计系统时选取 $\zeta = 0.707$ 作为最佳阻尼比。ζ 取不同值时，振荡环节频率特性 $G(j\omega)$ 的 Nyquist 图形状也不同，如图 5-10 所示。

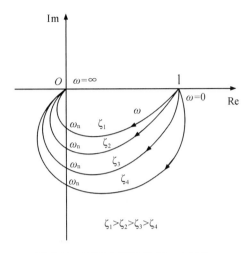

图 5-10　不同 ζ 值时的 Nyquist 图

7. 延时环节

延时环节传递函数为

$$G(s) = e^{-\tau s} \tag{5-40}$$

其频率特性为

$$G(j\omega) = e^{-j\tau\omega} = \cos\tau\omega - j\sin\tau\omega \tag{5-41}$$

幅频特性和相频特性为

$$A(\omega) = |G(j\omega)| = 1 \qquad \varphi(\omega) = \angle G(j\omega) = -\tau\omega \tag{5-42}$$

实频特性和虚频特性为

$$u(\omega) = \cos\tau\omega \qquad v(\omega) = -\sin\tau\omega \tag{5-43}$$

由此可见,延时环节的 Nyquist 图是单位圆。其幅值恒为 1,而相位 $\angle G(j\omega)$ 则沿顺时针方向随 ω 成正比变化,即端点在单位圆上无限循环,如图 5-11 所示。

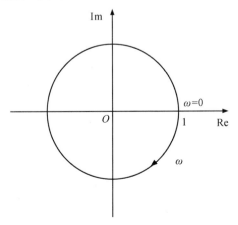

图 5-11　延时环节的 Nyquist 图

5.2.2 一般系统开环频率特性的 Nyquist 图

由典型环节的 Nyquist 图的绘制可知,一般系统开环频率特性 Nyquist 的作图方法如下。

①根据传递函数写出频率特性,即用 $j\omega$ 代替 s;

②由 $G(j\omega)$ 写出幅频特性和相频特性,必要时可写出实频特性和虚频特性;

③计算若干个特征点,如起点 $\omega=0$、终点 $\omega\to\infty$ 的幅值和相位、与实轴和虚轴的交点等;

④根据计算的不同频率的幅值和相位,确定在复数坐标系中幅值、相位变化趋势和所在的象限,画出 Nyquist 图的大致形状。

例 5-4 已知系统开环传递函数 $G(s)=\dfrac{K}{s(Ts+1)}$,试绘制其 Nyquist 图。

解:系统的开环频率特性为

$$G(j\omega)=K \cdot \frac{1}{j\omega} \cdot \frac{1}{1+jT\omega}$$

幅频特性为

$$|G(j\omega)|=\frac{K}{\omega\sqrt{1+T^2\omega^2}}$$

相频特性为

$$\angle G(j\omega)=-90°-\arctan T\omega$$

实频和虚频特性为

$$G(j\omega)=\frac{-KT}{1+T^2\omega^2}-j\frac{-K}{\omega(1+T^2\omega^2)}$$

当 $\omega=0(\omega\to0^+)$ 时, $|G(j\omega)|\to\infty$, $\angle G(j\omega)=-90°$;

当 $\omega\to\infty$ 时, $|G(j\omega)|=0$, $\angle G(j\omega)=-180°$。

由实频特性

$$u(\omega)=\text{Re}[G(j\omega)]=\frac{-KT}{1+T^2\omega^2}$$

可知,当 $\omega=0$ 时, $u(\omega)=-KT$,该开环频率特性的 Nyquist 图如图 5-12 所示。

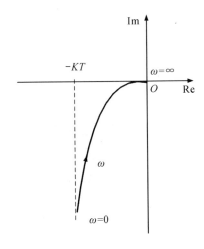

数字资源 5-4　例 5-4 Nyquist 图

图 5-12　例 5-4 的 Nyquist 图

例 5-5　已知系统开环传递函数 $G(s) = \dfrac{K}{s(T_1 s + 1)(T_2 s + 1)}$，试绘制其 Nyquist 图。

解： 系统的开环频率特性为

$$G(\mathrm{j}\omega) = K \cdot \frac{1}{\mathrm{j}\omega} \cdot \frac{1}{1 + \mathrm{j}T_1\omega} \cdot \frac{1}{1 + \mathrm{j}T_2\omega}$$

幅频特性为

$$|G(\mathrm{j}\omega)| = \frac{K}{\omega\sqrt{1 + T_1^2\omega^2}\sqrt{1 + T_2^2\omega^2}}$$

相频特性为

$$\angle G(\mathrm{j}\omega) = -90° - \arctan T_1\omega - \arctan T_2\omega$$

实频和虚频率特性为

$$G(\mathrm{j}\omega) = \frac{-K(T_1 + T_2)}{(1 + T_1^2\omega^2)(1 + T_2^2\omega^2)} - \mathrm{j}\,\frac{K(1 - T_1 T_2\omega^2)}{\omega(1 + T_1^2\omega^2)(1 + T_2^2\omega^2)}$$

当 $\omega = 0(\omega \to 0^+)$ 时，$|G(\mathrm{j}\omega)| \to \infty$，$\angle G(\mathrm{j}\omega) = -90°$；

当 $\omega \to \infty$ 时，$|G(\mathrm{j}\omega)| = 0$，$\angle G(\mathrm{j}\omega) = -270°$。

由虚频特性 $v(\omega) = \dfrac{K(1 - T_1 T_2\omega^2)}{\omega(1 + T_1^2\omega^2)(1 + T_2^2\omega^2)} = 0$

解得

$$\omega = \frac{1}{\sqrt{T_1 T_2}}$$

实频特性为

$$u(\omega) = \mathrm{Re}[G(\mathrm{j}\omega)] = \frac{-K(T_1 + T_2)}{(1 + T_1^2\omega^2)(1 + T_1^2\omega^2)}$$

当 $\omega=0$ 时，$u(\omega)=-K(T_1+T_2)$，该开环频率特性的 Nyquist 图如图 5-13 所示。

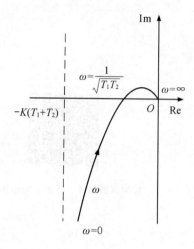

数字资源 5-5　例 5-5 Nyquist 图

图 5-13　例 5-5 的 Nyquist 图

例 5-6 已知系统开环传递函数为 $G(s)=\dfrac{K}{s^2(T_1s+1)(T_2s+1)}$，试绘制其 Nyquist 图。

解: 系统的开环频率特性为

$$G(j\omega)=\frac{K}{(j\omega)^2(1+jT_1\omega)(1+jT_2\omega)}$$

此开环频率特性由 1 个比例环节、2 个积分环节和 2 个惯性环节组成。

幅频特性为

$$|G(j\omega)|=\frac{K}{\omega^2\sqrt{1+T_1^2\omega^2}\sqrt{1+T_2^2\omega^2}}$$

相频特性为

$$\angle G(j\omega)=-180°-\arctan T_1\omega-\arctan T_2\omega$$

实频和虚频特性为

$$u(\omega)=\frac{K(1-T_1T_2\omega^2)}{-\omega^2(1+T_1^2\omega^2)(1+T_2^2\omega^2)};v(\omega)=\frac{K(T_1+T_2)}{\omega(1+T_1^2\omega^2)(1+T_2^2\omega^2)}$$

当 $\omega=0(\omega\to0^+)$ 时，$|G(j\omega)|\to\infty$，$\angle G(j\omega)=-180°$；

当 $\omega\to\infty$ 时，$|G(j\omega)|=0$，$\angle G(j\omega)=-360°$。

令 $u(\omega)=\mathrm{Re}[G(j\omega)]=0$，得

$$\omega=\frac{1}{\sqrt{T_1T_2}}$$

代入 $v(\omega)=\mathrm{Im}[G(\mathrm{j}\omega)]$,得

$$\mathrm{Im}[G(\mathrm{j}\omega)]=\frac{K(T_1 T_2)^{2/3}}{T_1+T_2}$$

即 Nyquist 曲线与正虚轴的交点。

当 $\omega\to 0$ 时,$\mathrm{Re}[G(\mathrm{j}\omega)]\to\infty$,$\mathrm{Im}[G(\mathrm{j}\omega)]\to\infty$。

而当 $\omega\to\infty$ 时,$\mathrm{Re}[G(\mathrm{j}\omega)]$、$\mathrm{Im}[G(\mathrm{j}\omega)]\to 0$,且 $\mathrm{Im}[G(\mathrm{j}\omega)]$ 始终为正值。

由此可知,频率特性在 $[G(\mathrm{j}\omega)]$ 的上半平面,开环频率特性的 Nyquist 图如图 5-14 所示。

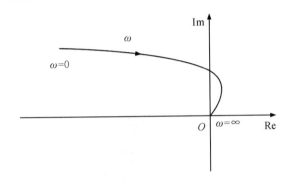

数字资源 5-6　例 5-6 Nyquist 图

图 5-14　例 5-6 的 Nyquist 图

例 5-7　已知系统开环传递函数 $G(s)=\dfrac{K(T_1 s+1)}{s(T_2 s+1)}(T_1>T_2)$,绘制其 Nyquist 图。

解:系统的频率特性为

$$G(\mathrm{j}\omega)=\frac{K(1+\mathrm{j}T_1\omega)}{\mathrm{j}\omega(1+\mathrm{j}T_2\omega)}=\frac{K(T_1-T_2)}{1+T_2^2\omega^2}-\mathrm{j}\frac{K(1+T_1 T_2\omega^2)}{\omega(1+T_2^2\omega^2)}$$

系统由比例环节、积分环节、一阶微分环节与惯性环节串联组成。

幅频特性为

$$|G(\mathrm{j}\omega)|=\frac{K}{\omega}\frac{\sqrt{1+T_1^2\omega^2}}{\sqrt{1+T_2^2\omega^2}}$$

相频特性为

$$\angle G(\mathrm{j}\omega)=\arctan T_1\omega-90°-\arctan T_2\omega$$

当 $\omega=0(\omega\to 0^+)$ 时,$|G(\mathrm{j}\omega)|\to\infty$,$\angle G(\mathrm{j}\omega)=-90°$;

当 $\omega\to\infty$ 时,$|G(\mathrm{j}\omega)|=0$,$\angle G(\mathrm{j}\omega)=-90°$。

由于 $T_1>T_2$,故 $\mathrm{Re}[G(\mathrm{j}\omega)]>0$,$\mathrm{Im}[G(\mathrm{j}\omega)]<0$。

当 $\omega=0$ 时,$u(\omega)=K(T_1-T_2)$,开环频率特性的 Nyquist 图如图 5-15(a)所示。

如果 $T_1<T_2$,则 $\mathrm{Re}[G(\mathrm{j}\omega)]<0$,$\mathrm{Im}[G(\mathrm{j}\omega)]<0$。

当 $\omega=0$ 时,$u(\omega)=K(T_1-T_2)$,开环频率特性的 Nyquist 图如图 5-15(b)所示。

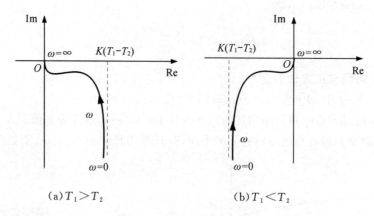

图 5-15 例 5-7 的 Nyquist 图

数字资源 5-7 例 5-7(a) Nyquist 图   **数字资源 5-8 例 5-7(b) Nyquist 图**

例 5-8 系统开环传递函数为 $G(s)=\dfrac{5}{s(s-1)}$，绘制其 Nyquist 图。

解：频率特性为

$$G(j\omega)=\frac{5}{j\omega(-1+j\omega)}$$

幅频特性为

$$|G(j\omega)|=\frac{5}{\omega\sqrt{1+\omega^2}}$$

相频特性为

$$\angle G(j\omega)=-90°-(180°-\arctan\omega)=-270°+\arctan\omega$$

当 $\omega=0(\omega\to0^+)$ 时，$|G(j\omega)|\to\infty$，$\angle G(j\omega)=-270°$；

当 $\omega\to\infty$ 时，$|G(j\omega)|=0$，$\angle G(j\omega)=-180°$。

开环频率特性的 Nyquist 图如图 5-16 所示。

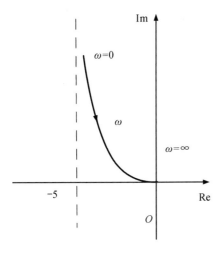

图 5-16　例 5-8 的 Nyquist 图

数字资源 5-9　例 5-8 Nyquist 图

5.3　频率特性 Bode 图

Bode 图采用半对数坐标形式,频率坐标按对数分度,幅值和相位坐标则以线性分度,如图 5-17 所示,分别绘制幅值与频率和相位与频率的关系曲线,且幅频特性和相频特性曲线上下排放,纵坐标对齐。

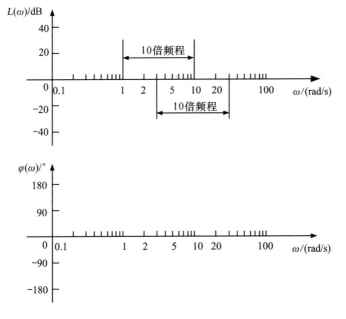

图 5-17　Bode 图坐标系

对数幅频特性曲线的纵坐标以幅值的对数乘以 20 表示,即 $L(\omega) = 20\lg|G(j\omega)| = 20\lg A(\omega)$,线性分度,单位为分贝(dB);横坐标为频率的对数 $\lg\omega$,对数分度,标注真值,单位

为弧度/秒(rad/s)。对数相频特性曲线的纵坐标为相位 $\varphi(\omega)$,线性分度,单位为度(°);横坐标为频率的对数 $\lg\omega$,对数分度,标注真值,单位为弧度/秒(rad/s),如图 5-17 所示。在线性分度中,当变量增大或减小 1 时,坐标间距离变化一个单位长度;而在对数分度中,当变量增大或减小 10 倍时,称为十倍频程(dec),如频率从 1 变化到 10,增加 10 倍,坐标间距离变化一个单位长度。

用 Bode 图表示频率特性的优点如下。

①可将串联环节幅值的乘、除,化为幅值的加、减,因而简化计算与作图过程。

②可用近似直线的渐近线方法作图。

③分别作出组成系统的各个环节频率特性的 Bode 图,然后用叠加方法得出系统总的 Bode 图,并由此可以看出各个环节对系统总特性的影响。

④横坐标非线性压缩,便于在较大频率范围内反映频率特性的变化情况。

5.3.1 典型环节的 Bode 图

1. 比例环节

比例环节的频率特性

$$G(\mathrm{j}\omega)=K$$

对数幅频特性

$$L(\omega)=20\lg|G(\mathrm{j}\omega)|=20\lg K$$

对数相频特性

$$\varphi(\omega)=\angle G(\mathrm{j}\omega)=0°$$

由此可知,比例环节频率特性的幅值和相位均不随频率 ω 变化,故其对数幅频特性为一水平线,而对数相频特性恒为 0°,图 5-18 所示为 $K=10$ 时的 Bode 图。

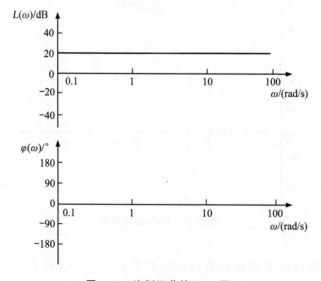

图 5-18 比例环节的 Bode 图

2. 积分环节

积分环节的频率特性

$$G(\mathrm{j}\omega)=\frac{1}{\mathrm{j}\omega}$$

对数幅频特性

$$L(\omega)=20\lg|G(\mathrm{j}\omega)|=20\lg\frac{1}{\omega}=-20\lg\omega$$

对数相频特性

$$\varphi(\omega)=\angle G(\mathrm{j}\omega)=-90°$$

当 $\omega=1$ 时，$\qquad L(\omega)=0\mathrm{dB},\varphi(\omega)=-90°$

当 $\omega=10$ 时，$\qquad L(\omega)=-20\mathrm{dB},\varphi(\omega)=-90°$

由此可见,积分环节的对数幅频特性是一条必通过($\omega=1,L(\omega)=0$)点的直线,其斜率为 $-20\ \mathrm{dB/dec}$(dec 表示 10 倍频程,即横坐标的频率由 ω 增加到 10ω),即频率每增大 10 倍,对数幅频特性下降 20dB。对数相频特性恒为一条 $-90°$ 的水平线,如图 5-19 所示。

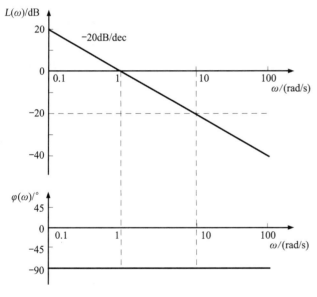

图 5-19　积分环节的 Bode 图

数字资源 5-10
积分环节 Bode 图

3. 微分环节

微分环节的频率特性

$$G(\mathrm{j}\omega)=\mathrm{j}\omega$$

对数幅频特性

$$L(\omega)=20\lg|G(\mathrm{j}\omega)|=20\lg\omega$$

对数相频特性

$$\varphi(\omega) = \angle G(\mathrm{j}\omega) = 90°$$

当 $\omega = 1$ 时，$\qquad L(\omega) = 0\mathrm{dB}, \varphi(\omega) = 90°$

当 $\omega = 10$ 时，$\qquad L(\omega) = 20\mathrm{dB}, \varphi(\omega) = 90°$

由此可见，微分环节的对数幅频特性是一条必过 $(\omega = 1, L(\omega) = 0)$ 的直线，其斜率为 20dB/dec，即频率每增大 10 倍，对数幅频特性上升 20dB。对数相频特性恒为一条 $+90°$ 的水平线，如图 5-20 所示。

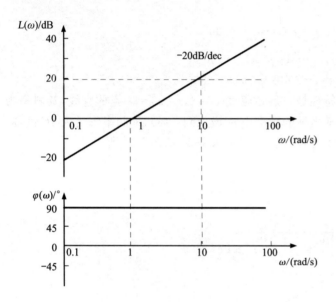

数字资源 5-11

微分环节 Bode 图

图 5-20　微分环节的 Bode 图

4. 惯性环节

惯性环节的频率特性

$$G(\mathrm{j}\omega) = \frac{1}{1 + \mathrm{j}T\omega}$$

设转折频率

$$\omega_T = \frac{1}{T}$$

则

$$G(\mathrm{j}\omega) = \frac{\omega_T}{\omega_T + \mathrm{j}\omega}$$

对数幅频特性

$$L(\omega) = 20\lg|G(\mathrm{j}\omega)| = 20\lg\omega_T - 20\lg\sqrt{\omega_T^2 + \omega^2}$$

当 $\omega \ll \omega_T$ 时，$L(\omega) \approx 0\text{dB}$，即对数幅频特性在低频段近似为 0dB 水平线，称为低频渐近线。

当 $\omega \gg \omega_T$ 时，$L(\omega) \approx 20\lg\omega_T - 20\lg\omega$，即对数幅频特性在高频段近似为斜率为 -20dB/dec 过点（$\omega = \omega_T$，$L(\omega) = 0\text{dB}$）的直线，称为高频渐近线。

用渐近线代替精确曲线会产生误差，在低频段误差为

$$e(\omega) = 20\lg\omega_T - 20\lg\sqrt{\omega_T^2 + \omega^2}$$

在高频段误差为

$$e(\omega) = 20\lg\omega - 20\lg\sqrt{\omega_T^2 + \omega^2}$$

其误差曲线如图 5-21 所示。

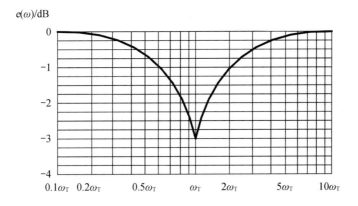

图 5-21 惯性环节误差曲线

由图 5-21 可知，低频渐近线与高频渐近线在 $\omega = \omega_T$ 处相交，在 $\omega = \omega_T$ 处误差最大，达到 -3dB。

对数相频特性

$$\varphi(\omega) = \angle G(\text{j}\omega) = -\arctan\left(\frac{\omega}{\omega_T}\right)$$

当 $\omega = 0$ 时，$\varphi(\omega) = 0°$；

当 $\omega = \omega_T$ 时，$\varphi(\omega) = -45°$；

当 $\omega = \infty$ 时，$\varphi(\omega) = -90°$。

惯性环节的对数相频特性曲线必经过点（$\omega = \omega_T$，$\varphi(\omega) = -45°$），而且关于该点中心对称。

惯性环节的 Bode 图如图 5-22 所示，对数幅频特性中，虚线为精确曲线，实线为渐近线。

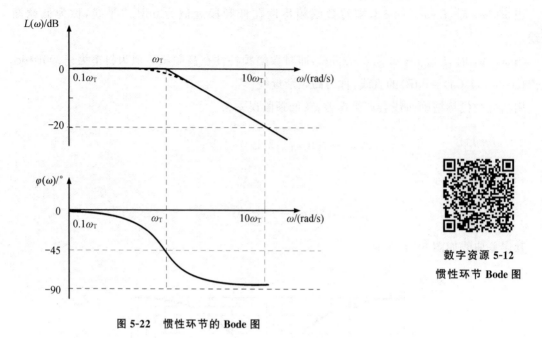

图 5-22　惯性环节的 Bode 图

数字资源 5-12
惯性环节 Bode 图

5. 一阶微分环节

一阶微分环节的频率特性为 $G(j\omega)=1+jT\omega$，与惯性环节的频率特性互为倒数。设转折频率

$$\omega_T=\frac{1}{T}$$

则

$$G(j\omega)=\frac{\omega_T+j\omega}{\omega_T}$$

对数幅频特性

$$L(\omega)=20\lg|G(j\omega)|=20\lg\sqrt{\omega_T^2+\omega^2}-20\lg\omega_T$$

对数相频特性为

$$\varphi(\omega)=\angle G(j\omega)=\arctan\omega/\omega_T$$

一阶微分环节与惯性环节相比，对数幅频特性和对数相频特性仅相差一个符号，所以一阶微分环节的对数频率特性与惯性环节的对数频率特性关于横轴对称，如图 5-23 所示。

对比积分环节与微分环节、惯性环节与一阶微分环节，可以发现，当两个环节互为倒数时，二者的对数幅频特性、对数相频特性互为相反数，从而使二者的对数幅频特性曲线及对数相频特性曲线关于横轴上下对称，该结论具有普遍性。

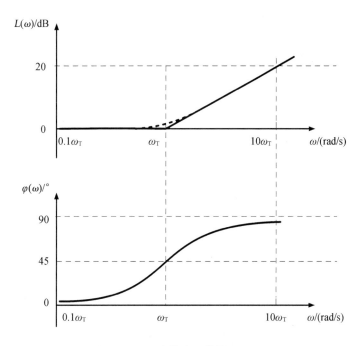

图 5-23 一阶微分环节的 Bode 图

6. 振荡环节

振荡环节的传递函数为

$$G(s) = \frac{\omega_n^2}{s^2 + 2\zeta\omega_n s + \omega_n^2} \qquad (0 < \zeta < 1)$$

其频率特性为

$$G(j\omega) = \frac{\omega_n^2}{-\omega^2 + \omega_n^2 + j2\zeta\omega_n\omega}$$

令 $\lambda = \omega/\omega_n$，得

$$G(j\omega) = \frac{1}{(1-\lambda^2) + j2\zeta\lambda} = \frac{1-\lambda^2}{(1-\lambda^2) + 4\zeta^2\lambda^2} - j\frac{2\zeta\lambda}{(1-\lambda^2) + 4\zeta^2\lambda^2}$$

幅频特性

$$|G(j\omega)| = \frac{1}{\sqrt{(1-\lambda^2)^2 + 4\zeta^2\lambda^2}}$$

对数幅频特性

$$L(\omega) = 20\lg|G(j\omega)| = -20\lg\sqrt{(1-\lambda^2)^2 + 4\zeta^2\lambda^2}$$

当 $\omega \ll \omega_n$ 时，$L(\omega) \approx 0$dB，即对数幅频特性在低频近似为 0dB 直线，称为低频渐近线。

当 $\omega \gg \omega_n$ 时，$L(\omega) = -40\lg\omega + 40\lg\omega_n$，即对数幅频特性在高频段近似为斜率等于 -40dB/dec 过 $(\omega = \omega_n, L(\omega) = 0\text{dB})$ 的直线，称为高频渐近线。

用渐近线代替精确曲线会产生误差，在低频段误差为

$$e(\lambda, \zeta) = -20\lg\sqrt{(1-\lambda^2)^2 + 4\zeta^2\lambda^2}$$

在高频段误差为

$$e(\lambda, \zeta) = 40\lg\lambda - 20\lg\sqrt{(1-\lambda^2)^2 + 4\zeta^2\lambda^2}$$

其误差曲线如图 5-24 所示。

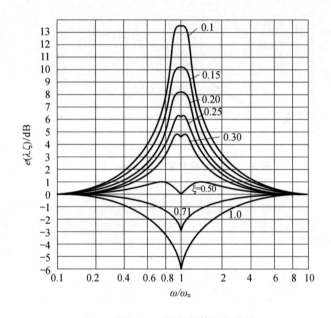

图 5-24　振荡环节误差曲线

由图 5-24 可知，低频渐进线与高频渐近线在 $\omega = \omega_n$ 处相交，此时误差最大，当 $\zeta = 0.707$ 时，最大误差为 -3dB，阻尼比越小，误差越大。

对数相频特性

$$\varphi(\omega) = \angle G(\text{j}\omega) = -\arctan\frac{2\zeta\lambda}{1-\lambda^2}$$

当 $\omega = 0$ 时，$\varphi(\omega) = 0°$；

当 $\omega = \omega_n$ 时，$\varphi(\omega) = -90°$；

当 $\omega = \infty$ 时，$\varphi(\omega) = -180°$。

振荡环节的对数相频特性曲线关于 $(\omega = \omega_n, \varphi(\omega) = -90°)$ 中心对称。

不同 ζ 下对应的 Bode 图如图 5-25 所示，图中粗实线为渐近线，细实线为精确曲线。

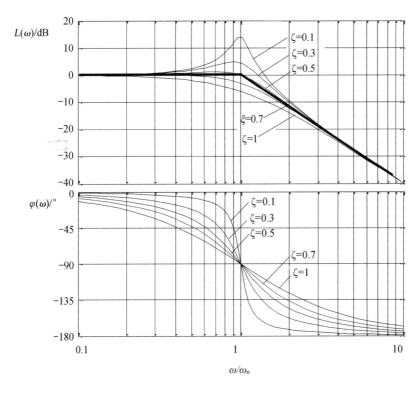

数字资源 5-13
振荡环节 Bode 图

图 5-25 振荡环节的 Bode 图

7. 延时环节

延时环节的频率特性

$$G(j\omega) = e^{-j\tau\omega}$$

对数幅频特性

$$L(\omega) = 20\lg 1 = 0$$

对数相频特性

$$\varphi(\omega) = -\tau\omega$$

对数幅频特性恒为 0dB 线,对数相频特性随 ω 的增加而线性增加,在半对数坐标轴上则是一条曲线,如图 5-26 所示。

8. 典型环节对数频率特性曲线的特点

(1)对数幅频特性曲线

比例环节的对数幅频特性曲线为一水平线,水平线的高低由开环增益 K 决定;

积分环节的对数幅频特性曲线为过点($\omega=1$,$L(\omega)=0$)、斜率为 -20dB/dec 的直线;

微分环节的对数幅频特性曲线为过点($\omega=1$,$L(\omega)=0$)、斜率为 $+20$dB/dec 的直线;

惯性环节的低频渐近线为 0dB,高频渐近线为始于点($\omega=\omega_T$,$L(\omega)=0$)、斜率为 -20dB/dec 的直线,其中 $\omega_T = \dfrac{1}{T}$;

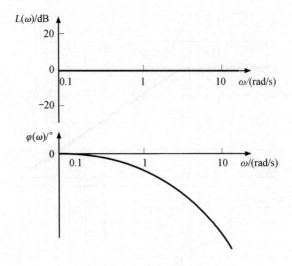

图 5-26 延时环节的 Bode 图

一阶微分环节的低频渐近线为 0dB，高频渐近线为始于点 $(\omega = \omega_T, L(\omega) = 0)$、斜率为 $+20\text{dB/dec}$ 的直线，其中 $\omega_T = \dfrac{1}{T}$；

二阶振荡环节的低频渐近线为 0dB，高频渐近线为始于点 $(\omega = \omega_n, L(\omega) = 0)$、斜率为 -40dB/dec 的直线；

二阶微分环节的低频渐近线为 0dB，高频渐近线为始于点 $(\omega = \omega_n, L(\omega) = 0)$、斜率为 $+40\text{dB/dec}$ 的直线；

典型环节的对数幅频特性曲线如图 5-27 所示。

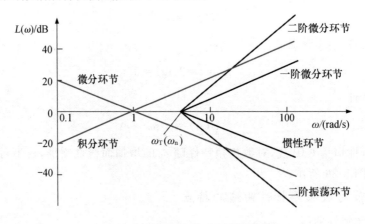

图 5-27 典型环节的对数幅频特性

（2）对数相频特性曲线

比例环节的对数相频特性曲线为 0°的水平线；

积分环节的对数相频特性曲线为 $-90°$的水平线；

微分环节的对数相频特性曲线为 $+90°$的水平线；

惯性环节的对数相频特性曲线为在 $0°\sim-90°$ 变化对称于点 $[\omega=\omega_{\mathrm{T}},\varphi(\omega)=-45°]$ 的曲线；

一阶微分环节的对数相频特性曲线为在 $0°\sim90°$ 变化对称于点 $[\omega=\omega_{\mathrm{T}},\varphi(\omega)=+45°]$ 的曲线；

二阶振荡环节的对数相频特性曲线为在 $0°\sim-180°$ 变化对称于点 $[\omega=\omega_{\mathrm{n}},\varphi(\omega)=-90°]$ 的曲线；

二阶微分环节的对数相频特性曲线为在 $0°\sim180°$ 变化对称于点 $[\omega=\omega_{\mathrm{n}},\varphi(\omega)=+90°]$ 的曲线。

典型环节的对数相频特性曲线如图 5-28 所示。

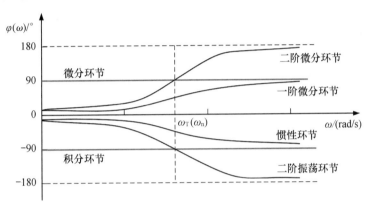

图 5-28　典型环节的对数相频特性

5.3.2　一般系统开环频率特性的 Bode 图

设控制系统开环传递函数为 $G(s)=G_1(s)G_2(s)\cdots G_n(s)$，其中 $G_1(s)$、$G_2(s)$、$\cdots$、$G_n(s)$ 为典型环节。则该系统对应的开环频率特性为

$$G(\mathrm{j}\omega)=G_1(\mathrm{j}\omega)G_2(\mathrm{j}\omega)\cdots G_n(\mathrm{j}\omega)$$

开环频率特性的指数形式为

$$A(\omega)\mathrm{e}^{\mathrm{j}\varphi(\omega)}=A_1(\omega)\mathrm{e}^{\mathrm{j}\varphi_1(\omega)}A_2(\omega)\mathrm{e}^{\mathrm{j}\varphi_2(\omega)}\cdots A_n(\omega)\mathrm{e}^{\mathrm{j}\varphi_n(\omega)}$$
$$=A_1(\omega)A_2(\omega)\cdots A_n(\omega)\mathrm{e}^{\mathrm{j}[\varphi_1(\omega)+\varphi_2(\omega)+\cdots+\varphi_n(\omega)]}$$

幅频特性和相频特性为

$$A(\omega)=A_1(\omega)A_2(\omega)\cdots A_n(\omega)$$
$$\varphi(\omega)=\varphi_1(\omega)+\varphi_2(\omega)+\cdots+\varphi_n(\omega)$$

对数幅频特性为

$$L(\omega)=20\lg A(\omega)=20\lg A_1(\omega)+20\lg A_2(\omega)+\cdots+20\lg A_n(\omega)=L_1(\omega)+L_2(\omega)+\cdots+L_n(\omega)$$

根据上述分析可得，控制系统的对数幅值等于组成它的典型环节对数幅值代数和，控制系统的相位等于组成它的典型环节相位代数和。因此系统的 Bode 图由组成系统的典型环节叠

加作图即可。

方法 1:叠加法绘制一般系统开环频率特性 Bode 图的步骤:

①将传递函数 $G(s)$ 转化为若干个典型环节传递函数的乘积形式(标准型),确定开环增益;

②由传递函数求出频率特性;

③确定各环节的转折频率,并在横坐标轴上依次标注;

④作出各环节对数幅频特性的渐近线;

⑤将各环节的对数幅频特性叠加(不包括比例环节);

⑥将叠加后的曲线垂直向上移动 $20\lg K$,得到系统对数幅频特性的渐近线;

⑦根据需要对渐近线进行修正,得出系统对数幅频特性的精确曲线;

⑧作出各环节的对数相频特性,然后叠加得到系统对数相频特性曲线;

⑨如有延时环节时,对数幅频特性不变,对数相频特性则加上 $-\tau\omega$。

方法 2:转折渐近法绘制一般系统开环频率特性 Bode 图的步骤:

①将传递函数 $G(s)$ 写成标准形式(典型环节形式),确定系统的增益 K 及型别 v;

②由传递函数求出频率特性;

③确定各典型环节的转折频率,并由小到大将其顺序标在横坐标轴上;

④过 $(\omega=1, L(\omega)=20\lg K)$ 点画一条斜率为 $-20v\mathrm{dB/dec}$ 的直线,以后遇到转折频率时按照典型环节类型改变直线斜率,即可画出幅频特性渐近线;

⑤必要时对幅频特性渐近线进行修正;

⑥相频特性绘制可计算每个转折频率的相位值,标注在相应的坐标系中,将各个计算点用光滑的曲线连接起来,即可得到近似的相频特性曲线。

⑦如需精确的相位,可通过相位计算公式进行计算,然后精确画出相频特性曲线。

例 5-9 系统开环传递函数为

$$G(s) = \frac{5(s+2)}{(s+0.5)(0.5s+1)}$$

绘制其 Bode 图。

解: 采用叠加法

(1)将 $G(s)$ 中各环节的传递函数化为标准形式(时间常数形式)

$$G(s) = \frac{10(0.5s+1)}{(2s+1)(0.025s+1)}$$

(2)系统的开环频率特性

$$G(\mathrm{j}\omega) = \frac{10(1+\mathrm{j}0.5\omega)}{(1+\mathrm{j}2\omega)(1+\mathrm{j}0.025\omega)}$$

(3)各环节的转折频率 ω_T

比例环节 $20\lg K = 20\lg 10 = 20\mathrm{dB}$

一阶微分环节 $1+\mathrm{j}0.5\omega$ 转折频率 $\omega_{\mathrm{T}_1} = \dfrac{1}{0.5} = 2$

惯性环节 $\dfrac{1}{1+\mathrm{j}2\omega}$ 转折频率 $\omega_{T_2}=\dfrac{1}{2}=0.5$

惯性环节 $\dfrac{1}{1+\mathrm{j}0.025\omega}$ 转折频率 $\omega_{T_3}=\dfrac{1}{0.025}=40$

(4)作各个典型环节的对数幅频特性渐近线如图 5-29 所示虚线。

(5)将各典型环节的对数幅频特性叠加,如图 5-29 所示虚线 a'。

(6)将 a' 曲线上移 $20\lg K=20\mathrm{dB}$,得出系统对数幅频特性渐近线,如图 5-29 所示实线 a。

(7)作各典型环节的对数相频特性,叠加后得系统的对数相频特性,如图 5-29 所示。

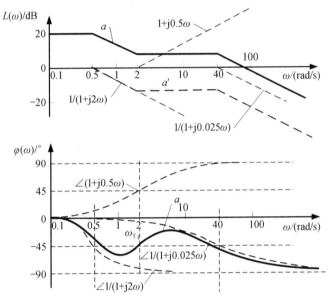

数字资源 5-14
例 5-9 系统的 Bode 图

图 5-29 例 5-9 系统的 Bode 图

采用转折渐近法

(1)将传递函数写成标准形式,确定系统的开环增益 $K=10$ 及型次 $\upsilon=0$。

(2)系统的开环频率特性

$$G(\mathrm{j}\omega)=\frac{10(1+\mathrm{j}0.5\omega)}{(1+\mathrm{j}2\omega)(1+\mathrm{j}0.025\omega)}$$

(3)各环节的转折频率 ω_T

一阶微分环节 $1+\mathrm{j}0.5\omega$ 转折频率 $\omega_{T_1}=\dfrac{1}{0.5}=2$

惯性环节 $\dfrac{1}{1+\mathrm{j}0.025\omega}$ 转折频率 $\omega_{T_2}=\dfrac{1}{0.025}=40$

惯性环节 $\dfrac{1}{1+\mathrm{j}2\omega}$ 转折频率 $\omega_{T_3}=\dfrac{1}{2}=0.5$

（4）对数幅频特性

$$20\lg K = 20\lg 10 = 20\text{dB}$$

过（$\omega=1,L(\omega)=20\lg K=20\text{dB}$）点作一条斜率为 0dB/dec 的直线（水平线）至最小转折频率 $\omega_{T_3}=0.5$ 处，在惯性环节转折频率 $\omega_{T_3}=0.5$ 处开始画斜率为 -20dB/dec 直线至转折频率 $\omega_{T_1}=2$ 处，在一阶微分环节转折频率 $\omega_{T_1}=2$ 处开始画斜率为 0dB/dec 直线至转折频率 $\omega_{T_2}=40$ 处，在惯性环节转折频率 $\omega_{T_2}=40$ 处开始画斜率为 -20dB/dec 直线，至此对数幅频特性画完，如图 5-30 所示。

（5）对数相频特性

对数相频特性为

$$\varphi(\omega)=\arctan(0.5\omega)+\arctan(2\omega)+\arctan(0.025\omega)$$

各转折频率对应的相位如表 5-1 所示。

表 5-1　各转折频率对应的相位

$\omega/(\text{rad/s})$	0	0.5	2	40	∞
$\varphi(\omega)/°$	0	-31.7	-34	-47	-90

根据表 5-1 中的数据，画出对数相频特性如图 5-30 所示。

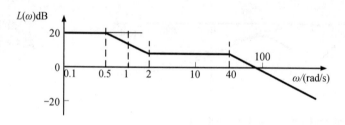

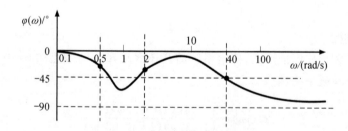

图 5-30　例 5-9 系统的 Bode 图

例 5-10　系统开环传递函数为

$$G(s)=\frac{5(s+2)}{s(s+0.5)(0.05s+2)}$$

绘制其 Bode 图。

解：采用叠加法

本题在例 5-9 的基础上增加了积分环节,与例 5-9 采用叠加法相同,相位增加$-90°$,相频特性曲线只需下移 90° 即可,幅频特性作图方法没有变化,开环频率特性 Bode 图如图 5-31 所示。

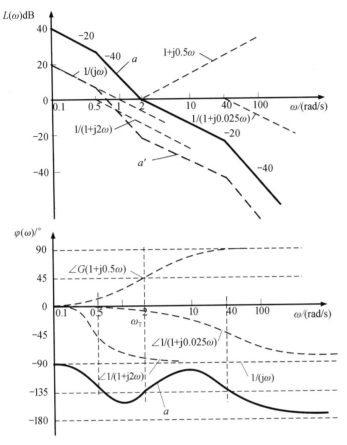

图 5-31 例 5-10 系统的 Bode 图

采用转折渐进法

(1)将传递函数写成标准形式,确定系统的开环增益 $K=10$ 及型次 $v=1$。

(2)系统的开环频率特性

$$G(j\omega)=\frac{10(1+j0.5\omega)}{j\omega(1+j2\omega)(1+j0.025\omega)}$$

(3)各环节的转折频率 ω_T

各典型环节的转折频率依次为 0.5rad/s(惯性环节),2rad/s(一阶微分环节),40rad/s(惯性环节)。

(4)对数幅频特性

先将积分环节与开环增益进行叠加,即过($\omega=1,L(\omega)=20\lg K=20$dB)点作一条斜率为$-20$dB/dec 的直线至最小转折频率 $\omega_{T_3}=0.5$ 处,辅助线如图 5-32 所示细线,其他环节画法与例 5-9 相同,对数幅频特性如图 5-32 所示。

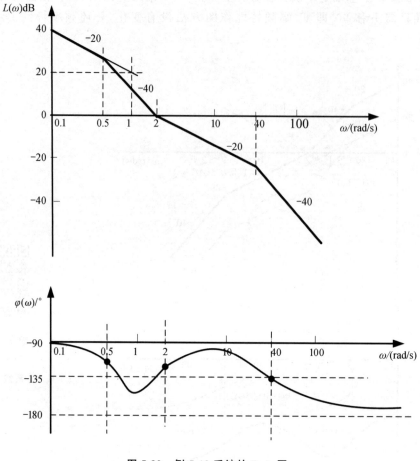

图 5-32 例 5-10 系统的 Bode 图

（5）对数相频特性

对数相频特性

$$\varphi(\omega)=\arctan0.5\omega-90°-\arctan2\omega-\arctan0.025\omega$$

与例 5-9 相比相位增加 $-90°$，因此对数相频特性形状不变，纵坐标增加 $-90°$ 即可，对数相频特性如图 5-32 所示。

5.4 最小相位系统和传递函数确定方法

5.4.1 最小相位系统

1. 最小相位系统

在复平面 $[s]$ 右半平面上没有极点和零点的传递函数称为最小相位传递函数；具有最小相位传递函数的系统称为最小相位系统。反之在 $[s]$ 右半平面有极点或零点的传递函数则称为非最小相位传递函数。具有非最小相位传递函数的系统称为非最小相位系统,如图 5-33 所示,图中,×代表极点,○代表零点。

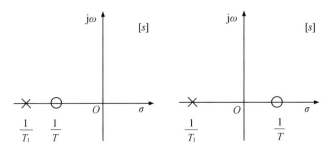

(a)最小相位系统　　　　(b)非最小相位系统

图 5-33　零极点分布

2.产生非最小相位的环节

(1)延时环节

将 $e^{-\tau s}$ 展开成幂级数,得

$$e^{-\tau s}=1-\tau s+\frac{1}{2!}\tau^2 s^2-\frac{1}{3!}\tau^3 s^3+\cdots$$

因上式中有些项的系数为负,故可因式分解为

$$(s+a)(s-b)(s+c)(\cdots)$$

式中,$a,b,c,\cdots$ 均为正值,若延时环节串联在系统中,则 $G(s)$ 的分子有正根,即延时环节使系统有零点位于 $[s]$ 平面右半平面,使系统为非最小相位系统。

(2)不稳定的一阶微分环节

不稳定一阶微分环节 $1-Ts$ 零点位于 $[s]$ 平面的右半平面。

(3)不稳定的惯性环节

不稳定惯性环节 $\dfrac{1}{1-Ts}$ 有极点位于 $[s]$ 平面的右半平面。

3.最小相位系统特点

①最小相位系统的开环传递函数的全部零、极点都位于 $[s]$ 平面的左半平面。

②幅频特性确定后,其对应的最小相位系统是唯一的。

③幅频特性相同的系统中最小相位系统的相位变化最小。

例 5-11 系统开环传递函数如下,假设 $T_1>T_2$,分别绘制其 Bode 图并分析相位变化。

$$G_1(s)=\frac{T_2 s+1}{T_1 s+1} \qquad\qquad G_2(s)=\frac{1-T_2 s}{T_1 s+1}$$

$$G_3(s)=\frac{T_2 s+1}{1-T_1 s} \qquad\qquad G_4(s)=\frac{T_2 s+1}{T_1 s+1}e^{-\tau s}$$

解:4 个传递函数都由一阶微分环节和惯性环节组成,具有相同的幅频特性,其对数幅频特性为

$$L(\omega) = 20\lg\sqrt{1+(T_2\omega)^2} - 20\lg\sqrt{1+(T_1\omega)^2}$$

惯性环节的转折频率为

$$\omega_1 = \frac{1}{T_1}$$

一阶微分环节的转折频率为

$$\omega_2 = \frac{1}{T_2}$$

对数幅频特性曲线如图 5-34 所示。

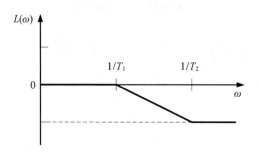

图 5-34 例 5-11 系统的对数幅频特性

4 个传递函数相频特性分别为

$\varphi_1(\omega) = \arctan T_2\omega - \arctan T_1\omega$,相位变化范围为 $0° \sim 0°$;

$\varphi_2(\omega) = -\arctan T_2\omega - \arctan T_1\omega$,相位变化范围为 $0° \sim -180°$;

$\varphi_3(\omega) = \arctan T_2\omega + \arctan T_1\omega$,相位变化范围为 $0° \sim 180°$;

$\varphi_4(\omega) = \arctan T_2\omega - \arctan T_1\omega - \tau\omega$,相位变化范围为 $0° \sim -\infty°$。

相频特性曲线如图 5-35 所示。

由图 5-35 可知,第一个传递函数相位变化最小,因此为最小相位系统。

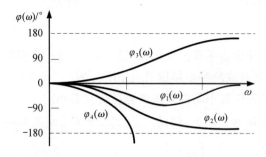

图 5-35 例 5-11 系统的对数相频特性

5.4.2 最小相位系统传递函数的确定方法

由频率特性与传递函数的关系可知,由传递函数或试验可得频率特性,由频率特性曲线也可以得到相应的传递函数,即系统辨识。

对于最小相位系统,幅频特性和相频特性之间具有确定的一一对应关系,即如果已知系统的幅频特性曲线,其相频特性曲线即可确定;反之,如果已知系统的相频特性曲线,其幅频特性曲线也可唯一确定。因此,依据最小相位系统的对数幅频特性曲线,即可确定最小相位系统的传递函数。

1.开环增益 K 确定

根据幅频特性,开环增益 K 确定方法与传递函数的型别有关。

①对于 0 型传递函数,对数幅频特性低频部分是水平直线,$20\lg K$ 与此幅值相等,即 $20\lg K = 20\lg|G(\mathrm{j}\omega)|$。

②对于 I 型系统,对数幅频特性低频部分是斜率为 $-20\mathrm{dB/dec}$ 的直线,开环增益 K 与此直线(或延长线)和零分贝线交点的频率 ω_c 相等,即 $K = \omega_c$。

③对于 II 型系统,对数幅频特性低频部分是斜率为 $-40\mathrm{dB/dec}$ 的直线,开环增益 K 与此直线(或延长线)和零分贝线交点的频率 ω_c^2 相等,即 $K = \omega_c^2$。

④根据 $20\lg K = 20\lg|G(\mathrm{j}\omega)|\big|_{\omega=1}$,通过低频段直线(或其延长线)在 $\omega = 1$ 时的幅值计算开环增益 K。

⑤根据 $20\lg K = 20\lg|G(\mathrm{j}\omega)|\big|_{\omega=1}$,通过三角形的关系和横坐标值可计算开环增益 K。

2.各典型环节传递函数的确定

根据幅频特性确定传递函数中各典型环节传递函数,关键是确定转折频率和斜率的变化,根据斜率变化时的频率确定转折频率,转折频率的倒数即是传递函数的时间常数,根据斜率变化量确定传递函数的类型。

①当斜率变化 $+20\mathrm{dB/dec}$ 时,则 ω 处有一个一阶微分环节 $Ts+1$;

②若斜率变化 $-20\mathrm{dB/dec}$ 时,则 ω 处有一个惯性环节 $1/(Ts+1)$;

③若斜率变化 $-40\mathrm{dB/dec}$ 时,则 ω 处有一个二阶振荡环节,$\omega_n^2/(s^2+2\zeta\omega_n s+\omega_n^2)$ 或一个二重惯性环节 $1/(Ts+1)^2$。

例 5-12 最小相位系统开环频率特性对数幅频特性渐近线如图 5-36 所示,试确定系统的开环传递函数。

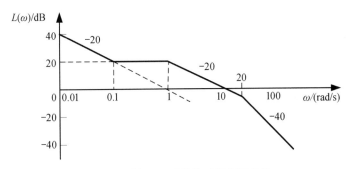

图 5-36 例 5-12 系统的对数幅频特性

控制工程基础

解：(1)开环增益确定

由图 5-36 可知,低频段幅频特性为斜率 $-20\mathrm{dB/dec}$ 的直线,属于 I 型系统,由于积分环节延长线与 0 分贝交点频率 $\omega_c=1$,所以系统的开环增益 $K=\omega_c=1$。

(2)典型环节确定

转折频率 $\omega_{\mathrm{T}_1}=0.1\mathrm{rad/s}$,由于斜率由 $-20\mathrm{dB/dec}$ 变为 $0\mathrm{dB/dec}$,因此斜率增加 $20\mathrm{dB/dec}$,所以是一阶微分环节;

转折频率 $\omega_{\mathrm{T}_2}=1\mathrm{rad/s}$,由于斜率由 $0\mathrm{dB/dec}$ 变为 $-20\mathrm{dB/dec}$,因此斜率增加 $-20\mathrm{dB/dec}$,所以是惯性环节;

转折频率 $\omega_{\mathrm{T}_3}=20\mathrm{rad/s}$,由于斜率由 $-20\mathrm{dB/dec}$ 变为 $-40\mathrm{dB/dec}$,因此斜率增加 $-20\mathrm{dB/dec}$,所以是惯性环节。

(3)开环传递函数确定

根据各环节的转折频率和开环增益,系统的开环传递函数为

$$G(s)=\frac{(10s+1)}{s(s+1)(0.05s+1)}$$

由此可见,系统由比例环节、积分环节、一阶微分环节和 2 个惯性环节组成。

例 5-13 最小相位系统开环频率特性对数幅频特性渐近线如图 5-37 所示,试确定系统的开环传递函数。

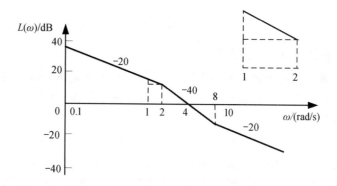

图 5-37 例 5-13 系统 Bode 图

解：(1)开环增益确定

由图 5-37 可知,低频段幅频特性为斜率 $-20\mathrm{dB/dec}$ 的直线,属于 I 型系统,可由积分环节延长线与 0 分贝交点频率确定开环增益,也可采用三角形方法确定。

采用交点频率确定开环增益方法见例 5-12,采用三角形法确定开环增益方法如下。

当 $\omega=1$ 时,$L(\omega)=20\lg K$。由图中矩形和三角形关系可知

$$L(1)=20\lg 2+40(\lg 4-\lg 2)=60\lg 2=20\lg 2^3$$

因此 $20\lg K=20\lg L(1)=20\lg 2^3 \Rightarrow K=8$

— 158 —

（2）典型环节确定

转折频率 $\omega_{T_1} = 2\text{rad/s}$，由于斜率由 -20dB/dec 变为 -40dB/dec，因此斜率增加 -20dB/dec，所以是惯性环节；

转折频率 $\omega_{T_2} = 8\text{rad/s}$，由于斜率由 -40dB/dec 变为 -20dB/dec，因此斜率增加 20dB/dec，所以是一阶微分环节。

（3）开环传递函数确定

根据各环节的转折频率和开环增益，系统的开环传递函数为

$$G(s) = \frac{8\left(\dfrac{1}{8}s+1\right)}{s\left(\dfrac{1}{2}s+1\right)} = \frac{8(0.125s+1)}{s(0.5s+1)}$$

可见，系统由比例环节、积分环节、惯性环节和一阶微分环节组成。

5.5 闭环频率特性与频域性能指标

5.5.1 闭环频率特性与开环频率特性的关系

如图 5-38 所示为典型闭环控制系统框图，其开环频率特性为

$$G_K(j\omega) = G(j\omega)H(j\omega)$$

闭环频率特性为

$$G_B(j\omega) = \frac{X_o(j\omega)}{X_i(j\omega)} = \frac{G(j\omega)}{1+G(j\omega)H(j\omega)}$$

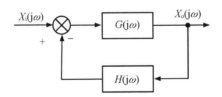

图 5-38 典型闭环控制系统框图

已知开环频率特性，即可以求出系统闭环频率特性，也可绘制出闭环频率特性。以往绘制闭环频率特性很麻烦，现在其冗繁的计算工作量可以很容易地由计算机完成，使用 MATLAB 软件即可很容易实现。

设系统为单位反馈 $H(j\omega)=1$，则闭环频率特性为

$$G_B(j\omega) = \frac{X_o(j\omega)}{X_i(j\omega)} = \frac{G_K(j\omega)}{1+G_K(j\omega)}$$

低频时，$|G_K(j\omega)| \gg 1$，则

$$|G_B(j\omega)| = \left| \frac{X_o(j\omega)}{X_i(j\omega)} \right| = \left| \frac{G_K(j\omega)}{1+G_K(j\omega)} \right| \approx 1$$

高频时，$|G_K(j\omega)| \ll 1$，则

$$|G_B(j\omega)| = \left| \frac{X_o(j\omega)}{X_i(j\omega)} \right| = \left| \frac{G_K(j\omega)}{1+G_K(j\omega)} \right| \approx |G_K(j\omega)|$$

系统开环频率特性和闭环频率特性如图 5-39 所示，一般闭环频率特性都具有低通滤波的性质。

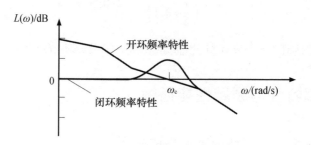

图 5-39　系统开环频率特性和闭环频率特性

由图 5-39 可知，对于一般单位反馈的最小相位系统，如果输入的是低频信号，则闭环系统的输出可以认为与输入基本相等，而闭环系统在高频的特性与开环的高频特性近似相同。

5.5.2　闭环频率特性的频域性能指标

闭环频率特性的频域性能指标是根据闭环控制系统的性能要求制定的，用闭环频率特性曲线的特征值表示，如图 5-40 所示。

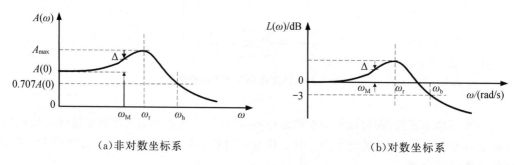

（a）非对数坐标系　　　　　　　　（b）对数坐标系

图 5-40　系统闭环幅频特性

1. 零频幅值 $A(0)$

零频幅值 $A(0)$ 表示当频率 ω 接近于零时，闭环系统输出的幅值与输入的幅值之比。

2. 复现频率 ω_M 与复现带宽 $0\sim\omega_M$

若规定 Δ 为反映低频输入信号时输出的允许误差,当幅频特性值 $A(\omega)$ 与 $A(0)$ 的差第一次达到 Δ 时的频率值 ω_M,称为复现频率。$0\sim\omega_M$ 称为复现带宽。

3. 谐振频率 ω_r 及相对谐振峰值 M_r

当幅频特性 $A(\omega)$ 出现最大值 A_{max} 时的频率 ω_r,称为谐振频率。最大值 A_{max} 与零频值 $A(0)$ 之比称为谐振峰值 M_r。

$$M_r = A_{max}(\omega)/A(0)$$

M_r 反映系统的相对平稳性,一般而言,M_r 越大,系统单位阶跃响应的超调量也越大,当 $M_r < 1.4$ 时,单位阶跃响应的最大超调量 $\sigma < 25\%$,系统具有较满意的动态性能。

谐振频率 ω_r 在一定程度上反映了系统响应的速度。ω_r 值越大,则响应速度越快。

4. 截止频率 ω_b 与截止频宽 $0\sim\omega_b$

当幅频特性 $A(\omega)$ 值由 $A(0)$ 下降到 $0.707A(0)$,或对数幅频特性由对数零幅频值 $20\lg A(0)$ 下降 $-3\mathrm{dB}$ 时对应的频率 ω_b,称为系统的截止频率。频率 $0\sim\omega_b$ 的范围称为系统的截止频宽或频宽。

对系统响应的快速性而言,频宽越大,响应的快速性越好,即过渡过程的响应时间越短。

例 5-14　单位反馈控制系统开环传递函数为

$$G_K(s) = \frac{300}{s(s+20)(s+5)}$$

试分析闭环系统的频域性能。

解:开环频率特性为

$$G_K(j\omega) = \frac{300}{j\omega(20+j\omega)(5+j\omega)}$$

闭环频率特性为

$$G_B(j\omega) = \frac{300}{j\omega(20+j\omega)(5+j\omega)+300} = \frac{300}{300-25\omega^2+j(100\omega-\omega^3)}$$

闭环幅频特性为

$$A_B(\omega) = \frac{300}{\sqrt{(300-25\omega^2)^2+(100\omega-\omega^3)^2}}$$

闭环相频特性为　　　　$$\varphi_B(\omega) = -\arctan\frac{100\omega-\omega^3}{300-25\omega^2}$$

显然不能采用开环频率特性 Bode 图绘制方法,但可采用 MATLAB 软件绘制闭环幅频特性,如图 5-41 所示。

由图 5-41 可知,闭环系统的零频幅值 $A(0)=0\mathrm{dB}=1$,谐振频率 $\omega_r=2.26\mathrm{rad/s}$ 及相对谐振峰值 $M_r=0.474\mathrm{dB}=1.09$,截止频率 $\omega_b=4.54\mathrm{rad/s}$。

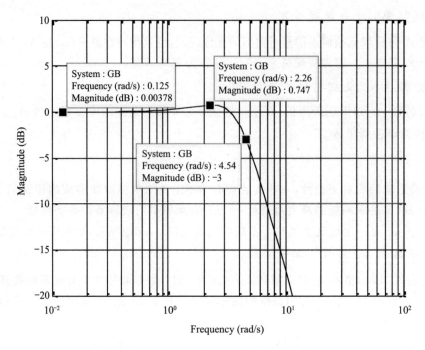

图 5-41　例 5-14 控制系统闭环幅频特性

习题

5.1　什么是频率特性？频率特性与频率响应的关系是什么？

5.2　由质量、弹簧、阻尼组成的机械系统如图 5-42 所示，已知 $m=1\text{kg}$，k 为弹簧的刚度，c 为阻尼系数。若外力 $f(t)=2\sin 2t$ N，由实验得到系统稳态响应为 $x_{os}(t)=\sin\left(2t-\dfrac{\pi}{2}\right)$。试确定 k 和 c。

5.3　已知系统的单位阶跃响应为 $x_o(t)=1-1.8\mathrm{e}^{-4t}+0.8\mathrm{e}^{-9t}$ $(t\geqslant 0)$，试求系统的幅频特性和相频特性。

5.4　试求下列系统的幅频、相频、实频和虚频特性 $A(\omega),\varphi(\omega),u(\omega),v(\omega)$。

$(1)G(s)=\dfrac{5}{20s+1}$；

$(2)G(s)=\dfrac{1}{s(0.1s+1)}$；

$(3)G(s)=\dfrac{2(5s+4)}{s(3s+1)(10s+2)}$。

5.5　设系统的传递函数为

$$G_B(s)=\dfrac{10(s+5)}{(s+1)(s+10)}$$

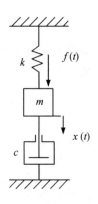

图 5-42　机械系统

当作用输入信号幅值为 2，频率为 5Hz 时，试求该系统的频率响应和频率特性。

5.6 设单位负反馈控制系统的开环传递函数为

$$G_{\mathrm{K}}(s)=\frac{10}{s+5}$$

当系统作用以下输入信号时，试求系统的频率响应。

(1) $x_{\mathrm{i}}(t)=2\sin(t+10°)$；

(2) $x_{\mathrm{i}}(t)=2\cos(2t-30°)$；

(3) $x_{\mathrm{i}}(t)=2\sin(t+10°)-\cos(2t-30°)$。

5.7 绘制下列开环传递函数的 Nyquist 图。

(1) $G(s)=\dfrac{1}{0.01s+1}$；

(2) $G(s)=\dfrac{1}{1-0.01s}$；

(3) $G(s)=\dfrac{1}{0.01s-1}$；

(4) $G(s)=\dfrac{1}{s(0.01s+1)}$；

(5) $G(s)=\dfrac{1}{0.01s^2+0.1s+1}$；

(6) $G(s)=\dfrac{1}{(1+0.5s)(1+2s)}$；

(7) $G(s)=\dfrac{1}{s(1+0.5s)(1+0.1s)}$；

(8) $G(s)=\dfrac{50(0.6s+1)}{s^2(4s+1)}$；

(9) $G(s)=10\mathrm{e}^{-0.1s}$。

5.8 绘制下列开环传递函数的 Bode 图。

(1) $G(s)=\dfrac{1}{0.2s+1}$；

(2) $G(s)=\dfrac{1}{1-0.2s}$；

(3) $G(s)=\dfrac{2.5(s+10)}{s^2(0.2s+1)}$；

(4) $G(s)=\dfrac{10(0.02s+1)(s+1)}{s(s^2+4s+100)}$；

(5) $G(s)=\dfrac{650s^2}{(0.04s+1)(0.4s+1)}$；

(6) $G(s)=\dfrac{20(s+5)(s+40)}{9(s+0.1)(s+20)^2}$。

5.9 图 5-43 所示为最小相位系统的开环对数幅频特性 Bode 图,试写出其传递函数。

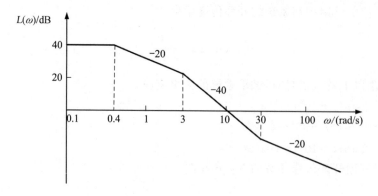

图 5-43 开环系统幅频特性

5.10 图 5-44 所示为由 MATLAB 软件绘制的最小相位系统的开环对数幅频特性 Bode 图,试写出其传递函数。

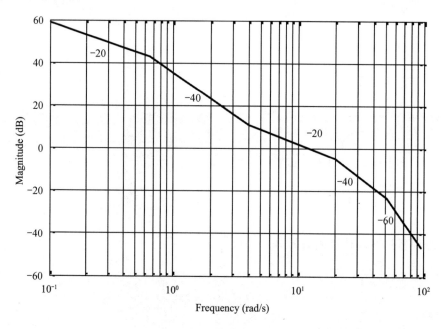

图 5-44 开环系统幅频特性

第6章 控制系统稳定性分析

系统的稳定性是指系统在受到干扰作用偏离平衡位置后,是否能重新恢复到平衡状态的能力。稳定是控制系统能够运行的首要条件,因此,只有当动态过程收敛时,研究系统的动态性能才有意义。

研究科学问题的基本科学方法论为大道至简,需要利用各种理论工具充分简化问题。劳斯于 1877 年提出的稳定性判据能够判定一个多项式方程中是否存在位于复平面右半平面的根,而不必求解方程,为系统的稳定性判断带来了极大的便利。Nyquist 稳定判据是贝尔实验室的瑞典裔美国电气工程师哈里·奈奎斯特于 1932 年发现,用于确定动态系统稳定性的一种图形方法,只需绘制对应开环系统的奈奎斯特图,可以不必准确计算闭环或开环系统的零极点就可以判断闭环系统稳定性。Bode 图是由贝尔实验室的亨德里克·韦德·波德在 1940 年发明的,是在 Nyquist 稳定判据基础上的推广,称为 Bode 稳定判据。

本章主要介绍控制系统稳定性的定义与控制系统稳定的条件、控制系统 Routh 稳定判据、Nyquist 稳定判据、Bode 稳定判据以及控制系统的相对稳定性。

6.1 控制系统稳定性概述

6.1.1 控制系统稳定性的定义

图 6-1 所示为小球在凹型槽和凸型堆上的运动和平衡。当小球处于凹型槽时,借助外力使其偏离平衡位置一定距离后,由于空气阻力和机械结构摩擦力的影响,它会很快恢复到平衡位置,也是最终位置,如图 6-1(a)所示。而小球在凸型堆上的情况则不然,一旦受到外力作用偏离平衡位置,便无法恢复到平衡位置,而停止到最终位置,如图 6-1(b)所示。

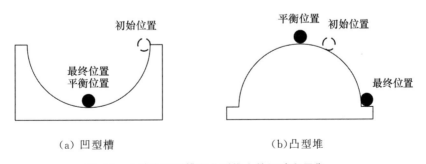

（a）凹型槽　　　　　　　　　　（b）凸型堆

图 6-1 小球在凹型槽和凸型堆上的运动和平衡

稳定的控制系统就像在凹型槽中的小球一样,具有恢复到平衡状态的能力。而像在凸型堆上的小球,自身不能恢复到平衡位置,需借外力才能恢复到平衡位置的控制系统,则属于不稳定系统,在一定的条件下,凸型堆上的小球在干扰作用后也可以恢复到平衡位置,因此是有条件的稳定。

控制系统的稳定性是指控制系统在受到干扰作用偏离平衡位置后,是否能重新恢复到平衡状态的能力。当干扰消除后,若控制系统在一定时间内能恢复到其原来的平衡状态,即过渡过程收敛,输出幅值越来越小,则控制系统是稳定的;反之,若控制系统对干扰的瞬态响应随时间的推移而不断扩大或发生持续振荡,即过渡过程发散,输出幅值越来越大或不变,则是不稳定的,如图 6-2 所示。

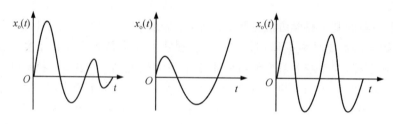

(a)幅值衰减稳定系统　　(b)幅值增大不稳定系统　　(c)幅值不变不稳定系统

图 6-2　控制系统的稳定性

稳定性是控制系统自身的固有特性,取决于控制系统本身的结构与参数,与输入信号类型、大小无关。对于线性定常系统来说,控制系统是否稳定与初始偏差的大小无关。

控制系统稳定性定义:若控制系统在初始状态(无论是无输入时的初态,还是由输入引起的初态,还是两者之和)的影响下,由它所引起的系统时间响应随着时间推移,逐渐衰减并趋于稳态值(即回到平衡位置),则称该系统是稳定的。反之,若在初始状态下,由它所引起的系统时间响应随时间推移而发散(即偏离平衡位置越来越远),则称该系统是不稳定的。

6.1.2　控制系统稳定的充要条件

根据稳定性定义,若对线性定常控制系统在初始状态为零时输入单位脉冲函数,相当于干扰信号的作用。当单位脉冲响应随时间的推移趋于零时,则系统稳定,否则系统不稳定。

设线性定常系统的闭环传递函数为

$$G_B(s) = \frac{b_m s^m + b_{m-1} s^{m-1} + \cdots + b_1 s^1 + b_0}{a_n s^n + a_{n-1} s^{n-1} + \cdots + a_1 s^1 + a_0} \tag{6-1}$$

其特征方程为

$$D(s) = a_n s^n + a_{n-1} s^{n-1} + \cdots + a_1 s^1 + a_0 = 0$$

设特征方程有 n 个特征根,其中有 n_1 个实数根,n_2 对共轭复数根,$n = n_1 + 2n_2$。

系统单位脉冲响应为

$$w(t) = L^{-1}[G_B(s)] = \sum_{i=1}^{n_1} A_i e^{s_i t} + \sum_{i=1}^{n_2} e^{\sigma_i t} (B\cos\omega_i t + C_i \sin\omega_i t) \tag{6-2}$$

由此可见，只有当实数根 s_i 和共轭复数根 $\sigma_i + j\omega_i$ 的实部 σ_i 都具有负实部时，$\lim\limits_{t \to \infty} w(t) = 0$。

综上所述，控制系统稳定的充要条件：控制系统的全部特征根都具有负实部，即系统闭环传递函数的全部极点均位于 $[s]$ 平面的左半平面，则系统稳定；反之，若特征根有一个或以上具有正实部，即系统闭环传递函数的极点有一个或以上位于 $[s]$ 平面的右半平面，则系统不稳定；若有部分特征根为纯虚根，其余特征根都具有负实部，即有部分极点位于虚轴上，其余极点均位于 $[s]$ 平面的左半平面，则系统临界稳定。

判别控制系统的稳定性的方法很多，但是无论是哪种稳定性判定方法的依据都是系统特征方程的特征根是否具有负实部，即系统的极点是否位于 $[s]$ 平面的左半平面。最直接的方法就是直接计算出系统的所有特征根，但这样的计算对高阶系统烦琐且复杂，尤其是计算机出现之前一般很少采用；计算机出现之后应用 MATLAB 软件也可计算高阶系统的特征根，但科学家们解决问题的思路与方法值得我们借鉴。应用较多的是代数稳定判据——Routh 稳定判据，频率稳定判据——Nyquist 稳定判据和 Bode 稳定判据。

6.2 控制系统 Routh 稳定判据

线性定常系统稳定条件是特征方程的根具有负实部，因此，要判断其稳定性，就要求解系统特征方程的根。当特征方程的阶次较高时，求解困难，计算工作将十分复杂。因此，在实践中人们需要一种能避开对特征方程的直接求解，就能看出系统特征根在 $[s]$ 平面的分布状况，并以此判断系统的稳定性，这样就产生了一系列稳定性判据。

劳斯(Routh)稳定判据也称代数稳定判据，是基于特征方程系数与特征根的关系建立的。劳斯稳定判据通过对系统特征方程的各项系数进行代数运算，得出全部特征根具有负实部的条件，以此判断系统的稳定性。

6.2.1 Routh 稳定判据的必要条件

系统特征方程为

$$D(s) = a_n s^n + a_{n-1} s^{n-1} + \cdots + a_1 s^1 + a_0 = 0 \tag{6-3}$$

将式(6-3)各项同除以 a_n 得

$$s^n + \frac{a_{n-1}}{a_n} s^{n-1} + \cdots + \frac{a_1}{a_n} s + \frac{a_0}{a_n} = 0 \tag{6-4}$$

将式(6-4)左边因式分解，得

$$s^n + \frac{a_{n-1}}{a_n} s^{n-1} + \cdots + \frac{a_1}{a_n} s + \frac{a_0}{a_n} = (s - s_1)(s - s_2) \cdots (s - s_n) \tag{6-5}$$

式中，$s_1, s_2, \cdots, s_n$——系统的特征根。

式(6-5)右边展开，得

$$s^n + \frac{a_{n-1}}{a_n} s^{n-1} + \cdots + \frac{a_1}{a_n} s + \frac{a_0}{a_n} = s^n - \left(\sum_{i=1}^{n} s_i\right) s^{n-1} + \left(\sum_{\substack{i=1, j=2 \\ i<j}}^{n} s_i s_j\right) s^{n-2} - \cdots + (-1)^n \prod_{i=1}^{n} s_i$$

$$\tag{6-6}$$

由式(6-6)可知特征方程系数与特征根的关系为

$$\frac{a_{n-1}}{a_n} = -\sum_{i=1}^{n} s_i$$

$$\frac{a_{n-2}}{a_n} = -\sum_{\substack{i=1,j=2 \\ i<j}}^{n} s_i s_j \qquad (6\text{-}7)$$

$$\vdots$$

$$\frac{a_0}{a_n} = (-1)^n \prod_{i=1}^{n} s_i$$

由式(6-7)可知,要使特征方程全部特征根均具有负实部,必须满足以下 2 个条件,即 Routh 稳定判据的必要条件。

①特征方程的各项系数 a_i 都不为零。因为若有一系数为零,则必出现实部为零的特征根或实部有正有负的特征根,此时系统为临界稳定或不稳定。

②特征方程的各项系数 a_i 的符号都相同。

按照惯例,a_i 一般为正值,所以上述 2 个条件可以归纳为系统稳定的一个必要条件,所有特征方程的各项系数都大于 0,即 $a_n>0,a_{n-1}>0,\cdots,a_1>0,a_0>0$。但这只是一个必要条件,如果不满足此必要条件,系统一定不稳定;如果系统满足这个必要条件,系统仍可能不稳定,即系统稳定性还需要充要条件进一步判断。

6.2.2　Routh 稳定判据的充要条件

系统的特征方程为

$$D(s)=a_n s^n + a_{n-1}s^{n-1} + \cdots + a_1 s^1 + a_0 = 0$$

式中,所有系数 $a_i(i=n,n-1,\cdots,1,0)$ 均为正值,即特征方程不缺项,满足稳定性的必要条件,将上式的系数排成下面形式。

在第一行和第二行的基础上,计算第三行,在第二行和第三行的基础上计算第四行,依次计算,直到 s^0 行为止,得到 $n+1$ 行的表格,称为劳斯表。

s^n	a_n	a_{n-2}	a_{n-4}	a_{n-6}	$\cdots$
s^{n-1}	a_{n-1}	a_{n-3}	a_{n-5}	a_{n-7}	$\cdots$
s^{n-2}	A_1	A_2	A_3	A_4	$\cdots$
s^{n-3}	B_1	B_2	B_3	B_4	$\cdots$
$\vdots$	$\vdots$	$\vdots$	$\vdots$	$\vdots$	$\vdots$
s^2	D_1	D_2			
s^1	E_1				
s^0	F_1				

式中,系数 $A_1,A_2,A_3,A_4,\cdots,B_1,B_2,B_3,B_4,\cdots,D_1,D_2,E_1,F_1$ 根据公式(6-8)计算。

$$A_1 = \frac{-\begin{vmatrix} a_n & a_{n-2} \\ a_{n-1} & a_{n-3} \end{vmatrix}}{a_{n-1}} = \frac{a_{n-1}a_{n-2} - a_n a_{n-3}}{a_{n-1}}$$

$$A_2 = \frac{-\begin{vmatrix} a_n & a_{n-4} \\ a_{n-1} & a_{n-5} \end{vmatrix}}{a_{n-1}} = \frac{a_{n-1}a_{n-4} - a_n a_{n-5}}{a_{n-1}}$$

$$A_3 = \frac{-\begin{vmatrix} a_n & a_{n-6} \\ a_{n-1} & a_{n-7} \end{vmatrix}}{a_{n-1}} = \frac{a_{n-1}a_{n-6} - a_n a_{n-7}}{a_{n-1}}$$

$$\vdots$$

$$B_1 = \frac{-\begin{vmatrix} a_{n-1} & a_{n-3} \\ A_1 & A_2 \end{vmatrix}}{A_1} = \frac{A_1 a_{n-3} - a_{n-1} A_2}{A_1}$$

$$B_2 = \frac{-\begin{vmatrix} a_{n-1} & a_{n-5} \\ A_1 & A_3 \end{vmatrix}}{A_1} = \frac{A_1 a_{n-5} - a_{n-1} A_3}{A_1}$$

$$\vdots \tag{6-8}$$

劳斯表中,每一行的元素计算到零为止,系数的完整阵列呈现为三角形。在展开的阵列中,为简化其后的数值计算,可用一个正整数去除或乘某一整行,这并不改变稳定性结论。

Routh 稳定判据的充要条件:Routh 表中第一列各值符号均为正,且值不为零。

如果 Routh 表第一列数值都为正值,则闭环特征方程所有特征根都具有负实部,闭环系统稳定;如果 Routh 表第一列出现小于零的数值,则系统不稳定,且第一列各数值符号的改变次数,等于特征方程的具有正实部根的个数;如果 Routh 表第一列出现等于零,且其他数值为正值,则闭环系统临界稳定或不稳定。

对于阶次较低的系统,Routh 稳定判据可以简化。

①二阶系统($n=2$)稳定的充要条件为

$$a_2 > 0, \quad a_1 > 0, \quad a_0 > 0$$

②三阶系统($n=3$)稳定的充要条件为

$$a_3 > 0, \quad a_2 > 0, \quad a_1 > 0, \quad a_0 > 0, \quad a_1 a_2 - a_0 a_3 > 0$$

例 6-1 系统的特征方程为

$$D(s) = s^4 + s^3 - 28s^2 + 20s + 48 = 0, \quad \text{判定闭环系统稳定性。}$$

解:特征方程的系数符号不同,因此,不满足系统稳定的必要条件,系统不稳定。无须用 Routh 表判断其稳定性,但是应用 Routh 表可以确切知道其具有正实部特征根的个数。

建立 Routh 表

$$
\begin{array}{c|ccc}
s^4 & 1 & -28 & 48 \\
s^3 & 1 & 20 & 0 \\
s^2 & -48 & 48 & 0 \\
s^1 & 21 & 0 & 0 \\
s^0 & 48 & 0 & 0
\end{array}
$$

数字资源 6-1
例 6-1 求特征根

由劳斯表可知,第一列数值符号改变 2 次,根据 Routh 稳定判据可知闭环系统不稳定,并且系统有 2 个具有正实部的特征根。通过 MATLAB 运算可得其 4 个特征根分别为 -1,2,4,-6,其中有 2 个特征根实部为正,与劳斯稳定判据的结论一致。

例 6-2 已知系统的特征方程为

$$D(s)=2s^4+2s^3+8s^2+3s+2=0, \quad 判定闭环系统的稳定性。$$

解: 由于特征方程系数都大于 0,满足必要条件,闭环系统是否稳定需要根据充要条件判断,因此建立 Routh 表。

$$
\begin{array}{c|ccc}
s^4 & 2 & 8 & 2 \\
s^3 & 2 & 3 & 0 \\
s^2 & \dfrac{2\times8-2\times3}{2}=5 & 2 & 0 \\
s^1 & \dfrac{5\times3-2\times2}{5}=\dfrac{11}{5} & 0 & 0 \\
s^0 & 2 & 0 & 0
\end{array}
$$

数字资源 6-2
例 6-2 求特征根

由劳斯表可知,第一列数值的符号没有改变,都是正值,根据 Routh 稳定判据可知闭环系统稳定。通过 MATLAB 运算可得特征根为 $-0.3099\pm1.8387j$,$-0.1901\pm0.5015j$,4 个特征根都具有负实部。

例 6-3 系统的特征方程为

$$D(s)=s^4+5s^3+8s^2+16s+20=0, \quad 判定闭环系统稳定性。$$

解: 由于特征方程系数都大于 0,满足必要条件,闭环系统是否稳定需要根据充要条件判断,因此建立 Routh 表。

$$
\begin{array}{c|ccc}
s^4 & 1 & 8 & 20 \\
s^3 & 5 & 16 & 0 \\
s^2 & \dfrac{5\times8-16}{5}=4.8 & 20 & 0 \\
s^1 & \dfrac{4.8\times16-5\times20}{4.8}=-4.83 & 0 & 0 \\
s^0 & 20 & 0 & 0
\end{array}
$$

数字资源 6-3
例 6-3 求特征根

由劳斯表可知,第一列数值符号改变两次,根据 Routh 稳定判据可知闭环系统不稳定,并且有 2 个特征根在 $[s]$ 平面的右半平面。通过 MATLAB 运算可得特征根为 -3.5770,-1.6766,$0.1268\pm1.8218j$,确实有 2 个特征根具有正实部。

例 6-4　当 K 为何值时,图 6-3 所示的控制系统稳定。

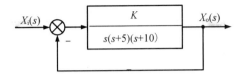

图 6-3　例 6-4 系统控制框图

解:系统的闭环传递函数为

$$G_B(s) = \frac{X_o(s)}{X_i(s)} = \frac{K}{s(s+5)(s+10)+K}$$

系统的特征方程为

$$D(s) = s^3 + 15s^2 + 50s + K = 0$$

建立 Routh 表

$$
\begin{array}{c|cc}
s^3 & 1 & 50 \\
s^2 & 15 & K \\
s^1 & \dfrac{750-K}{15} & 0 \\
s^0 & K & 0
\end{array}
$$

根据 Routh 稳定判据的充要条件可知

$$\begin{cases} 750-K>0 & K<750 \\ K>0 & K>0 \end{cases}$$

所以使闭环系统稳定的 K 取值范围为 $0<K<750$。

例 6-5　如图 6-4 所示,已知 $\zeta=0.4$,$\omega_n=80\mathrm{rad/s}$,试确定 K 取何值时,能够使闭环系统稳定。

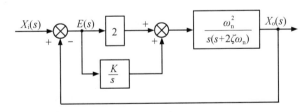

图 6-4　例 6-5 系统控制框图

解:由图 6-4 可得系统的开环传递函数为

$$G_K(s) = \frac{X_o(s)}{E(s)} = \frac{\omega_n^2(2s+K)}{s^2(s+2\zeta\omega_n)}$$

系统的闭环传递函数为

$$G_\mathrm{B}(s)=\frac{X_\mathrm{o}(s)}{X_\mathrm{i}(s)}=\frac{\omega_\mathrm{n}^2(2s+K)}{s^3+2\zeta\omega_\mathrm{n}s^2+2\omega_\mathrm{n}^2s+K\omega_\mathrm{n}^2}$$

系统的闭环传递函数特征方程为

$$D(s)=s^3+2\zeta\omega_\mathrm{n}s^2+2\omega_\mathrm{n}^2s+K\omega_\mathrm{n}^2=0$$

将已知参数 ζ 及 ω_n 的数值代入上式,得

$$D(s)=s^3+64s^2+12800s+6400K=0$$

建立 Routh 表

s^3	1	12800	0
s^2	64	6400K	0
s^1	$\dfrac{64\times12800-6400K}{64}$	0	0
s^0	6400K		

根据 Routh 稳定判据的充要条件可知

$$\begin{cases}6400K>0\\ \dfrac{64\times12800-6400K}{64}>0\end{cases}\Rightarrow 0<K<128$$

因此,当 $0<K<128$ 时,闭环系统稳定。

6.2.3 Routh 稳定判据的特殊情况

1. Routh 表中任意一行的第一个数值为零

如果在 Routh 表中任意一行的第一个数值为零,而其后各数值并不为零,则在计算下一行第一个数值时,该数值必将趋于无穷,于是将无法进行 Routh 表的计算。为了解决这一难题,可以用一个很小的正数 ε 代替第一列等于零的数值,然后继续计算其他各个数值。

例 6-6 设系统特征方程为

$$D(s)=s^4+2s^3+s^2+2s+1=0,\quad 试用 Routh 稳定判据判别闭环系统的稳定性。$$

解:建立 Routh 表

s^4	1	1	1
s^3	2	2	0
s^2	$0\approx\varepsilon$	1	
s^1	$2-\dfrac{2}{\varepsilon}$		
s^0	1		

数字资源 6-4
例 6-6 求特征根

由于 ε 是一个很小的正数，s^1 行第一列数值为负值，因此第一列数值符号改变 2 次，由 Routh 稳定判据可知闭环系统不稳定，而且有 2 个具有正实部的根。通过 MATLAB 运算可得特征根为 -1.8832，$0.2071 \pm 0.9783\mathrm{j}$，$-0.5310$，证实有 2 个具有正实部的特征根。

2. Routh 表的任意一行中的所有数值均为零

如果当 Routh 表的任意一行中的所有数值均为零时，系统的特征根中或存在 2 个符号相异、绝对值相同的实根；或存在一对共轭虚根；或上述两种类型的根同时存在；或存在一对共轭复数根。在这种情况下，可利用该行的上一行数值构成一个辅助多项式，并用这个多项式微分的系数代替数值为零行的数值。这样，Routh 表中其余各行数值的计算继续进行。这些数值相同、符号相异的成对特征根，可通过解辅助多项式构成的辅助方程得到。

例 6-7 已知系统的特征方程为

$D(s)=s^6+2s^5+7s^4+12s^3+14s^2+16s+8=0$，用 Routh 稳定判据判别闭环系统的稳定性。

解： 建立 Routh 表

$$
\begin{array}{c|cccc}
s^6 & 1 & 7 & 14 & 8 \\
s^5 & 2 & 12 & 16 & 0 \\
s^4 & 1 & 6 & 8 & 0 \quad \rightarrow \quad F(s)=s^4+6s^2+8 \\
s^3 & 0 & 0 & & \quad \leftarrow \quad F'(s)=4s^3+12s \\
s^3 & 4 & 12 & \\
s^2 & 3 & 8 & \\
s^1 & \dfrac{4}{3} & & \\
s^0 & 8 & &
\end{array}
$$

数字资源 6-5
例 6-7 求特征根

Routh 表中 s^3 行数值均为 0，由上一行 s^4 数值建立辅助多项式

$$F(s)=s^4+6s^2+8$$

对辅助多项式微分得

$$F'(s)=4s^3+12s$$

由该方程系数代替 s^3 行的数值，继续计算完成 Routh 表。

由 Routh 表可知，第一列数值均为正值，系统没有正实部特征根，根据 Routh 稳定判据可知闭环系统临界稳定。由于 Routh 表出现全零行，说明系统在虚轴上有共轭虚根，通过辅助多项式构成的辅助方程，可得到共轭虚根。

辅助方程为

$$s^4+6s^2+8=0$$

解得特征根分别为 $s_{1,2}=\pm\sqrt{2}\,\mathrm{j}$，$s_{3,4}=\pm2\mathrm{j}$，是两对共轭虚根，可见，系统处于临界稳定状态。

例 6-8 已知系统的特征方程为

$D(s)=s^5+2s^4+2s^3+4s^2+4s+8=0$，用 Routh 稳定判据判别闭环系统的稳定性。

控制工程基础

解:建立 Routh 表

$$
\begin{array}{c|ccc}
s^5 & 1 & 2 & 4 \\
s^4 & 2 & 4 & 8 \quad \rightarrow F(s)=2s^4+4s^2+8 \\
s^3 & 0 & 0 & 0 \quad \leftarrow F'(s)=8s^3+8s \\
s^3 & 8 & 8 & 0 \\
s^2 & 2 & 8 & 0 \\
s^1 & -24 & 0 & \\
s^0 & 8 & &
\end{array}
$$

数字资源 6-6
例 6-8 求特征根

由 Routh 表可知,第一列数值有 2 次符号变化,因此闭环系统不稳定,通过 MATLAB 运算可得特征根为 $-2.0, 0.7071\pm1.2247j, -0.7071\pm1.2247j$,确实有 2 个正实部特征根。

6.3 控制系统 Nyquist 稳定判据

Routh 稳定性判据是基于特征根与特征方程系数之间关系建立的代数判据,它的优点是对开环或闭环系统均适用,但缺点是无法知道系统稳定或不稳定的程度,也难以知道系统中各个参数对系统稳定性的影响。奈奎斯特(Nyquist)稳定性判据仍是以系统稳定条件——系统的特征根全部具有负实部为基础建立的,但是**Nyquist 稳定性判据是根据开环频率特性曲线判别闭环系统的稳定性**。它不仅能判断系统是否稳定,还能找到使系统变得更稳定的方法。

6.3.1 幅角原理

如果复变函数 $F(s)$ 在点 s_0 及其邻域内处处可导,那么 $F(s)$ 称在点 s_0 处解析。如果 $F(s)$ 在区域 D 内每一点都解析,那么称 $F(s)$ 在区域 D 内解析或称 $F(s)$ 是区域 D 内的一个解析函数。如果 $F(s)$ 在点 s_0 处不解析,那么称点 s_0 为 $F(s)$ 的奇点。

对于复变函数

$$F(s)=\frac{K(s-z_1)(s-z_2)\cdots(s-z_m)}{(s-p_1)(s-p_2)\cdots(s-p_n)} \tag{6-9}$$

式中,$z_1、z_2、\cdots、z_m$——函数 $F(s)$ 的零点;$p_1、p_2、\cdots、p_n$——函数 $F(s)$ 的极点。

设 $F(s)$ 在 $[s]$ 平面上(除了有限个奇点外)为单值的连续正则函数。如图 6-5 所示,设 $[s]$ 平面上解析点 s_1 映射到 $[F(s)]$ 平面上为点 $F(s_1)$,或为从原点指向此映射点的向量 $F(s_1)$。若在 $[s]$ 平面上任意选定一条不经过 $F(s)$ 奇点的封闭曲线 L_s,则在 $[F(s)]$ 平面上必有一条对应的映射封闭曲线 L_F。当解析点 s 按顺时针方向沿 L_s 旋转一周时,向量 $F(s)$ 则按顺时针方向旋转 N 周,即 $F(s)$ 以原点为中心顺时针旋转 N 周,即曲线 L_F 顺时针包围原点 N 次,L_F 绕原点顺时针转 N 圈与 L_s 封闭曲线包含的 $F(s)$ 零极点数有关。

幅角原理:若 L_s 包围 $F(s)$ 的 Z 个零点和 P 个极点,当解析点 s 按顺时针方向沿封闭曲线 L_s 旋转一周时,则在 $[F(s)]$ 平面上的映射封闭曲线 L_s 将绕原点顺时针转 $N=Z-P$ 圈。

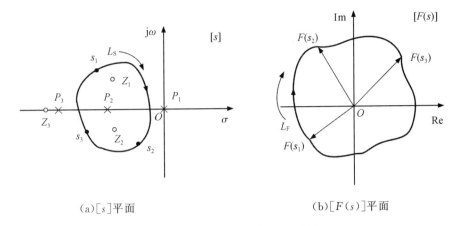

(a)[s]平面   (b)[F(s)]平面

图 6-5 [s]平面到[F(s)]平面的映射关系

在图 6-5(a)中，[s]平面封闭曲线 L_s 顺时针包围 $F(s)$ 的 2 个零点，$Z=2$，1 个极点，$P=1$，因此映射封闭曲线 L_F 绕原点顺时针的圈数 $N=Z-P=1$ 圈。

由式(6-9)复变函数 $F(s)$ 可知，其相位为

$$\angle F(s) = \sum_{i=1}^{m} \angle (s-z_i) - \sum_{j=1}^{n} \angle (s-p_j) \tag{6-10}$$

如图 6-6 所示，假设 L_s 内只包围 $F(s)$ 一个零点 Z_1，其他零极点均位于 L_s 之外。当 s 沿 L_s 顺时针方向移动一周时，即向量 $(s-z_1)$ 顺时针转一周，相位 $\angle F(s)$ 变化 -2π，而其他零极点位于 L_s 之外，相位变化为零。即向量 $F(s)$ 的相位变化为 -2π，或者说 $F(s)$ 在 [F(s)] 平面上沿 L_F 绕原点顺时针转了一周。

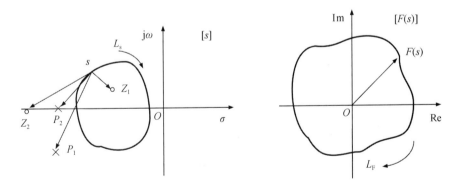

图 6-6 相位与零极点的关系

若[s]平面上的封闭曲线 L_s 包围着 $F(s)$ 的 Z 个零点，则 $F(s)$ 在[F(s)]平面上的映射曲线 L_F 将绕原点顺时针转 Z 圈。

若[s]平面上的封闭曲线 L_s 包围着 $F(s)$ 的 P 个极点，则 $F(s)$ 在[F(s)]平面上的映射曲线 L_F 将绕原点逆时针转 P 圈。

若[s]平面上的封闭曲线 L_s 包围着 $F(s)$ 的 Z 个零点和 P 个极点，则 $F(s)$ 在[F(s)]平面

上映射曲线 L_F 将绕原点顺时针转 $N = Z - P$ 圈。

6.3.2 Nyquist 稳定判据

1. $F(s)$ 与 $G_B(s)$、$G_K(s)$ 零极点的关系

图 6-7 所示为典型负反馈控制系统框图。

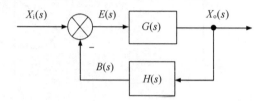

图 6-7 典型负反馈控制系统框图

系统开环传递函数 $G_K(s)$ 为

$$G_K(s) = G(s)H(s) = \frac{M(s)}{D(s)} \tag{6-11}$$

则系统闭环传递函数 $G_B(s)$ 为

$$G_B(s) = \frac{G(s)}{1 + G(s)H(s)} = \frac{G(s)D(s)}{D(s) + M(s)} \tag{6-12}$$

令闭环传递函数特征方程为

$$F(s) = 1 + G_K(s) = 1 + G(s)H(s)$$

则

$$F(s) = 1 + \frac{M(s)}{D(s)} = \frac{D(s) + M(s)}{D(s)} \tag{6-13}$$

由式(6-11)至式(6-13)可知,$F(s)$ 的零点即为系统闭环传递函数 $G_B(s)$ 的极点,亦即系统特征方程的根;$F(s)$ 的极点即为系统开环传递函数 $G_K(s)$ 的极点,三者零极点的关系如图 6-8 所示。

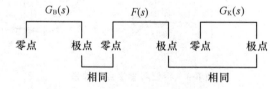

图 6-8 $F(s)$ 与 $G_B(s)$、$G_K(s)$ 之间零极点的关系

2. Nyquist 稳定判据

线性定常系统**稳定的充要条件**是其闭环系统特征方程的全部根具有负实部,位于 $[s]$ 平面的左半平面,即 $G_B(s)$ 在 $[s]$ 平面的右半平面没有**极点**。

由图 6-8 可知,即 $F(s)$ 在[s]平面的右半平面没有**零点**。

为使幅角原理应用计算简单,选择一条包围整个[s]右半平面的封闭曲线 L_s,如图 6-9(a)所示,对于稳定系统来说,在 L_s 封闭曲线内,$F(s)$ 包含的零点数应为 0,即 $G_B(s)$ 在[s]平面的右半平面没有极点,闭环系统稳定。当原点为奇点时,则 L_s 以微小的半径绕过原点,如图 6-9(b)所示。

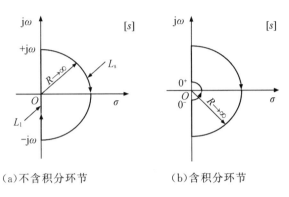

(a)不含积分环节   (b)含积分环节

图 6-9 [s]平面的选择

如果 $F(s)=1+G_K(s)$ 在[s]右半平面含有 Z 个零点和 P 个极点,即 $G_B(s)$ 在[s]右半平面含有 Z 个极点,$G_K(s)$ 在[s]右半平面含有 P 个极点。

由幅角原理可知,当 s 沿[s]平面上的封闭曲线 L_s 顺时针转一圈时,如图 6-9 所示,$F(s)$ 在[$F(s)$]平面上的映射封闭曲线 L_F 则绕原点顺时针转 $N=Z-P$ 圈,如图 6-10(a)所示。

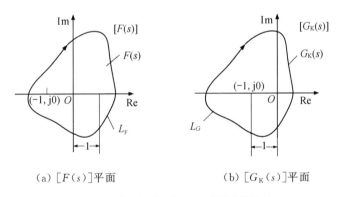

(a)[$F(s)$]平面   (b)[$G_K(s)$]平面

图 6-10 [$F(s)$]与[$G_K(s)$]平面的关系

由 $G_K(s)=F(s)-1$ 可知,[$G_K(s)$]平面是将[$F(s)$]平面的虚轴右移一个单位所构成的复平面,即[$F(s)$]平面上的原点就是[$G_K(s)$]平面上的 $(-1,j0)$ 点,如图 6-10(b)所示。$F(s)$ 在[$F(s)$]平面上封闭曲线 L_F 包围原点的圈数 N,就等于 $G_K(s)$ 在[$G_K(s)$]平面上包围点 $(-1,j0)$ 的圈数 N。

根据闭环系统稳定条件 $G_B(s)$ 在[s]平面的右半平面没有**极点**可知,[$F(s)$]在[s]平面的右半平面没有**零点**,即 $Z=N+P=0,N=-P$。

由此可知开环频率特性 $G_K(j\omega)$ 的 Nyquist 曲线**逆时针**方向包围 $(-1,j0)$ 点 P 圈时,则闭环系统稳定，P 为 $G_K(s)$ 在[s]平面的右半平面的极点数。

Nyquist 稳定判据：若开环传递函数 $G_K(s)$ 在[s]的**右半平面**有 P 个极点，当 ω 由 $-\infty$ 到 $+\infty$ 变化时，开环频率特性 $G_K(j\omega)$ Nyquist 曲线逆时针方向包围$(-1,j0)$点 P 圈，即 $N=-P$，$Z=N+P=0$，则闭环系统稳定；反之，闭环系统不稳定。

当 $P=0$ 时，则闭环系统稳定的充要条件是系统开环频率特性 $G_K(j\omega)$ 的 Nyquist 曲线不包围$(-1,j0)$点。

由此可知，当系统开环传递函数已知时，即可知在[s]右半平面的极点数 P，绘制系统开环频率特性 Nyquist 曲线后，则可知 Nyquist 曲线包围$(-1,j0)$点的圈数 N，由 $Z=N+P$ 即可计算出 Z，如果 $Z=0$，闭环系统稳定，反之，$Z\neq0$ 闭环系统不稳定。

说明：

①Nyquist 判据并不是在[s]平面通过计算极点判断闭环系统的稳定性，而是在[$G_K(s)$]平面根据开环频率特性 $G_K(j\omega)$ Nyquist 曲线包围$(-1,j0)$点的情况判断闭环系统的稳定性。

②$P=0$，习惯称为开环系统稳定，即 $G_K(s)$ 在[s]平面的右半平面无极点；否则开环系统不稳定。闭环系统是否稳定与开环系统是否稳定没有直接关系，开环系统不稳定，闭环系统仍可能稳定；开环系统稳定，闭环系统也可能不稳定。

6.3.3 Nyquist 稳定判据应用方法

1. 开环传递函数不含积分环节

当 $-\omega$ 变为 $+\omega$ 时，$G_K(-j\omega)$ 与 $G_K(j\omega)$ 的幅值相同，而相位相反，因此开环系统频率特性 $G_K(j\omega)$ 的 Nyquist 图曲线是实轴对称的，只要画出 ω 从 $0\rightarrow+\infty$ 的 Nyquist 图曲线，按照对称原则即可得到 ω 从 $-\infty\rightarrow0$ 的 Nyquist 图曲线，如图 6-11 所示，Nyquist 图曲线包围$(-1,j0)$点的圈数 N 即可得到。已知 N 和 P，即可求得 Z，进而判断闭环系统的稳定性。

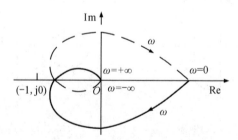

图 6-11　全频率范围内的 Nyquist 图

通常情况下，只画出 ω 从 $0\rightarrow+\infty$ 的 Nyquist 图曲线，即可判断系统稳定性。

采用正半部分 Nyquist 图曲线的闭环系统稳定判据：当 ω 从 $0\rightarrow+\infty$ 变化时，若[$G_K(s)$]平面上开环频率特性 $G_K(j\omega)$ Nyquist 图曲线逆时针方向包围$(-1,j0)$点的圈数 $N=P/2$ 时，即 $Z=2N+P=0$ 时，则闭环系统稳定，否则闭环系统不稳定，P 为 $G_K(j\omega)$ 在[s]右半平面的极点数。

包围$(-1,j0)$点的圈数 N 的确定方法：在 Nyquist 图曲线上以$(-1,j0)$点为原点做 Nyquist 图曲线的向量，从 $\omega=0$ 出发到 $\omega=+\infty$ 为止，计算转过的角度，按照顺时针为正，逆时针为负的原则即可确定 N 值，顺时针转过 360° 时 $N=1$，逆时针转过 360° 时 $N=-1$，如图 6-12(a)所示，$N=1$，如图 6-12(b)所示，$N=0$。

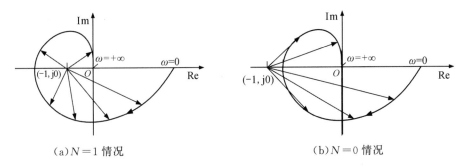

(a) $N=1$ 情况　　　　　　　　　(b) $N=0$ 情况

图 6-12　N 的确定方法

由图 6-11 可知,$N=0$,开环传递函数中如 $P=0$,则 $Z=0$,可判断该闭环系统稳定。

2. 开环传递函数含有积分环节

当开环传递函数中含有积分环节时,即 $s=0$ 这个奇点在[s]平面封闭曲线 L_s 上,不满足幅角定理,因此 L_s 曲线应避开这个奇点,以 $s=0$ 为圆心,以无穷小量 ε 为半径的圆弧按逆时针方向绕过该点,如图 6-13 所示。由于 ε 为无穷小量绕过原点,因此其他在[s]右半平面的极点、零点仍在封闭曲线 L_s 包围之内。

当开环传递函数含 1 个积分环节时,s 沿无穷小半径逆时针绕过原点,有

$$s = \varepsilon e^{j\theta}$$

映射到[$G_K(s)$]平面上的频率特性为

$$G_K(\varepsilon e^{j\theta}) \approx \frac{K}{\varepsilon e^{j\theta}} \approx \frac{K}{\varepsilon} e^{-j\theta}$$

当自变量幅值为无穷小量 ε,相位 θ 从 $-\dfrac{\pi}{2} \to 0 \to \dfrac{\pi}{2}$ 变化时,含有 1 个积分环节的开环频率特性幅值 $|G_K(\varepsilon e^{j\theta})| \to \infty$,相位 $\angle G_K(\varepsilon e^{j\theta})$ 从 $\dfrac{\pi}{2} \to 0 \to -\dfrac{\pi}{2}$ 之间变化。即当 $\omega = 0^-$ 变化到 $\omega = 0^+$ 时,Nyquist 图曲线由 $\omega = 0^-$ 为起点,∞ 为半径,**顺时针转过 π 角**到 $\omega = 0^+$ 为终点,形成封闭的 Nyquist 图曲线,如图 6-14 所示,由此可判断闭环系统的稳定性。

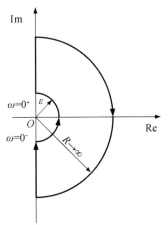

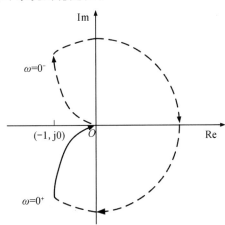

图 6-13　[s]平面含有积分环节时封闭曲线选取方法　　　图 6-14　含有积分环节的 Nyquist 图

当开环传递函数含有 υ 个积分环节时,当 $\omega=0^-$ 变化到 $\omega=0^+$ 时,Nyquist 图曲线由 $\omega=0^-$ 为起点,∞ 为半径,顺时针转过 $\upsilon\pi$ 角到 $\omega=0^+$ 为终点。

由图 6-14 可以看出,当只采用正半部分判断系统稳定性时,只需以 $\omega=0^+$ 为起点,∞ 为半径,逆时针转过 $\pi/2$,刚好与实轴相交,如图 6-15(a)所示。由此可知,当开环传递函数含有 υ 个积分环节时,只需从 $\omega=0^+$ 为起点,∞ 为半径,逆时针转过 $\upsilon\pi/2$ 与实轴相交即可。如图 6-15(b)所示,含有 2 个积分环节时的 Nyquist 图曲线,以 ∞ 为半径,逆时针转过 π 角与实轴相交。

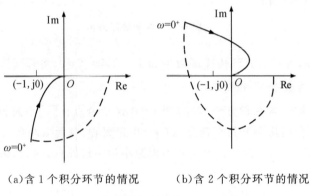

(a)含 1 个积分环节的情况   (b)含 2 个积分环节的情况

图 6-15 含有积分环节的 Nyquist 图

由图 6-15(a)可知,$N=0$,若开环传递函数中 $P=0$,则 $Z=0$,可判断该闭环系统稳定。

由图 6-15(b)可知,$N=1$,若开环传递函数中 $P=0$,则 $Z=2N+P=2\neq0$,可判断该闭环系统不稳定。

3. 复杂开环频率特性 Nyquist 图

对于较复杂的开环频率特性 Nyquist 图,如图 6-16 所示,确定包围 $(-1,j0)$ 点的圈数 N 有时不是很方便,采用穿越的概念判断闭环系统的稳定性比较方便。

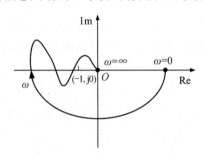

图 6-16 复杂的 Nyquist 图

所谓"穿越"是指在频率为正 $(0\to+\infty)$ 的频率范围内,开环频率特性 Nyquist 图曲线穿越 $(-1,j0)$ 点左边的负实轴情况,即幅值大于 1 的曲线部分穿越负实轴情况。

若 Nyquist 图曲线由上到下穿越负实轴称为"正",由下到上穿越负实轴称为"负",穿过负实轴一次,则穿越次数为 1。若曲线起始或终止 $(-1,j0)$ 点,则穿越次数为 1/2。

Nyquist 稳定判据:当 ω 从 $0\to+\infty$ 变化时,若 $[G_K(s)]$ 平面上的开环频率特性 $G_K(j\omega)$

Nyquist 图曲线在负实轴上的正、负穿越的次数差值等于 $P/2$ 时,则闭环系统稳定,否则闭环系统不稳定,P 为 $G_K(s)$ 在 $[s]$ 右半平面的极点数。

如图 6-16 所示,正穿越 1 次,负穿越 2 次,则差值为 -1,若开环系统稳定 $P=0$,则该闭环系统不稳定。

6.3.4 Nyquist 稳定判据应用

例 6-9 图 6-17 所示为不含积分环节的 2 个开环频率特性 Nyquist 图曲线,且 $P=0$,根据 Nyquist 稳定判据分析这 2 个闭环系统的稳定性。

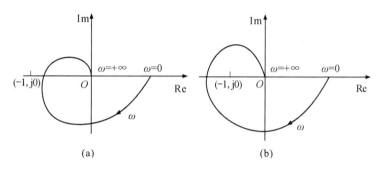

图 6-17 例 6-9 的 Nyquist 图

解:由图 6-17(a)可知,当 ω 从 $0\rightarrow+\infty$ 变化时,系统的开环频率特性 Nyquist 图曲线不包围 $(-1,j0)$ 点,即 $N=0$,由题目可知 $P=0$,即开环稳定,求得 $Z=0$,根据 Nyquist 稳定判据可知该闭环系统稳定。

由图 6-17(b)可知,当 ω 从 $0\rightarrow+\infty$ 变化时,系统的开环频率特性 Nyquist 图曲线顺时针包围 $(-1,j0)$ 点 1 圈,即 $N=1$,由题目可知 $P=0$,即开环稳定,求得 $Z=2N+P=2+0\neq0$,根据 Nyquist 稳定判据判定该闭环系统不稳定。

例 6-10 已知系统开环传递函数为

$$G_K(s)=\frac{K(T_2 s+1)}{s^2(T_1 s+1)}$$

当 T_1 和 T_2 取不同值时,Nyquist 图曲线如图 6-18 所示,判断闭环系统的稳定性。

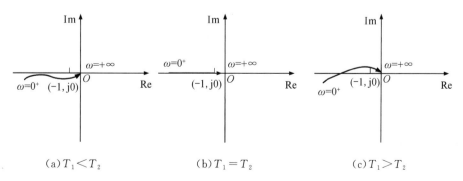

图 6-18 例 6-10 的 Nyquist 图

解：开环传递函数有 2 个积分环节,按照规则从 Nyquist 图曲线的端点开始逆时针转过 π,如图 6-19 所示。

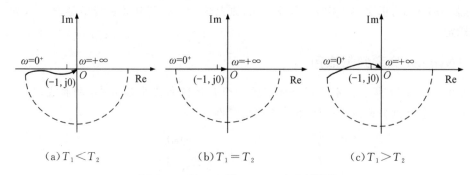

(a)$T_1 < T_2$ (b)$T_1 = T_2$ (c)$T_1 > T_2$

图 6-19 例 6-10 的 Nyquist 稳定判据图

由图 6-19(a)可知,当 ω 由 0 变化到 $+\infty$ 时,系统的开环频率特性 Nyquist 图曲线不包围 $(-1,j0)$ 点,即 $N=0$,由题目可知 $P=0$,即开环稳定,求得 $Z=0$,根据 Nyquist 稳定判据判定该闭环系统稳定。

由图 6-19(b)可知,当 ω 由 0 变化到 $+\infty$ 时,系统的开环频率特性 Nyquist 图曲线通过 $(-1,j0)$ 点,闭环系统处于临界状态,该闭环系统属于不稳定。

由图 6-19(c)可知,当 ω 由 0 变化到 $+\infty$ 时,系统的开环频率特性 Nyquist 图曲线顺时针包围 $(-1,j0)$ 点 1 圈,即 $N=1$,由题目可知 $P=0$,即开环稳定,求得 $Z=2N+P=2\neq0$,根据 Nyquist 稳定判据判定该闭环系统不稳定。

例 6-11 如图 6-20 所示,$P=0$,(a)为不含积分环节时的,(b)为含 3 个积分环节时的开环频率特性 Nyquist 图曲线,根据 Nyquist 稳定判据分析这两个闭环系统的稳定性。

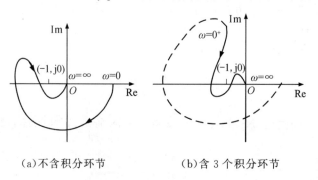

(a)不含积分环节   (b)含 3 个积分环节

图 6-20 例 6-11 的 Nyquist 图

解：由图 6-20(a)可知,Nyquist 图曲线正穿越和负穿越各一次,因此差值为 0,由题目可知 $P=0$,因此闭环系统稳定。

由图 6-20(b)可知,Nyquist 图曲线正穿越和负穿越各一次,因此差值为 0,由题目可知 $P=0$,因此闭环系统稳定。

例 6-12 已知开环传递函数为

$$G_K(s) = \frac{K}{(T_1 s + 1)(3 - T_2 s)}$$

式中,时间常数 $T_1>T_2>0$。根据 Nyquist 稳定判据判定闭环系统的稳定性。

解:由开环传递函数可知,$G_K(s)$ 在 $[s]$ 的右半平面有 1 个极点,$P=1$,开环不稳定,$G_K(j\omega)$ 的 Nyquist 图如图 6-21 所示。

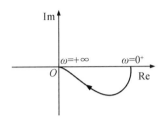

图 6-21 例 6-12 的 Nyquist 图

数字资源 6-7
例 6-12 Nyquist 图

当 ω 由 0 变化到 $+\infty$ 时,开环频率特性 Nyquist 图曲线不包围 $(-1,j0)$ 点,$N=0$;所以 $Z=1\neq0$,由 Nyquist 稳定判据判定该闭环系统不稳定。

例 6-13 已知开环传递函数为 $G(s)H(s)=\dfrac{K(s+3)}{s(s-1)}$,判定其闭环稳定性。

解:$G_K(s)=G(s)H(s)$ 在 $[s]$ 的右半平面有 1 个极点,$P=1$,开环系统不稳定,有 1 个积分环节。$G(j\omega)H(j\omega)$ 的 Nyquist 图如图 6-22 所示。

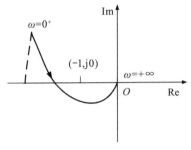

图 6-22 例 6-13 Nyquist 图

数字资源 6-8
例 6-13 Nyquist 图

方法 1:由于有 1 个积分环节,辅助线如图 6-22 中虚线,当 ω 由 0 变化到 $+\infty$ 时,由于开环频率特性 Nyquist 图曲线逆时针包围 $(-1,j0)$ 点 1/2 圈,即 $N=-\dfrac{1}{2}$,所以 $Z=2N+P=0$,该闭环系统稳定。

方法 2:按照穿越的概念,由于 Nyquist 图曲线起始于实轴,即负穿越为 1/2,正穿越为 1,正负穿越差值为 1/2,等于 $P/2$,因此该闭环系统稳定。

6.4 控制系统 Bode 稳定判据

6.4.1 Bode 图与 Nyquist 图的关系

Nyquist 稳定判据是根据系统的开环频率特性的 Nyquist 图曲线判定闭环系统的稳定性,对同一个控制系统的 Nyquist 图与 Bode 图有着对应关系。因此,利用系统开环频率特性的

Bode 图也可以判定闭环系统的稳定性，Nyquist 图和 Bode 图的对应关系如图 6-23 所示。

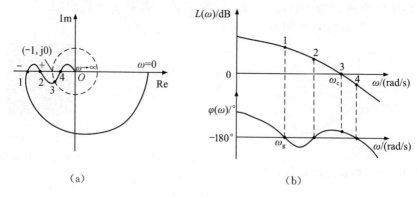

（a） （b）

图 6-23 Nyquist 图与 Bode 图的对应关系

Nyquist 图和 Bode 图的对应关系如下。

①Nyquist 图上的单位圆对应于 Bode 图上的 0 分贝线；

②Nyquist 图上的负实轴相当于 Bode 图上的 −180°线；

③Nyquist 图曲线与单位圆交点（图 6-23 上点 3）的频率，对应于对数幅频特性曲线与横轴交点的频率，即输入与输出幅值相等的频率，称为幅值穿越频率，或幅值剪切频率，或幅值交界频率，记作 ω_c；

④Nyquist 图曲线与负实轴交点（图 6-23 上点 1、2 和 4）的频率，对应于对数相频特性曲线与 −180°线交点的频率，称为相位穿越频率，或相位交界频率，记作 ω_g。

在 Bode 图上，在开环对数幅频特性为正值的频率范围内，沿 ω 增加的方向，对数相频特性曲线自下而上穿过 −180°线为正穿越，反之为负穿越；如果起始或终止 −180°线上，则为半次穿越，如图 6-24 所示。

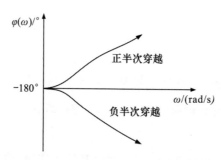

图 6-24 Bode 图半次穿越概念

6.4.2 Bode 稳定判据

根据 Nyquist 稳定判据可知，Bode 稳定判据的充要条件为在 Bode 图上，当 ω 由 0 增大到 $+\infty$ 时，在开环对数幅频特性为正值的频率范围内，开环对数相频特性对 −180°线正穿越与负穿越次数的差值为 $P/2$ 时，闭环系统稳定；否则闭环系统不稳定。其中 P 为开环传递函数 $G_K(s)$ 在 [s] 的右半平面的极点数。

在开环系统稳定,即 $P=0$ 时,若开环对数幅频特性比其对数相频特性先交于横轴,即 $\omega_c<\omega_g$,则闭环系统稳定;若开环对数幅频特性比其对数相频特性后交于横轴,即 $\omega_c>\omega_g$,则闭环系统不稳定。

下面是应用 Bode 稳定判据的一般步骤。

①求出开环传递函数 $G(s)H(s)$ 在 $[s]$ 的右半平面的极点数 P,判定开环系统的稳定性。

②绘制标准型开环频率特性 $G(j\omega)H(j\omega)$ 的 Bode 图。

③开环频率特性 $G(j\omega)H(j\omega)$ 在 $20\lg|G(j\omega)H(j\omega)|\geqslant 0$ 的所有频率段内,计算正、负穿越 $-180°$ 线的次数差值,依据差值是否等于 $P/2$,判定对应闭环系统是否稳定。

例 6-14 图 6-25 所示为 2 个系统的开环频率特性的 Bode 图,图 6-25(a)是开环稳定,$P=0$,图 6-25(b)是开环不稳定,$P=1$,采用 Bode 稳定判据判定闭环系统的稳定性。

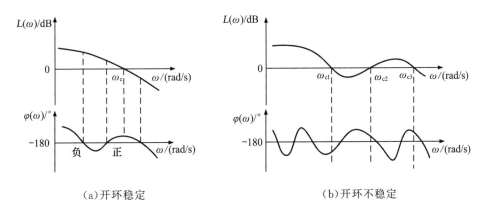

图 6-25 例 6-14 的 Bode 图

解:对于图 6-25(a),开环稳定,即 $P=0$,故其开环传递函数在 $[s]$ 的右半平面无极点,在 $20\lg|G(j\omega)H(j\omega)|\geqslant 0$ 的所有频率段内相频特性正穿越、负穿越 $-180°$ 线各 1 次,正、负穿越差值为 0,与 $P/2$ 相等,根据 Bode 稳定判据可知闭环系统稳定。

对于图 6-25(b),开环不稳定,即 $P=1$,在当 ω 由 0 变化到 ω_{c1} 时,$20\lg|G(j\omega)H(j\omega)|\geqslant 0$ 的所有频率段内相频特性正穿越 $-180°$ 线 1 次,负穿越 $-180°$ 线 2 次,正负穿越差值为 1,不等于 $P/2=1/2$,根据 Bode 稳定判据可知闭环系统不稳定。

6.5 控制系统相对稳定性

从系统稳定性角度将系统分为稳定系统、不稳定系统和临界稳定系统。对于稳定性接近于临界稳定的控制系统,当系统的参数发生变化或在有干扰场合使用时,控制系统就有可能变为不稳定。所以,正常工作的控制系统必须具有足够的稳定储备,即稳定裕度。稳定裕度是评价系统稳定性好坏的性能指标,是系统动态设计的重要依据之一。

由 Nyquist 稳定判据可知,当开环频率特性 Nyquist 图曲线离临界点 $(-1,j0)$ 越远,闭环系统稳定性就越好,否则稳定性就越差。这种描述系统稳定的程度就是系统的相对稳定性。

通过开环频率特性 Nyquist 图曲线对临界点$(-1,j0)$点的靠近程度表征稳定性,定量表征则由相位裕度 γ 和幅值裕度 K_g 表示稳定性的程度,称为稳定裕度。

在 Bode 上也可以表示稳定裕度,而且 Bode 图更直观,稳定裕度计算也更方便。Nyquist 图与 Bode 图的稳定裕度表示如图 6-26 所示。

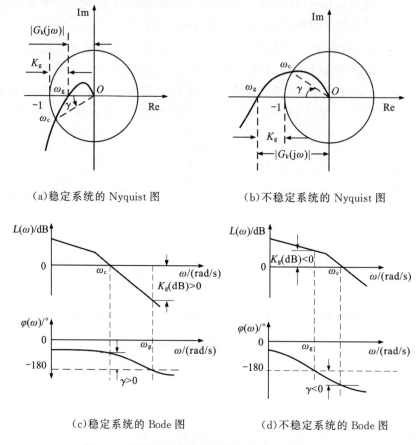

（a）稳定系统的 Nyquist 图　　　　　　（b）不稳定系统的 Nyquist 图

（c）稳定系统的 Bode 图　　　　　　（d）不稳定系统的 Bode 图

图 6-26　稳定和不稳定系统的相位裕度和幅值裕度

1. 相位裕度 γ

如图 6-26 所示,在 $\omega=\omega_c(\omega_c>0)$时,开环对数相频特性 $\varphi(\omega_c)$ 与 $-180°$的相位差值称为相位裕度 γ,其表达式为

$$\gamma=180°+\varphi(\omega_c) \tag{6-14}$$

式中,$\varphi(\omega_c)$———一般为负值。

在 Nyquist 图上,相位裕度 γ 为 Nyquist 图曲线与单位圆的交点相位对负实轴的相位差值。

对于稳定系统,相位裕度 γ 在 Nyquist 图负实轴以下,为正相位裕度,$\gamma>0$,如图 6-26（a）所示;对于不稳定系统,相位裕度 γ 在 Nyquist 图负实轴以上,为负相位裕度,$\gamma<0$,如图 6-26（b）所示。

在 Bode 图上,当 $L(\omega_c)=0$ 时,其对数相频特性 $\varphi(\omega_c)$ 与 $-180°$ 的相位差值即为相位裕度 γ。

对于稳定系统,相位裕度 γ 在 Bode 图对数相频特性中的 $-180°$ 线以上,为正相位裕度,$\gamma>0$,如图 6-26(c)所示;对于不稳定系统,相位裕度 γ 在 Bode 图对数相频特性中的 $-180°$ 线以下,为负相位裕度,$\gamma<0$,如图 6-26(d)所示。

2.幅值裕度 K_g

如图 6-26 所示,在 $\omega=\omega_g(\omega_g>0)$ 时,开环幅频特性 $|G(j\omega)H(j\omega)|$ 的倒数,称为幅值裕度 K_g,其表达式为

$$K_g=\frac{1}{|G(j\omega)H(j\omega)|} \tag{6-15}$$

幅值裕度以分贝形式表示为

$$K_g(\mathrm{dB})=20\lg K_g=20\lg\frac{1}{|G(j\omega)H(j\omega)|}=-20\lg|G(j\omega)H(j\omega)| \tag{6-16}$$

对于稳定系统,$K_g(\mathrm{dB})$ 在 Bode 图对数幅频特性中的 0 分贝线以下为正幅值裕度,$K_g(\mathrm{dB})>0$,如图 6-26(c)所示;对于不稳定系统,$K_g(\mathrm{dB})$ 在 Bode 图对数幅频特性中的 0 分贝线以上为负幅值裕度,$K_g(\mathrm{dB})<0$,如图 6-26(d)所示。

说明:

①对于闭环稳定的控制系统,应有 $\gamma>0$,$K_g>1$ 或者 $K_g(\mathrm{dB})>0\mathrm{dB}$。

②为了使控制系统具有满意的稳定储备量,得到满意的动态性能,在工程中一般希望稳定裕度在以下的范围内。

$$\gamma=30°\sim60°$$
$$K_g(\mathrm{dB})>6\mathrm{dB} \quad \text{或} \quad K_g>2$$

必须注意:对于开环不稳定系统,不能用相位裕度和幅值裕度判断其闭环系统的稳定性。

例 6-15 若单位反馈系统的开环传递函数为 $G_K(s)=\dfrac{K}{(s^2+s+1)(0.1s+1)}$

试求:$K=100$ 时系统的相位裕度和幅值裕度,并判断闭环系统稳定性。

解:系统的开环频率特性为

$$G_K(j\omega)=\frac{K}{(-\omega^2+1+j\omega)(1+j0.1\omega)}$$

该开环系统是由比例环节、一阶惯性环节和二阶振荡环节组成。

对于比例环节,$K=100$ 时,$20\lg K=20\lg100=40\mathrm{dB}$;

对于二阶振荡环节,其固有频率为 $\omega_1=1$,斜率为 $-40\mathrm{dB/dec}$;

对于一阶惯性环节,其转折频率为 $\omega_2=10$,斜率为 $-20\mathrm{dB/dec}$。

开环控制系统的 Bode 图如图 6-27 所示。

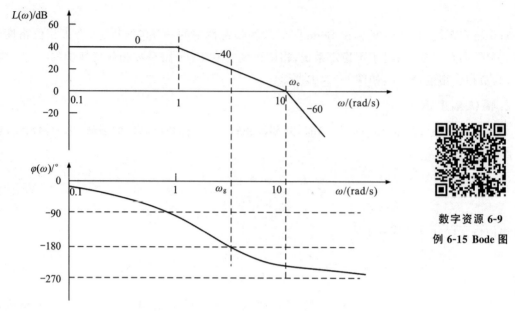

图 6-27　例 6-15 的 Bode 图

（1）计算相位裕度

首先求出穿越 0dB 线的幅值穿越频率 ω_c，然后再计算对应的相位 $\varphi(\omega_c)$，最后计算相位裕度 γ。

由图 6-27 可知，对数幅频特性是以 -40dB/dec 斜率穿越 0dB 线，这样以 $\omega=1$ 和 $\omega=\omega_c$ 可作直角三角形，如图 6-28 所示。根据三角形规则可知

$$40(\lg\omega_c-\lg1)=40$$
$$40\lg\omega_c=40\Rightarrow\omega_c=10$$

$\omega=\omega_c$ 时的相位为

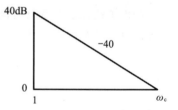

图 6-28　计算 ω_c 的三角形

$$\varphi(\omega_c)=-2\arctan\omega_c-\arctan0.1\omega_c=-213.6°$$

相位裕度为

$$\gamma=180°+\varphi(\omega_c)=-33.6°<0$$

（2）计算幅值裕度

根据定义求相位穿越频率

$$\varphi(\omega_g)=-2\arctan\omega_g-\arctan0.1\omega_g=-180°$$

由于相位穿越频率计算公式较烦琐，可采取近似方法计算。

$$\omega_g=4.7\quad\varphi(\omega_g)=-181.1°$$
$$\omega_g=4.6\quad\varphi(\omega_g)=-180.1°$$

数字资源 6-9
例 6-15 Bode 图

$$\omega_g = 4.5 \quad \varphi(\omega_g) = -179.1°$$

取 $\omega_g = 4.6$,可得幅值裕度为

$$K_g(\text{dB}) = 40(\lg 4.6 - \lg 10) = -13.5\text{dB} < 0$$

根据相位裕度和幅值裕度可知,闭环系统不稳定。

例 6-16 若单位反馈控制系统的开环传递函数为 $G_K(s) = \dfrac{K}{s(s+1)(0.1s+1)}$

试求:(1)使系统的幅值裕度 $K_g(\text{dB}) = 20\text{dB}$ 的 K 值;

(2)使系统的相位裕度 $\gamma = 60°$ 的 K 值。

解:系统的开环频率特性为

$$G(j\omega) = \frac{K}{j\omega(j\omega+1)(0.1j\omega+1)} = u(\omega) + jv(\omega)$$

系统的幅频特性和相频特性分别为

$$|G(j\omega)| = \frac{K}{\omega\sqrt{1+\omega^2}\sqrt{1+0.01\omega^2}}$$

$$\varphi(\omega) = -90° - \arctan\omega - \arctan 0.1\omega$$

(1)满足幅值裕度的 K 值计算

令 $v(\omega_g) = 0$,可以求得 $\omega_g = \sqrt{10}$

$$|G(j\omega_g)| = \frac{K}{\omega_g\sqrt{1+\omega_g^2}\sqrt{1+0.01\omega_g^2}} = \frac{K}{11}$$

系统的幅值裕度为 20dB,即

$$K_g(\text{dB}) = -20\lg|G(j\omega_g)| = -20\lg\left(\frac{K}{11}\right) = 20\text{dB}$$

得 $K = 1.1$

(2)满足相位裕度的 K 值计算

因为

$$\gamma = 180° + \varphi(\omega_c) = 90° - \arctan\omega_c - \arctan 0.1\omega_c = 60°$$

即

$$\arctan\omega_c + \arctan 0.1\omega_c = 30° \Rightarrow \omega_c = 0.5$$

将 ω_c 代入幅频特性表达式,并使 $|G(j\omega_c)| = 1$,得 $K = 0.574$

习题

6.1 简答题

(1)劳斯稳定判据是什么?

(2)Nyquist 稳定判据是什么?

（3）Bode 稳定判据是什么？

（4）劳斯稳定判据、Nyquist 稳定判据以及 Bode 稳定判据分别依据开环传递函数还是闭环传递函数？

（5）系统的稳定性是否与输入有关？稳态误差是否与输入有关？

6.2　已知系统的特征方程如下，试判别系统的稳定性。

（1）$s^4 + 3s^3 + 3s^2 + 2s + 1 = 0$；

（2）$2s^4 + 10s^3 + 3s^2 + 5s + 2 = 0$；

（3）$s^4 + 3s^3 + s^2 + 3s + 1 = 0$；

（4）$s^5 + 2s^4 + s + 2 = 0$；

（5）$s^5 + 3s^4 + 2s^3 + 4s^2 - s + 1 = 0$；

（6）$s^6 + 2s^5 + 8s^4 + 12s^3 + 20s^2 + 16s + 16 = 0$。

6.3　设单位反馈控制系统的开环传递函数如下，试确定使闭环系统稳定的开环增益 K 的取值范围。

（1）$G_K(s) = \dfrac{K}{s(s+4)(s+10)}$；

（2）$G_K(s) = \dfrac{K}{s(s+1)}$；

（3）$G_K(s) = \dfrac{K}{s(s+2)(s+4)}$；

（4）$G_K(s) = \dfrac{K(s+1)}{s(s-1)(0.2s+1)}$；

（5）$G_K(s) = \dfrac{K}{s(s-1)(0.2s+1)}$；

（6）$G_K(s) = \dfrac{K(0.5s+1)}{s(s+1)(0.5s^2+s+1)}$。

6.4　确定使如图 6-29 所示闭环控制系统稳定的参数 K 取值范围，并说明开环系统中积分环节的数目对闭环系统稳定性的影响。

（1）$a>0$，$b>0$，$c>0$；　（2）$a=0$，$b>0$，$c>0$；　（3）$a=0$，$b=0$，$c>0$。

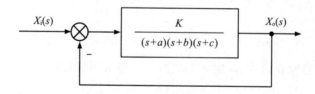

图 6-29　题 6.4 控制系统框图

6.5　已知系统开环频率特性 Nyquist 图如图 6-30 所示，判定闭环系统的稳定性。

6.6　已知系统的开环频率特性 Nyquist 图如图 6-31 所示，分别采用 Nyquist 稳定判据和穿越法，判断闭环系统的稳定性。

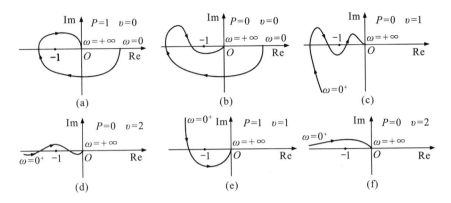

图 6-30 题 6.5 开环频率特性 Nyquist 图

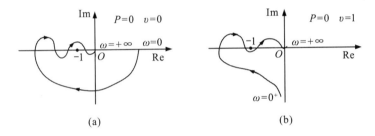

图 6-31 题 6.6 开环频率特性 Nyquist 图

6.7 已知系统的开环传递函数为

$$G(s)H(s)=\frac{55}{s(s+1)(s+4)}$$

试运用 Nyquist 稳定判据,判断闭环系统的稳定性。

6.8 已知单位反馈系统的开环传递函数为

$$G(s)=\frac{100(s+10)}{s(s+2)(s+50)}$$

试完成下面问题:

(1)绘制 Bode 图,并判断闭环系统的稳定性;

(2)绘制 Nyquist 图,并判断闭环系统的稳定性;

(3)绘制不含一阶微分环节的 Nyquist 图,并判断闭环系统的稳定性。

6.9 已知系统的开环传递函数为

$$G(s)H(s)=\frac{1}{s^2(s+1)}$$

试画出系统开环频率特性 Bode 图,并计算相位裕度和幅值裕度,判断闭环系统的稳定性。

6.10 已知控制系统框图如图 6-32 所示,试画出系统开环频率特性 Bode 图,并判断闭环系统的稳定性。

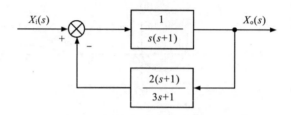

图 6-32 题 6.10 控制系统框图

6.11 已知控制系统框图如图 6-33 所示。

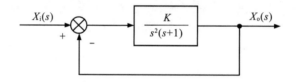

图 6-33 题 6.11 控制系统框图

试完成下面问题:

(1)分别画出 $K=0.1$、1、10、100 时开环频率特性的 Bode 图,并计算相位裕度和幅值裕度,判断闭环系统的稳定性;

(2)计算使闭环系统稳定的 K 取值范围。

6.12 控制系统框图如图 6-34 所示,试简化反馈回路的传递函数框图,并画出开环频率特性 Bode 图和判断闭环系统的稳定性。

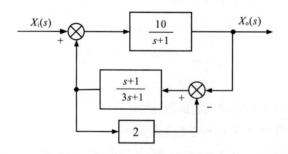

图 6-34 题 6.12 控制系统框图

6.13 已知系统的开环传递函数为

$$G_K(s) = \frac{K}{s(s+1)(0.2s+1)}$$

完成下面问题：

(1) $K = 10$ 时的相位裕度和幅值裕度；

(2) $K = 100$ 时的相位裕度和幅值裕度。

第 7 章　控制系统的性能校正

在实际工程控制系统中,稳定性是保证系统能够正常工作的必要条件。但是,如果只满足系统稳定的条件并不能确保系统能够正常工作,往往需要对原有系统增加某些必要的元件或环节,以在满足系统稳定的同时,又能保证其按给定性能指标进行工作,此类问题称为系统的性能校正。例如,对于数字控制仿形铣床的进给系统,在保证系统稳定的同时,要求其超调量不能过人,否则不仅会影响工件表面的粗糙度,还会减少刀具的使用寿命。早在 1027 年和 1086 年,中国古代人民发明的指南车以及水运仪象台,就体现了反馈控制系统校正的思想。而西方社会,直到 1788 年,才由蒸汽机的改良者瓦特设计了离心式调速器,体现了反馈控制原理的同时,初步体现了控制系统校正的思想。1868 年,麦克斯韦尔发表了论文"论调速器",进一步阐述了反馈控制系统校正的优势。20 世纪 40 年代,是控制学科基本思想和方法的确立期。1945 年,贝塔朗菲发表了著作《系统论》,1948 年,维纳发表了著作《控制论》,明确提出了系统校正的概念。1954 年,钱学森出版了著作《工程控制论》,强调了系统校正方法对于实际控制系统的重要作用,对世界控制工程学界产生了深远的影响。至此,以传递函数为建模手段,研究单输入单输出线性定常系统的分析和校正问题的经典控制理论,宣告形成了完整的理论体系。经典控制理论的设计与校正方法开始广泛应用于我国的航空航天事业、工业、农业等各个领域中,并取得了令人瞩目的成就,在本书第 10 章将以农业机器人、农业无人系统、工业位置控制为例,展示控制系统校正方法在智慧农业领域的运用。

本章首先介绍系统的时域性能指标与频域性能指标;再介绍串联校正中的相位超前校正、相位滞后校正、相位滞后-超前校正,以及并联校正中的反馈校正与顺馈校正。

7.1　系统的性能指标

7.1.1　系统性能指标

1. 性能指标分析

系统的性能指标,按其类型可以分为以下几种。

①时域性能指标:包括瞬态性能指标和稳态性能指标;

②频域性能指标:反映系统在频域方面的特性,通过频域指标的分析,确定系统的结构参数及校正环节,然后核对时域性能指标是否也满足要求;

③综合性能指标(误差准则):系统某些重要参数的取值能保证系统获得某一最优综合性能时的测度,即若对各个性能指标取极值,则可获得有关重要参数值,这些参数值可保证这一综合性能为最优。

分析系统的性能指标能否满足要求及如何满足要求,一般可分为 3 种不同的情况。

①在确定了系统的结构与参数后,计算与分析系统的性能指标;

②在初步选择系统的结构与参数后,核算系统的性能指标能否达到要求,如果不能,则需修改系统的参数乃至结构,或对系统进行校正;

③给定综合性能指标,设计满足此指标的系统,包含设计必要的校正环节。

2. 时域性能指标

动态性能指标一般是指在单位阶跃信号作用下,系统输出的过渡过程所给出的各项性能指标,实质上是瞬态响应所决定的系统性能,主要包括 5 个指标。

①上升时间 t_r;

②峰值时间 t_p;

③最大超调量 σ;

④响应时间 t_s;

⑤振荡次数 N。

稳态性能指标是对控制系统准确性的基本要求,是指系统在单位阶跃信号作用下,过渡过程结束后,实际的输出量与希望的输出量之间的偏差——稳态误差,这是稳态性能的测度,即稳态精度。

3. 频域性能指标

频域性能指标中开环频率特性有 2 个性能指标,闭环频率特性有 3 个性能指标,共 5 个性能指标。在系统设计与校正时常采用开环频率特性性能指标,在评价系统性能优劣时常采用闭环频率特性性能指标。

①相位裕度 γ;

②幅值裕度 K_g;

③复现频率 ω_M 及复现带宽 $0 \sim \omega_M$;

④谐振频率 ω_r 及谐振峰值 M_r;

⑤截止频率 ω_b 及截止频宽(简称频宽)$0 \sim \omega_b$。

7.1.2 二阶系统性能指标之间的关系

时域性能指标能够很直观地呈现系统的性能,但是在进行结构参数对系统影响分析及性能校正设计时并不是很方便,而频域分析就十分方便,因此常采用频域性能指标对系统进行分析与校正。对同一个系统无论是时域分析还是频域分析,性能指标是一致的,它们必然存在一定的关系。

对于二阶系统,控制框图如图 7-1 所示。

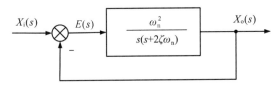

图 7-1 二阶系统控制框图

开环传递函数为

$$G_K(s) = \frac{X_o(s)}{E(s)} = \frac{\omega_n^2}{s(s + 2\zeta\omega_n)}$$

闭环传递函数为

$$G_B(s) = \frac{X_o(s)}{X_i(s)} = \frac{\omega_n^2}{s^2 + 2\zeta\omega_n s + \omega_n^2}$$

开环频率特性为

$$G_K(j\omega) = \frac{\omega_n^2}{(j\omega)(j\omega + 2\zeta\omega_n)} \tag{7-1}$$

闭环频率特性为

$$G_B(j\omega) = \frac{\omega_n^2}{\omega_n^2 - \omega^2 + j2\zeta\omega_n\omega} = A(\omega)e^{j\varphi(\omega)} \tag{7-2}$$

闭环幅频率特性为

$$A(\omega) = |G_B(j\omega)| = \frac{\omega_n^2}{\sqrt{(\omega_n^2 - \omega^2)^2 + (2\zeta\omega_n\omega)^2}} \tag{7-3}$$

闭环相频特性为

$$\varphi(\omega) = \angle G(j\omega) = \begin{cases} -\arctan\dfrac{2\zeta\omega_n\omega}{\omega_n^2 - \omega^2} & \omega \leqslant \omega_n \\[3mm] -\arctan\dfrac{2\zeta\omega_n\omega}{\omega_n^2 - \omega^2} - \pi & \omega > \omega_n \end{cases} \tag{7-4}$$

1. 开环频率特性与闭环频率特性的关系

根据 $|G_K(j\omega_c)| = 1$，由式(7-1)可计算幅值穿越频率 ω_c。

$$\frac{\omega_n^2}{\omega_c\sqrt{\omega_c^2 + 4\zeta^2\omega_n^2}} = 1$$

$$\Rightarrow \omega_c = \omega_n\sqrt{\sqrt{4\zeta^4 + 1} - 2\zeta^2} \tag{7-5}$$

根据在 $\omega = \omega_b$ 时闭环频率特性幅值为初值的 0.707，即 $A(\omega_b) = 0.707A(0)$，由式(7-3)可计算频宽 ω_b 为

$$\omega_b = \omega_n\sqrt{(1 - 2\zeta^2) + \sqrt{(1 - 2\zeta^2)^2 + 1}} \tag{7-6}$$

由此可知

$$\frac{\omega_c}{\omega_b} = \frac{\sqrt{\sqrt{4\zeta^4 + 1} - 2\zeta^2}}{\sqrt{(1 - 2\zeta^2) + \sqrt{(1 - 2\zeta^2)^2 + 1}}} \tag{7-7}$$

由式(7-5)和式(7-6)可知，当系统的阻尼比 ζ 一定时，固有频率 ω_n 越大，幅值穿越频率 ω_c 越大，频宽 ω_b 也越大。由式(7-7)可知，当系统的阻尼比 ζ 一定时，幅值穿越频率 ω_c 与频宽 ω_b 成正比。

2. 阻尼比 ζ 对二阶系统频域与时域性能指标的影响

由定义可得二阶系统开环频率特性相位裕度 γ 为

$$\gamma = 180° + \left(-90° - \arctan\frac{\omega_c}{2\zeta\omega_n}\right) = 90° - \arctan\frac{\omega_c}{2\zeta\omega_n} = \arctan\frac{2\zeta\omega_n}{\omega_c}$$

将式(7-5)代入,可得

$$\gamma = \arctan\left[\frac{2\zeta}{\sqrt{\sqrt{4\zeta^4+1}-2\zeta^2}}\right] \tag{7-8}$$

时域指标超调量为

$$\sigma = e^{-\zeta\pi/\sqrt{1-\zeta^2}} \times 100\% \tag{7-9}$$

闭环频率特性谐振峰值为

$$M_r = |G(j\omega_r)| = \frac{1}{2\zeta\sqrt{1-\zeta^2}} \tag{7-10}$$

由式(7-8)至式(7-10)可知,相位裕度 γ、超调量 σ 和谐振峰值 M_r 都只与系统的阻尼比有关,不同的阻尼比 ζ 对各性能指标的影响如表 7-1 所示。

表 7-1 不同的阻尼比 ζ 对各性能指标的影响

阻尼比 ζ	0	0.1	0.2	0.3	0.4	0.5	0.6	0.7	0.8	0.9	1.0
超调量 σ%	100	72.92	52.67	37.23	25.38	16.30	9.48	4.60	1.52	0.15	—
谐振峰值 M_r	—	5.03	2.55	1.75	1.36	1.15	1.04	1	0	0	0
相位裕度 γ	0	11.42	22.60	33.27	43.12	51.83	59.19	65.16	69.86	73.51	76.35

由表 7-1 可知,随着阻尼比 ζ 增大,超调量 σ 逐渐减小,谐振峰值 M_r 逐渐减小,相位裕度 γ 逐渐增大。当 $\zeta=0.7$ 时,$M_r=1$ 不再减小,超调量 σ 较小,相位裕度 γ 较大。相位裕度 γ 大小表明系统的稳定程度。综合比较阻尼比对各性能指标的影响可知,在 $\zeta=0.4\sim0.8$ 范围内,超调量 $\sigma=25\%\sim1.5\%$,谐振峰值 $M_r<1.4$,相位裕度 $\gamma=40°\sim70°$,系统动态特性较好。

谐振峰值 M_r 和相位裕度 γ 的近似关系为

$$M_r \approx \frac{1}{\sin\gamma} \tag{7-11}$$

超调量 σ 和相位裕度 γ 的关系为

$$\sigma = 0.16 + 0.4\left(\frac{1}{\sin\gamma}-1\right) = 0.16 + 0.4(M_r-1) \quad (35°\leqslant\gamma\leqslant90°) \tag{7-12}$$

3. 二阶系统频率特性与时域性能指标的关系

当 $\Delta=0.02$ 时,调节时间 t_s 为

$$t_s \approx \frac{4}{\zeta\omega_n} \tag{7-13}$$

由式(7-5)和式(7-13)可得

$$\omega_c t_s \approx \frac{4}{\zeta}\sqrt{\sqrt{1+4\zeta^4}-2\zeta^2} = \frac{6}{\tan\gamma} \tag{7-14}$$

由式(7-6)和式(7-13)可得

$$\omega_b t_s \approx \frac{4}{\zeta}\sqrt{(1-2\zeta^2)+\sqrt{(1-2\zeta^2)^2+1}} \tag{7-15}$$

由式(7-14)和式(7-15)可知,当系统的阻尼比 ζ 一定时, $\omega_c t_s$ 和 $\omega_b t_s$ 都是常数,故系统的幅值穿越频率 ω_c 或截止频率 ω_b 与时间响应 t_s 呈反比关系,即系统的幅值穿越频率 ω_c 或截止频率 ω_b 越大,系统快速性越好。

例 7-1   有 2 个系统,其传递函数分别为

$$G_1(s)=\frac{1}{s^2+s+1} \qquad G_2(s)=\frac{25}{s^2+5s+25}$$

试比较这 2 个系统的频宽,并证明:频宽大的系统响应速度快。

解:对于系统 I : $\zeta=0.5, \omega_n=1$;对于系统 II : $\zeta=0.5, \omega_n=5$ 。

方法 1:理论计算

误差为 2% 时

$$t_{s1}\approx\frac{4}{\zeta\omega_n}=\frac{4}{0.5}=8(\mathrm{s}) \qquad t_{s2}\approx\frac{4}{\zeta\omega_n}=\frac{4}{0.5\times5}=1.6(\mathrm{s})$$

由于阻尼比相同,频宽只和固有频率有关,由于 $\omega_{n2}>\omega_{n1}$,因此 $\omega_{b2}>\omega_{b1}$ 。

由式(7-6)可计算频宽为

$$\omega_{b1}=\sqrt{(1-2\times0.5^2)+\sqrt{(1-2\times0.5^2)^2+1}}=1.27(\mathrm{rad/s})$$

$$\omega_{b2}=5\times\sqrt{(1-2\times0.5^2)+\sqrt{(1-2\times0.5^2)^2+1}}=6.36(\mathrm{rad/s})$$

通过比较 2 个系统的调节时间和频宽可知, $\omega_{b2}>\omega_{b1}$, $t_{s2}<t_{s1}$,所以系统II的频宽大,响应快。

方法 2:MATLAB 绘图

利用 MATLAB 分别绘制 2 个系统的单位阶跃响应曲线和闭环频率特性 Bode 图,如图 7-2 和图 7-3 所示。

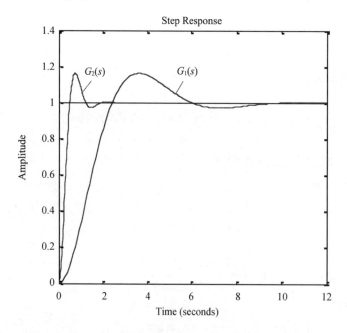

数字资源 7-1
例 7-1 单位阶跃响应曲线

图 7-2   例 7-1 中系统 $G_1(s)$ 和 $G_2(s)$ 的单位阶跃响应曲线

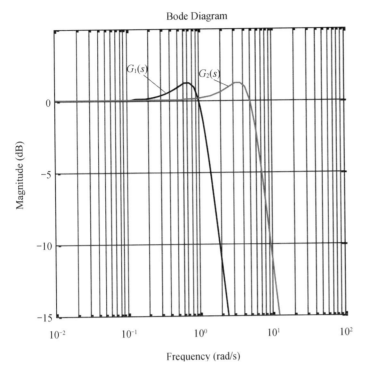

数字资源 7-2

例 7-1 闭环系统 Bode 图

图 7-3　例 7-1 中闭环系统 $G_1(s)$ 和 $G_2(s)$ 的 Bode 图

由图 7-2 和图 7-3 可知,系统 I 峰值时间为 3.72s,响应时间为 7.5s,频宽为 1.27rad/s,而系统 II 峰值时间为 1.16s,响应时间为 1.66s,频宽为 6.32rad/s,显然系统 II 频宽比系统 I 大,响应速度也比系统 I 快。

7.2　系统性能校正

一个系统的性能指标总是根据它所要完成的具体任务确定的,设计一个能满足任务要求的控制系统,就需要根据系统的具体任务要求,确定满足设计要求的性能指标。

一般情况下,几个性能指标的要求往往是相互矛盾的,因此性能指标的提出应切合实际,以满足控制目的和要求为宜。具体控制系统对性能指标的要求应有所侧重,如恒值系统对过渡过程的平稳性和稳态精度的要求严格,而随动系统则对响应速度和跟踪精度的要求较高。在这种情况下,就要考虑哪些性能指标是首先要满足的,哪些是可以忽略的,或者是通过加入必要的校正装置使两个方面的性能都能得到适当满足。

7.2.1　校正的概念

所谓系统性能校正,是指在系统中增加新的环节,改善系统性能的方法。校正的实质是通过引入校正环节,改变整个系统的零点或极点分布,从而改变系统的特性,使系统的频率特性在低、中、高频段具有合适的性能,满足期望的动态和稳态性能指标的要求。

图 7-4 所示为开环系统 Nyquist 图,在图 7-4(a)中,曲线①为 0 型开环系统的 Nyquist 图 ($P=0$),由于 Nyquist 曲线包围(-1,j0)点,故该闭环系统不稳定。

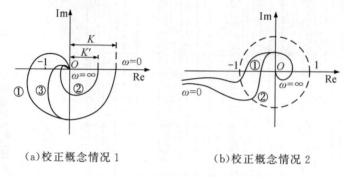

(a)校正概念情况 1　　　　　　(b)校正概念情况 2

图 7-4　系统校正概念 Nyquist 图

为使系统稳定,可采取 2 种方法。

(1)减小系统的开环增益 K,即由 K 变为 K',使幅值 $|G(j\omega)H(j\omega)|$ 减小,如曲线②。因幅值减小,曲线②不包围(-1,j0)点而使系统达到稳定,但是,减小开环增益 K 会使系统的稳态误差增大。

(2)在原系统中增加新的环节,即校正环节,使 Nyquist 曲线在某个频率范围发生变化,如由曲线①变成曲线③,这样在不改变 K 值,即不增加系统的稳态误差情况下使系统达到稳定,并具有较好的动态特性。这种校正是在高频阶段增加校正环节,属于高频校正。

在图 7-4(b)中曲线①为 Ⅱ 型开环系统的 Nyquist 图($P=0$),由于 Nyquist 曲线不包围(-1,j0)点,故该闭环系统是稳定的。但是,相位裕度比较小,系统的动态响应超调量较大,响应时间较长。对这种系统,改变 K 值大小不能改变相位裕度,即不能改变系统的性能。只有增加校正环节,将曲线①变成曲线②,使 Nyquist 曲线在某个频率范围发生变化才能使系统的相位裕度得到提高,改善系统的性能。这种校正是在低频阶段增加校正环节,属于低频校正。

7.2.2　校正的分类

按照校正环节在系统中的位置不同,校正通常可分为串联校正、反馈校正和顺馈校正等。

1.串联校正

串联校正是指校正 $G_c(s)$ 与原系统前向通道传递函数 $G(s)$ 串联连接,如图 7-5 所示。为了减少功率损耗,串联校正一般都放在前向通道的最前端,即低功率部分。

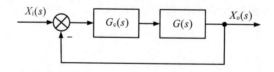

图 7-5　串联校正框图

2. 反馈校正

反馈校正是指校正环节 $G_c(s)$ 被放置在系统的反馈通道上,如图7-6所示。

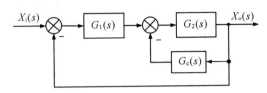

图7-6 反馈校正框图

3. 顺馈校正

顺馈校正是指校正环节 $G_c(s)$ 与前向通道中某一个或几个环节并联,如图7-7所示。顺馈校正既可以作为反馈控制系统的附加校正而组成复合控制系统,也可以单独应用。

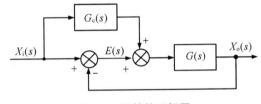

图7-7 顺馈校正框图

7.3 串联校正

串联校正按无源网络校正环节 $G_c(s)$ 的性质可分为相位超前校正、相位滞后校正和相位滞后-超前校正;按有源网络校正环节 $G_c(s)$ 称为PID校正。

7.3.1 相位超前校正

相位超前校正主要针对系统响应速度慢的系统,直观来看,增大系统的开环增益,即"直接按比例提高控制量"可使其对数幅频特性曲线向上移动,系统开环频率特性的幅值穿越频率 ω_c 增大,系统稳态误差减小,同时系统频宽 ω_b 会增大,响应速度会提高。但是由于单纯增大系统的开环增益,系统的相频特性没有发生变化,幅值穿越频率 ω_c 的增大会使系统的相位裕度减小,从而使得稳定性下降。为了既能提高系统的响应速度,又能保证系统的稳定性,可采用相位超前校正方法。

1. 相位超前校正环节装置

图7-8所示为相位超前校正环节电路图。

根据图7-8可得校正环节传递函数为

$$G_c(s) = \frac{U_o(s)}{U_i(s)} = \alpha \frac{Ts+1}{\alpha Ts+1}$$

式中,$\alpha = \dfrac{R_1}{R_1+R_2} < 1$,$T = R_1 C$。

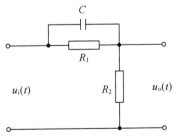

图7-8 相位超前校正环节电路图

当 s 很小，即低频时，$G_c(s) \approx \alpha$，此环节相当于比例环节；

当 s 较大，即中频时，$G_c(s) \approx \alpha(Ts+1)$，此环节相当于比例微分环节；

当 s 很大，即高频时，$G_c(s) \approx 1$，此环节不起校正作用，因此该电路实际上是一个高通滤波器。

2. 相位超前校正环节频率特性

相位超前校正环节的频率特性为

$$G_c(j\omega) = \alpha \frac{1+jT\omega}{1+j\alpha T\omega}$$

幅频特性为

$$|G_c(j\omega)| = \alpha \frac{\sqrt{1+(T\omega)^2}}{\sqrt{1+(\alpha T\omega)^2}}$$

相频特性为

$$\angle G_c(j\omega) = \varphi(\omega) = \arctan T\omega - \arctan \alpha T\omega > 0$$

由相频特性可知，相位超前校正环节的相位总是大于 0，因此可实现相位超前。

当 $\alpha = 0.1$ 时的相位超前校正环节的 Bode 图如图 7-9 所示。由于 $\alpha < 1$，所以该相位超前环节会造成系统在低频段开环增益下降 $20\lg\alpha$，导致系统稳态精度下降；为使系统稳态精度保持不变，必须增加放大环节 $1/\alpha$ 倍，以保持原系统的开环增益不变，其频率特性如图 7-10 所示，而相频特性不变。

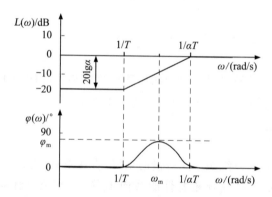

图 7-9　相位超前校正环节的 Bode 图

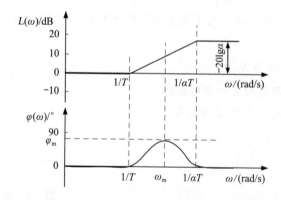

图 7-10　增大开环放大系数后相位超前校正环节的 Bode 图

由图 7-10 可知,相频特性曲线的相位总是大于 0,同时出现一个最大值,记为 φ_m,对应频率为 ω_m。

令 $\dfrac{\partial \angle G_c(j\omega)}{\partial \omega}=0$

对应最大相位 φ_m 的频率 ω_m 可求得

$$\omega_m=\frac{1}{\sqrt{\alpha}\,T}$$

对应最大相位 φ_m 的对数频率 $\lg\omega_m$ 为

$$\lg\omega_m=\frac{1}{2}\left(\lg\frac{1}{\alpha T}+\lg\frac{1}{T}\right)$$

对应最大相位 φ_m 的频率 ω_m 处幅值为

$$20\lg|G(j\omega_m)|=20\lg\left(\alpha\frac{\sqrt{1+(T\omega_m)^2}}{\sqrt{1+(\alpha T\omega_m)^2}}\right)=10\lg\alpha$$

通过将 ω_m 代入相频特性计算最大相位 φ_m 比较麻烦,因此可利用 Nyquist 图计算最大相位。将相位超前校正环节频率特性 $G_c(j\omega)$ 分为实部 $u(\omega)$ 与虚部 $v(\omega)$,根据幅值计算公式可求得

$$\left(u-\frac{1+\alpha}{2}\right)^2+v^2=\left(\frac{1-\alpha}{2}\right)^2$$

相位超前校正环节 Nyquist 图如图 7-11 所示。

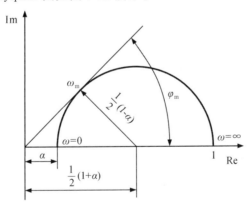

图 7-11　相位超前校正环节的 Nyquist 图

由图 7-11 可知,相位超前校正环节 Nyquist 图是一个以 $[(1+\alpha)/2,j0]$ 为圆心,以 $(1-\alpha)/2$ 为半径,过点 $(1,j0)$ 的圆。由于相位超前校正环节相位为正,所以相位超前校正环节 Nyquist 图为该圆的上半圆。过原点作圆的切线,切点处对应的就是最大超前相位 φ_m,其计算公式为

$$\sin\varphi_m=\frac{\dfrac{1-\alpha}{2}}{\dfrac{1+\alpha}{2}}=\frac{1-\alpha}{1+\alpha}\qquad\text{或}\qquad\varphi_m=\arcsin\frac{1-\alpha}{1+\alpha}$$

为使系统校正后有足够的相位裕度满足设计要求,一般使校正后的幅值穿越频率 $\omega_{c2} = \omega_m$,因此在校正前的 Bode 图中找到幅值 $10\lg\alpha$,所对应的频率即为 ω_m。

3. 相位超前校正环节的作用

采用相位超前校正环节,对系统进行校正,校正前后的 Bode 图如图 7-12 所示。

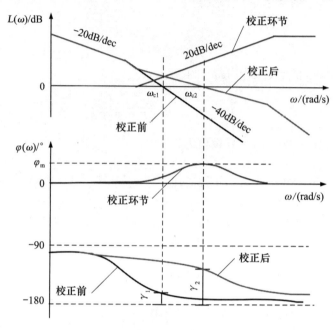

图 7-12　相位超前校正前后的 Bode 图

从图 7-12 可知,采用相位超前校正环节后,显然增大了系统的幅值穿越频率 ω_c,进而增大截止频率 ω_b,加大了系统的频宽,加快了系统的响应速度;超前校正环节还增大了系统相位裕度,进而增大了系统的相对稳定性;由于开环增益和系统型次没有改变,所以稳态精度没有改变。但是由于频宽的增大,使得系统的抗干扰能力下降。

4. 相位超前校正环节设计的原则

设计校正环节的基础是给定的稳态性能指标、频域性能指标与系统校正前的各性能指标。相位超前校正环节的原理是利用相位超前校正环节的相位超前特性增大系统的频宽,改善系统的动态性能,因此在设计校正环节时应考虑使最大相位尽可能出现在校正后系统的幅值穿越频率 ω_c 处。

基于 Bode 图相位超前校正环节设计的一般步骤如下。

(1)确定系统的开环增益 K

根据给定的系统稳态性能指标,一般是根据在特定输入下的稳态误差计算开环增益 K;

(2)系统校正前性能分析

绘制校正前系统的开环频率特性 Bode 图,计算校正前相位裕度 γ_1 等要求的指标;

（3）校正环节设计

①根据给定的相位裕度（校正后相位裕度）γ_2，计算需要增加的超前相位 $\varphi_m = \gamma_2 - \gamma_1 + \varepsilon$，式中 ε 为补偿幅值穿越频率 ω_c 右移造成相位滞后而预留的裕度，一般 $\varepsilon = 5° \sim 12°$。

②由式 $\sin\varphi_m = \dfrac{1-\alpha}{1+\alpha}$，计算得到 α 值。

③计算幅值增益 $10\lg\alpha$，根据 $-10\lg\alpha + L(\omega_{c2}) = 0$，在校正前 Bode 图中确定该幅值处的频率，此频率即为相位超前校正环节 ω_m，也是校正后系统的幅值穿越频率 ω_{c2}。

④根据 $\omega_m = \dfrac{1}{\sqrt{\alpha}\,T}$，计算 T 值。最后，提高开环增益 $\dfrac{1}{\alpha}$ 倍以补偿超前校正环节的幅值衰减量，至此，得到校正环节传递函数

$$G_c(s) = \frac{Ts+1}{\alpha Ts+1}$$

（4）校正后系统性能验证

写出校正后的开环传递函数 $G_K(s) = G_c(s)G(s)$，并绘制相应的开环频率特性 Bode 图，验证各项指标，若不满足要求，需修改 ε 值重新设计校正环节，直到满足各项性能指标为止。

5. 基于 Bode 图的相位超前校正

例 7-2　图 7-13 所示为单位反馈控制系统，通过相位超前校正使系统性能指标达到以下要求，稳态性能指标：单位恒速输入时的稳态误差 $e_{ss} = 0.02$；频域性能指标：相位裕度 $\gamma \geqslant 50°$，幅值裕度 $K_g(\text{dB}) \geqslant 10\text{dB}$。

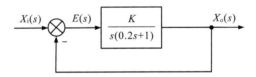

图 7-13　单位反馈控制系统

解：（1）确定开环增益 K

根据稳态误差确定开环增益 K，因为该系统是 I 型单位反馈控制系统，所以有

$$K = K_v = \frac{1}{\varepsilon_{ss}} = \frac{1}{e_{ss}} = \frac{1}{0.02} = 50$$

（2）系统校正前性能分析

系统的开环频率特性为

$$G_K(j\omega) = G(j\omega)H(j\omega) = \frac{50}{j\omega(1+j0.2\omega)}$$

图 7-14 所示为该系统校正前的开环频率特性 Bode 图，图 7-15 所示为系统校正前的单位阶跃响应曲线，图 7-14、图 7-15 均采用 MATLAB 软件绘制。

控制工程基础

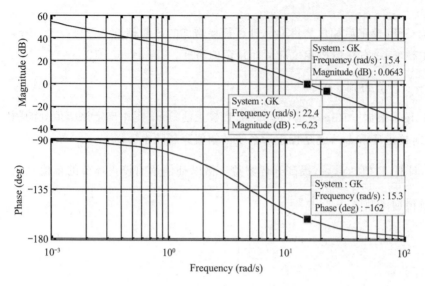

图 7-14 系统校正前的开环 Bode 图

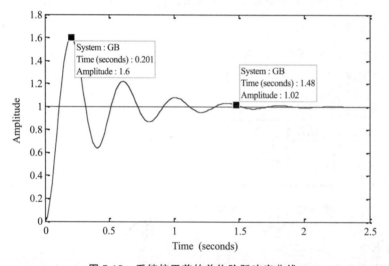

图 7-15 系统校正前的单位阶跃响应曲线

数字资源 7-3
例 7-2 系统校正前
的开环 Bode 图

数字资源 7-4
例 7-2 系统校正前
的单位阶跃响应曲线

由图 7-14 可知，校正前系统的幅值穿越频率 $\omega_c=15.4\mathrm{rad/s}$，相位裕度 $\gamma=18°$，$K_g(\mathrm{dB})>$ 10dB，故闭环系统是稳定的。但因 $\gamma=18°<50°$，故系统的相对稳定性不符合要求。由图 7-15 可知，系统的超调量为 $\sigma=60\%$ 比较大，响应时间 $t_s=1.48\mathrm{s}$。

（3）校正环节设计

为了在不减小幅值裕度的前提下，将相位裕度从 18° 提高到 50°，需要采用相位超前校正进行校正。

考虑相位超前校正会使系统的幅值穿越频率 ω_c 右移，增加 6° 补偿，最大相位超前量为

$$\varphi_m=50°-18°+6°=38°$$

由 $\sin\varphi_m=\dfrac{1-\alpha}{1+\alpha}$，即 $\alpha=\dfrac{1-\sin\varphi_m}{1+\sin\varphi_m}$，得到 $\alpha=0.24$。

则

$$10\lg\alpha=10\lg0.24=-6.23\mathrm{dB}$$

在图 7-14 上找到幅值为 $-6.23\mathrm{dB}$，对应的频率约为 $\omega=22.4\mathrm{rad/s}$，即校正后系统的幅值穿越频率 $\omega_c=\omega_m=22.4\mathrm{rad/s}$。

由 $\omega_m=\dfrac{1}{\sqrt{\alpha}\,T}$ 可计算 T 为

$$T=1/(\sqrt{\alpha}\cdot\omega_m)=0.09\mathrm{s},\quad \alpha T=0.022\mathrm{s}$$

相位超前校正环节的传递函数为

$$G_c(s)=\alpha\frac{Ts+1}{\alpha Ts+1}=0.24\frac{0.09s+1}{0.022s+1}$$

（4）校正后系统性能验证

为了补偿超前校正造成的幅值衰减，需增加 K_1 倍的开环放大系数，使 $K_1\alpha=1$，故校正后系统的传递函数为

$$G_K(s)=K_1G_c(s)G(s)=\frac{0.09s+1}{0.022s+1}\cdot\frac{50}{s(0.2s+1)}$$

图 7-16 所示为校正前和校正后的系统开环频率特性 Bode 图，由图 7-16 可知，校正后系统幅值穿越频率 $\omega_c=22.4\mathrm{rad/s}$，相位裕度 $\gamma=50°$，$K_g(\mathrm{dB})>10\mathrm{dB}$，满足系统动态特性要求。

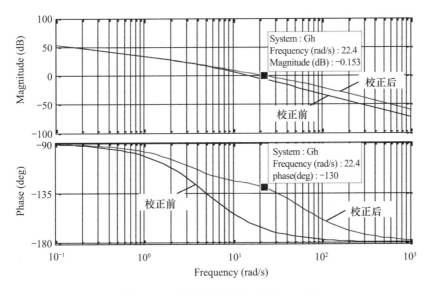

数字资源 7-5
例 7-2 系统校正前后
的开环 Bode 图

图 7-16　系统校正前后的开环 Bode 图

图 7-17 所示为系统校正前后的单位阶跃响应曲线,由图 7-17 可知,校正后系统的超调量 $\sigma=22\%$,响应时间 $t_s=0.25\mathrm{s}$,各项性能指标好于校正前的相应指标。

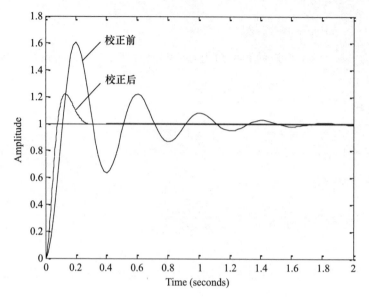

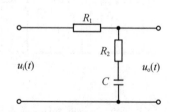

数字资源 7-6
例 7-2 系统校正前后
的单位阶跃响应曲线

图 7-17 系统校正前后的单位阶跃响应曲线

综上所述,对比相位超前校正前、后系统开环频率特性,可知相位超前校正环节对系统产生的作用。

①系统的幅值穿越频率 ω_c 增大,频宽 ω_b 加大,响应时间 t_s 减少,响应速度加快;

②相位裕度 γ 增大,相对稳定性提高,系统的超调量 σ 降低,使过渡过程得到显著改善;

③由于系统的开环放大系数和型次都未改变,所以稳态精度没有变化;

④频宽 ω_b 加大,抗干扰能力下降。

7.3.2 相位滞后校正

系统的稳态误差取决于开环传递函数的开环增益和型次,增大系统的开环增益可减小系统的稳态误差,但如前所述,系统稳定性会下降,如何减小稳态误差而又不影响稳定性,可采用相位滞后校正方法。

1.相位滞后校正环节装置

图 7-18 所示为相位滞后校正环节电路图。

根据图 7-18 可得校正环节传递函数为

$$G_c(s)=\frac{U_o(s)}{U_i(s)}=\frac{Ts+1}{\beta Ts+1}$$

式中,$\beta=\dfrac{R_1+R_2}{R_2}>1$, $T=R_2C$。

当 s 很小,即低频时,$G_c(s)\approx1$,此环节不起校正作用。

图 7-18 相位滞后校正环节电路图

当 s 较大,即中频时,$G_c(s) = \dfrac{Ts+1}{\beta Ts}$,此环节相当于比例环节、积分环节加一阶微分环节。

当 s 很大,即高频时,$G_c(s) \approx \dfrac{1}{\beta}$,此环节相当于比例环节,使输出衰减到原输出的 $1/\beta$,因此相位滞后环节属于低通滤波器,对于低频信号基本没有作用,但对高频信号起到衰减作用。

2. 相位滞后校正环节频率特性

相位滞后校正环节的频率特性为

$$G_c(j\omega) = \frac{1+jT\omega}{1+j\beta T\omega}$$

幅频特性为

$$|G_c(j\omega)| = \frac{\sqrt{1+(T\omega)^2}}{\sqrt{1+(\beta T\omega)^2}}$$

相频特性为

$$\angle G_c(j\omega) = \varphi(\omega) = \arctan T\omega - \arctan\beta T\omega < 0$$

由相频特性可知,相位滞后校正环节的相位总是小于 0。

图 7-19 所示为 $\beta=10$ 时的相位滞后校正环节 Bode 图,由图 7-19 可知,当频率高于 $1/T$ 时,幅值全部下降 $20\lg\beta$,而相位变化不大。如果把高频段的幅值提高到 0dB,低频段的幅值会提高,从而提高开环增益,减小稳态误差。实际上,相位滞后校正环节的机理并不是相位滞后,而是使频率大于 $1/T$ 的高频段内的幅值全部下降,使得系统的幅值穿越频率降低,提高系统稳定性,并且保证在这个频段内的相位变化很小。

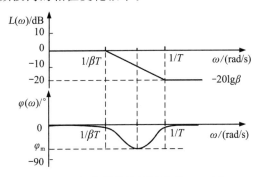

图 7-19 相位滞后校正环节的 Bode 图

在实际应用中,相位滞后校正环节的零点转折频率 $1/T$ 一般取校正后系统的幅值穿越频率 ω_c 的 $1/10\sim1/4$,即 $T=(4\sim10)/\omega_c$,通常 T 为 3~5s,β 为 10。

3. 相位滞后校正环节的作用

采用相位滞后校正环节对系统进行校正,校正前后的 Bode 图如图 7-20 所示。

由图 7-20 可知,相位滞后校正环节可使高频幅值衰减,降低幅值穿越频率 ω_c,从而降低频宽,降低系统响应速度;提高相位裕度 γ,改善系统的相对稳定性;提高系统抗干扰能力;若提高开环增益使幅值增加,可减小稳态误差。因此,相位滞后校正环节适用于系统稳定性差,或动态性能满足要求而稳态精度较差的场合。

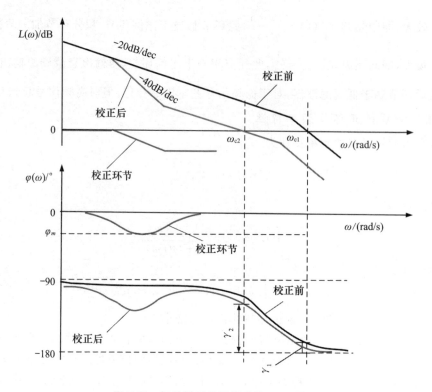

图 7-20 相位滞后校正前后的 Bode 图

4. 相位滞后校正设计原则

基于 Bode 图相位滞后校正环节设计的一般步骤如下。

（1）确定系统的开环增益 K

根据给定的系统稳态性能要求，确定系统的开环增益 K。

（2）系统校正前性能分析

绘制校正前系统的开环频率特性 Bode 图，计算校正前相位裕度 γ_1 等要求的指标。

（3）校正环节设计

①采用图解法，根据 $\varphi(\omega_{c2}) = -180° + \gamma_2 + \varepsilon$ 找到 ω_{c2}，其中，γ_2 为要求的相位裕度，$\varepsilon = 5° \sim 12°$ 为补偿相位滞后校正环节在 ω_{c2} 处的滞后相位量。

②求出校正前系统开环频率特性 Bode 图上频率 ω_{c2} 处的幅值 $L(\omega_{c2})$，根据 $-20\lg\beta + L(\omega_{c2}) = 0$ 确定 β，通常取 $\beta = 10$。

③按照 $T = \dfrac{4 \sim 10}{\omega_{c2}}$ 确定 T 值，并根据已确定的 β 值得出校正环节的传递函数

$$G_c(s) = \frac{Ts+1}{\beta Ts+1}$$

（4）校正后系统性能验证

写出校正后的开环传递函数 $G_K(s) = G_c(s)G(s)$，并绘制相应的开环频率特性 Bode 图，

验证系统校正后各项性能指标,若不满足要求,可适当增大 ε 值与 β 值重新设计校正环节,直到满足要求为止。

5.基于 Bode 图的相位滞后校正

例 7-3 设单位反馈控制系统,其开环传递函数为

$$G_K(s) = \frac{K}{s(s+1)(0.2s+1)}$$

给定的稳态性能指标:单位恒速输入时的稳态误差 $e_{ss} = 0.1$;频域性能指标:相位裕度 $\gamma \geqslant 40°$,幅值裕度 $K_g(\text{dB}) \geqslant 10\text{dB}$。

解:(1)确定开环增益 K

根据稳态性能指标确定开环增益 K。对于 I 型系统有

$$K = K_v = \frac{1}{\varepsilon_{ss}} = \frac{1}{e_{ss}} = \frac{1}{0.1} = 10$$

(2)系统校正前性能分析

系统的开环频率特性为

$$G_K(j\omega) = G(j\omega)H(j\omega) = \frac{10}{j\omega(1+j\omega)(1+j0.2\omega)}$$

采用 MATLAB 软件绘制该系统校正前的开环频率特性的 Bode 图,如图 7-21 所示。由图 7-21 可知,校正前系统幅值穿越频率 $\omega_c = 2.88\text{rad/s}$,相位裕度 $\gamma = -11°$,$K_g(\text{dB}) = -4.47\text{dB}$,闭环系统是不稳定的。

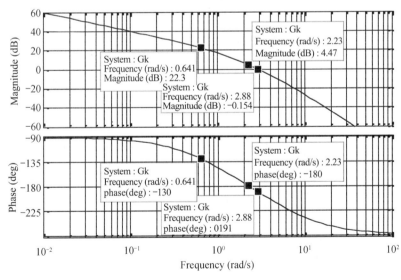

图 7-21 系统校正前的开环 Bode 图

（3）校正环节设计

采用相位滞后校正能有效改善系统的稳定性，对给定的相位裕度增加 5°～12°作为补偿，补偿后的相位裕度为

$$\gamma = 40° + 10° = 50°$$

在图 7-21 中找到相位裕度 $\gamma = 50°$，对应的频率约为 0.64rad/s，则校正后的系统幅值穿越频率设为 $\omega_c = 0.64$rad/s。

在图 7-21 上找到 ω_c 处幅值约为 22.3dB，即 $20\lg\beta = 22.3$dB，β 取 10。

相位滞后校正环节的零点转折频率 $\omega_T = 1/T$，应远低于校正后系统的幅值穿越频率 ω_c，选 $\omega_c/\omega_T = 10$，因此 $\omega_T = \omega_c/10 = 0.064$rad/s，$T = 15.6$s。相位滞后校正环节的极点转折频率 $\omega_{T\beta} = 1/\beta T = 0.0064$rad/s，$\beta T = 156$s。于是，得到相位滞后校正环节的传递函数为

$$G_c(s) = \frac{Ts+1}{\beta Ts+1} = \frac{15.6s+1}{156s+1}$$

（4）校正后系统性能验证

校正后系统的开环传递函数为

$$G_K(s) = \frac{10(15.6s+1)}{s(s+1)(0.2s+1)(156s+1)}$$

图 7-22 所示为校正前后系统开环频率特性的 Bode 图。由图 7-22 可知，校正后系统的相位裕度 $\gamma = 40°$，幅值裕度 $K_g(\text{dB}) = 15.1$dB，系统的稳态性能指标及频域性能指标都达到了设计要求。

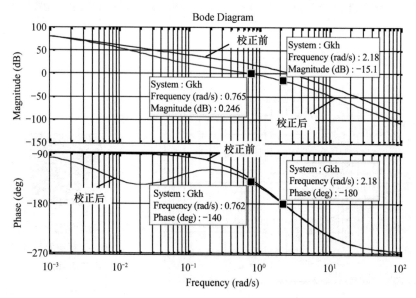

图 7-22　系统校正前后的开环 Bode 图

数字资源 7-8
例 7-3 系统校正前后
的开环 Bode 图

图 7-23 所示为系统校正后的单位阶跃响应曲线，由图 7-23 可知，校正后系统稳定，响应时间 $t_s = 14$s，超调量 $\sigma = 34\%$。

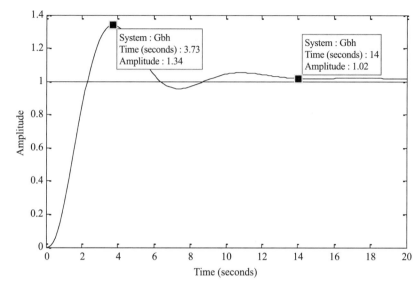

图 7-23 系统校正后的单位阶跃响应曲线

综上所述,对比相位滞后校正前、后的频率特性可知,相位滞后校正对系统产生的作用。

①系统的幅值穿越频率 ω_c 减小,截止频率 ω_b 减小,响应时间 t_s 增大,响应速度降低,系统的抗干扰能力增强;

②相位裕度 γ 增大,系统的相对稳定性提高,超调量 σ 降低;

③由于系统的开环放大系数和型次都未改变,所以稳态精度没有变化。

7.3.3 相位滞后-超前校正

相位超前校正是利用相位超前的特性提高系统的相对稳定性和响应的快速性,但对系统的稳态性能改善不大,同时由于增加了系统频宽,使系统更易受高频噪声的干扰。相位滞后校正是利用高频幅值衰减的特性,可在基本不影响系统原有动态性能的前提下,提高系统的开环放大系数,从而改善其稳态性能,但由于系统频宽减小,系统的响应速度会有所下降。因此,单纯采用相位超前校正或相位滞后校正只能改善系统动态或稳态中某一个方面的性能,如果系统对动态和稳态性能都要求较高时,可采用相位滞后-超前校正环节,同时改善系统的动态性能和稳态性能。

1.相位滞后-超前校正环节装置

图 7-24 所示为相位滞后-超前校正环节电路图。

根据图 7-24 可得校正环节传递函数为

$$G_c(s) = \frac{(T_1 s + 1)(T_2 s + 1)}{\left(\dfrac{T_1}{\beta} s + 1\right)(\beta T_2 s + 1)}$$

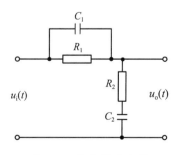

图 7-24 相位滞后-超前校正环节电路图

式中,$T_1 = R_1 C_1$,$T_2 = R_2 C_2$ $(T_2 > T_1)$;
$T_1 / \beta + \beta T_2 = R_1 C_1 + R_2 C_2 + R_1 C_2$ $(\beta > 1)$。

2. 相位滞后-超前校正频率特性

相位滞后-超前校正环节频率特性为

$$G_c(j\omega) = \frac{(1+jT_1\omega)(1+jT_2\omega)}{\left(1+j\dfrac{T_1}{\beta}\omega\right)(1+j\beta T_2\omega)}$$

由 $\beta > 1$，前一项为相位超前校正环节，后一项为相位滞后校正环节。

幅频特性为

$$|G_c(j\omega)| = \frac{\sqrt{1+(T_1\omega)^2}\sqrt{1+(T_2\omega)^2}}{\sqrt{1+\left(\dfrac{T_1}{\beta}\omega\right)^2}\sqrt{1+(\beta T_2\omega)^2}}$$

相频特性为

$$\angle G_c(j\omega) = \varphi(\omega) = \arctan T_1\omega + \arctan T_2\omega - \arctan\frac{T_1}{\beta}\omega - \arctan\beta T_2\omega$$

该校正环节的转折频率分别为

$$\frac{1}{\beta T_2}, \quad \frac{1}{T_2}, \quad \frac{1}{T_1}, \quad \frac{\beta}{T_1}$$

取 $\beta = 10, T_2 > T_1$，其频率特性的 Bode 图如图 7-25 所示。

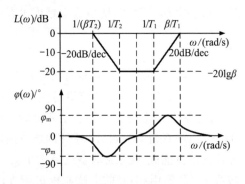

图 7-25　相位滞后-超前校正环节的 Bode 图

由图 7-25 可知，相频特性首先是负值，然后是正值。即相位滞后-超前校正环节首先进行相位滞后校正，然后进行超前校正，且高频段和低频段幅值均无衰减，中频段存在增益衰减，其大小为 $-20\lg\beta$。

3. 相位滞后-超前校正环节的作用

相位滞后-超前校正前后的 Bode 图如图 7-26 所示。

相位滞后-超前校正环节综合了相位超前校正和相位滞后校正的特点，超前部分增加相位裕度，降低系统的超调量，改善系统的动态性能；滞后部分提高系统的稳态性能。

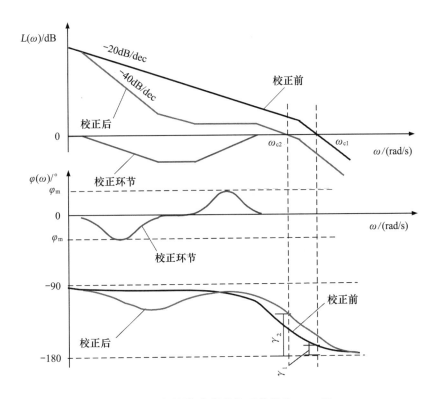

图 7-26 相位滞后-超前校正前后的 Bode 图

4. 相位滞后-超前校正设计原则

基于 Bode 图相位滞后-超前校正环节设计的一般步骤如下。

(1)确定系统的开环增益 K

根据给定的系统稳态性能指标,一般是根据在特定输入下的稳态误差计算开环增益 K。

(2)系统校正前性能分析

绘制校正前系统的开环频率特性 Bode 图,计算校正前相位裕度 γ_1 等要求的指标。

(3)校正环节设计

①根据校正前系统频率特性的 Bode 图,选定相位穿越频率 ω_g 作为校正后系统的幅值穿越频率 ω_{c2},计算出幅值裕度 $-20\lg K_g = -L(\omega_{c2})$,$\beta$ 的最大值为 20,通常取为 10。

②在相位滞后环节设计中,根据 $\omega_{c2} = (5 \sim 10)\omega_{T2}$,选定相位滞后环节的零点转折频率 $\omega_{T2} = \dfrac{1}{T_2}$,计算极点转折频率 $\omega'_{T2} = \dfrac{1}{\beta T_2}$。由此得到相位滞后环节的频率特性为

$$\frac{1+jT_2\omega}{1+j\beta T_2\omega}$$

③在相位超前环节设计中,根据 $L(\omega_{c2}) + 20\lg|G_c(\omega_{c2})| = 0$,找到 $(\omega_{c2}, L(\omega_{c2}))$ 的对称点 $(\omega_{c2}, -L(\omega_{c2}))$,过该点作斜率为 $20\lg\beta\mathrm{dB/dec}$($\beta = 10$ 时为 20dB/dec)的直线,该直线与 $-20\lg\beta\mathrm{dB}$ 线交点即为超前环节的零点转折频率 $\omega_{T1} = \dfrac{1}{T_1}$,该直线与 0dB 线交点即为超前环

节的极点转折频率 $\omega'_{T1}=\dfrac{\beta}{T_1}$,由此得到超前环节的频率特性为

$$\frac{1+jT_1\omega}{1+j(T_1/\beta)\omega}$$

④相位滞后-超前校正环节的频率特性为

$$G_c(j\omega)=\frac{1+jT_1\omega}{1+j\dfrac{T_1}{\beta}\omega}\cdot\frac{1+jT_2\omega}{1+j\beta T_2\omega}$$

(4)校正后系统性能验证

写出校正后的开环频率特性 $G_K(j\omega)=G_c(j\omega)G(j\omega)$,绘制校正后的系统 Bode 图验证系统的指标是否满足给定要求,如果不满足要求,则可重新选定 ω_c,或改变 β 的值后,重新设计校正环节,直到满足要求为止。

5.基于 Bode 图的相位滞后-超前校正

例 7-4 单位反馈控制系统,其开环传递函数为

$$G_K(s)=\frac{K}{s(s+1)(0.2s+1)}$$

要求稳态性能指标:单位恒速输入时的稳态误差 $e_{ss}=0.1$;频域性能指标:相位裕度 $\gamma\geqslant40°$,幅值裕度 $K_g(dB)\geqslant10dB$,并保证其快速性不下降。

解:(1)确定开环增益 K

根据稳态性能指标确定开环增益 K。对于 I 型系统有

$$K=K_v=\frac{1}{\varepsilon_{ss}}=\frac{1}{e_{ss}}=\frac{1}{0.1}=10$$

(2)系统校正前性能分析

系统的开环频率特性为

$$G_K(j\omega)=G(j\omega)H(j\omega)=\frac{10}{j\omega(1+j\omega)(1+j0.2\omega)}$$

采用 MATLAB 软件绘制该系统校正前的开环频率特性的 Bode 图,如图 7-21 所示。由图 7-21 可知,校正前系统幅值穿越频率 $\omega_c=2.88rad/s$,相位裕度为 $\gamma=-11°$,$K_g(dB)=-4.47dB$,闭环系统是不稳定的。

(3)校正环节设计

采用滞后校正(图 7-22)虽然能够满足系统给定的性能指标要求,但是系统的幅值穿越频率降低,响应时间增大,响应速度降低,快速性不能满足使用要求。因此,采用相位滞后-超前校正,使系统既能满足稳定性的要求,又能满足快速性要求。

如图 7-27 所示,采用相位滞后-超前校正环节,选校正前相位穿越频率 ω_g 作为校正后系统的幅值穿越频率 ω_c,由图 7-27 可知 $\omega_c=2.24rad/s$,对应的幅值为 $4.41dB$,所以相位超前校

正环节在该点应产生-4.41dB的增益使得幅值为 0。因此，在 Bode 图上过点（2.24rad/s，-4.41dB）作斜率为$20\text{dB/dec}(\beta=10)$的直线，它与 0dB 线及$-20\text{dB}$线的交点就是相位超前校正环节的极点和零点转折频率。

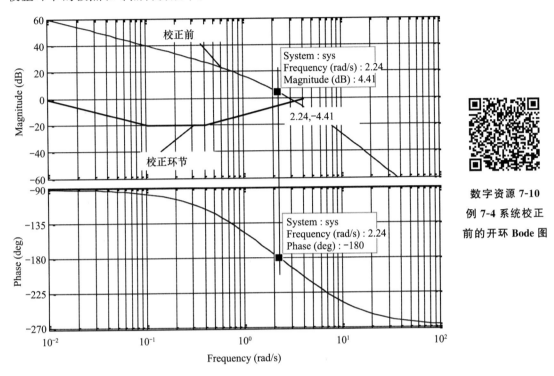

数字资源 7-10

例 7-4 系统校正前的开环 Bode 图

图 7-27 系统校正前和校正环节的 Bode 图

由图 7-27 可知，相位超前校正环节的零点转折频率为0.33rad/s，极点转折频率为3.3rad/s。则相位超前校正环节的频率特性为

$$\frac{1+\mathrm{j}T_1\omega}{1+\mathrm{j}\dfrac{T_1}{\beta}\omega}=\frac{1+\mathrm{j}\dfrac{1}{0.33}\omega}{1+\mathrm{j}\dfrac{1}{3.3}\omega}=\frac{1+\mathrm{j}3.3\omega}{1+\mathrm{j}0.33\omega}$$

相位滞后校正环节的零点转折频率应远低于$\omega_c=2.24\text{rad/s}$，考虑相位超前校正环节零点转折频率为$0.33\text{rad/s}$，取

$$\omega_{T2}=\frac{\omega_c}{20}=0.1\text{rad/s}, \quad T_2=\frac{1}{\omega_{T2}}=10\text{s}$$

极点转折频率为

$$\frac{1}{\beta T_2}=0.01\text{rad/s}$$

因此，相位滞后校正环节的频率特性为

$$\frac{1+\mathrm{j}T_2\omega}{1+\mathrm{j}\beta T_2\omega}=\frac{1+\mathrm{j}10\omega}{1+\mathrm{j}100\omega}$$

相位滞后-超前校正环节的频率特性为

$$G_c(j\omega)=\frac{1+jT_1\omega}{1+j\frac{T_1}{\beta}\omega}\ \frac{1+jT_2\omega}{1+j\beta T_2\omega}=\frac{1+j3.3\omega}{1+j0.33\omega}\ \frac{1+j10\omega}{1+j100\omega}$$

校正环节 Bode 曲线如图 7-27 所示。

（4）校正后系统性能验证

校正后系统的开环频率特性为

$$G_K(j\omega)=\frac{10(1+j3.3\omega)(1+j10\omega)}{j\omega(1+j\omega)(1+j0.2\omega)(1+j0.33\omega)(1+j100\omega)}$$

系统校正前后开环频率特性的 Bode 图如图 7-28 所示。

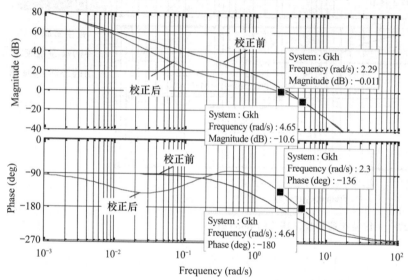

图 7-28　系统校正前后的开环 Bode 图

如图 7-28 所示，校正后幅值穿越频率 $\omega_c=2.29\text{rad/s}$，相位裕度 $\gamma=44°$，相位穿越频率 $\omega_g=4.64\text{rad/s}$，幅值裕度 $K_g(\text{dB})=10.6\text{dB}$，满足系统设计要求。

图 7-29 所示为系统校正后的单位阶跃响应曲线，由图 7-29 可知，校正后系统稳定，响应时间 $t_s=4.65\text{s}$，超调量 $\sigma=18\%$，相应的性能指标好于单纯采用相位滞后校正的指标。

综上所述，对比相位滞后-超前校正前后系统开环频率特性可知，校正环节对系统产生的作用如下。

①相位裕度 γ 增大，系统的相对稳定性提高，超调量 σ 降低，改善了系统的动态性能；

②低频段由于相位滞后校正环节的作用，使系统稳定性得到了改善；

③由于系统的开环放大系数和型次都未改变，所以稳态精度没有变化。

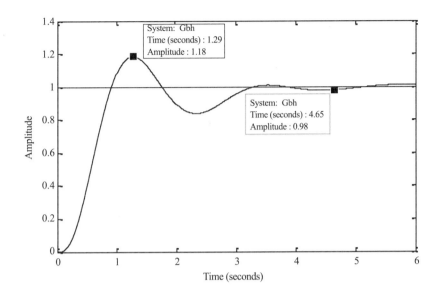

图 **7-29** 系统校正后的单位阶跃响应曲线

7.4 反馈校正

7.4.1 反馈校正原理

为了改善控制系统的性能,除了采用串联校正外,反馈校正也是广泛采用的一种校正方式。所谓反馈校正,就是用校正装置包围控制系统的某些环节,形成局部反馈回路,如图 7-30 所示。控制系统采用反馈校正后,除了能获得与串联校正同样的校正效果外,还能消除控制系统不可变部分中[如图 7-30 中 $G_2(s)$]环节参数波动对系统性能的影响。因此,当所设计的控制系统中一些参数可能随着工作条件的改变而发生幅度较大的变化,而在该系统中又能够获得适当的反馈信号时,即有条件采用反馈校正时,一般采用反馈校正是合适的。

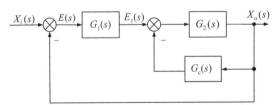

图 **7-30** 反馈校正环节的控制框图

图 7-30 所示为具有局部负反馈校正的控制系统,$G_c(s)$ 为反馈校正装置传递函数,则反馈校正回路的闭环传递函数为

$$G_{fB}(s) = \frac{X_o(s)}{E_1(s)} = \frac{G_2(s)}{1 + G_2(s)G_c(s)}$$

反馈校正回路的闭环频率特性为

$$G_{fB}(j\omega) = \frac{X_o(j\omega)}{E_1(j\omega)} = \frac{G_2(j\omega)}{1 + G_2(j\omega)G_c(j\omega)}$$

则校正后系统的开环频率特性为

$$G_K(j\omega) = G_1(j\omega)G_{fB}(j\omega) = \frac{G_1(j\omega)G_2(j\omega)}{1 + G_2(j\omega)G_c(j\omega)}$$

若反馈校正回路的开环频率特性 $G_2(j\omega)G_c(j\omega)$ 在对系统起主导作用(即主要影响)的频率范围内满足 $|G_2(j\omega)G_c(j\omega)| \gg 1$,则

$$G_K(j\omega) \approx \frac{G_1(j\omega)}{G_c(j\omega)}$$

由此可知,校正后控制系统的开环频率特性是 $G_1(j\omega)$ 与 $1/G_c(j\omega)$ 的乘积,即用 $1/G_c(j\omega)$ 替代 $G_2(j\omega)$,由此消除参数变化引起 $G_2(j\omega)$ 环节的变化。

由此可得如下有关反馈校正原理的结论。

①若用反馈校正装置包围校正前控制系统中对改善动态性能有负作用的某些环节,形成一个局部反馈回路,则当局部反馈回路的开环频率特性幅值远大于 1 时,其特性主要取决于反馈校正装置的特性,而与被包围部分无关。

②只要适当选择反馈校正装置的形式和参数,就可使校正后控制系统的性能满足要求。通常,要满足条件 $|G_2(j\omega)G_c(j\omega)| \gg 1$ 较苛刻,因此在控制系统初步设计时,往往将此条件简化为 $|G_2(j\omega)G_c(j\omega)| > 1$,这样处理的结果会产生一定的误差,但最大误差不超过 3 dB,在允许误差范围内。

采用负反馈校正可以减小校正前系统的时间常数,增大频宽,从而加快系统的响应速度。通常根据反馈环节传递函数的形式,反馈校正可分为比例反馈校正和微分反馈校正。

7.4.2　比例反馈校正

比例反馈校正也称为位置反馈校正,其系统控制框图如图 7-31 所示。

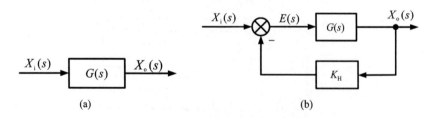

图 7-31　比例反馈校正系统控制框图

若比例反馈校正包围的传递函数为一阶惯性环节,如图 7-31(a)所示,即校正前控制系统的传递函数为

$$G(s) = \frac{K}{Ts + 1}$$

采用比例反馈校正后,如图 7-31(b)所示,校正环节 $G_c(s)=K_H$,校正后系统的闭环传递函数为

$$G_B(s)=\frac{G(s)}{1+K_H G(s)}=\frac{\dfrac{K}{Ts+1}}{1+K_H\dfrac{K}{Ts+1}}=\frac{K}{Ts+1+KK_H}=\frac{\dfrac{K}{1+KK_H}}{\dfrac{T}{1+KK_H}s+1}=\frac{K'}{T's+1}$$

式中,$K'=K/(1+KK_H)$;$T'=T/(1+KK_H)$。

由此可知,对于惯性环节,采用比例反馈校正后系统仍为惯性环节,但时间常数由原来的 T 降到 $T'=T/(1+KK_H)$,反馈系数 K_H 越大,时间常数越小,校正后系统的频宽越大,系统的响应速度越快。但同时校正后控制系统的开环增益减小,降到 $K'=K/(1+KK_H)$,稳态误差增大,可通过串联前置放大器加以补偿,以保证控制系统的稳态性能不变。

例 7-5　设某控制系统的框图如图 7-32 所示,校正前系统传递函数为

$$G(s)=\frac{1}{2s+1}$$

为提高系统的动态性能,采用比例反馈校正,反馈校正传递函数为 $H(s)=K_H=2$。

试确定前置放大器 K_p 的值,使得在系统动态性能提高的同时保证稳态性能不变,并绘制校正前后的系统单位阶跃响应。

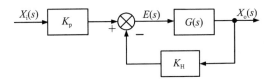

图 7-32　例 7-5 控制系统的框图

解:校正前系统的传递函数为　$G(s)=\dfrac{1}{2s+1}$

校正后系统的传递函数为

$$G_B(s)=K_p\cdot\frac{\dfrac{1}{3}}{\dfrac{2}{3}s+1}$$

为保证校正后控制系统的稳态性能不变,则要求校正后系统的传递函数的开环增益不变,取 $K_p=3$。

校正后系统的传递函数为

$$G_B(s)=\frac{1}{\dfrac{2}{3}s+1}$$

比较校正前后控制系统的传递函数可知,控制系统的时间常数分别为 2s 和 2/3s,按 2% 误差,校正前后系统的调节时间分别为 8s 和 2.67s,可见校正后提高了控制系统的快速性。

采用 MATLAB 软件,绘制校正前后控制系统的单位阶跃响应曲线如图 7-33 所示。由图 7-33 可知,校正前后系统响应时间分别为 7.79s 和 2.59s,系统的响应速度得到提高。系统的稳态值在校正前后保持不变,且响应时间有明显减小,因此通过对该系统的比例反馈校正,在保证稳态精度的同时,加快了系统的响应速度。

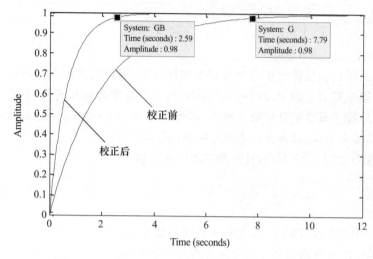

数字资源 7-13
例 7-5 比例反馈校正前后
系统的单位阶跃响应曲线

图 7-33 比例反馈校正前后系统的单位阶跃响应曲线

例 7-6 图 7-34 所示为滚齿机的差动机构工作原理,是一种具有 2 个自由度的机构。中心齿轮 Z_1 为输入轴,转速为 $x_i(t)$ 或 n_1,中心齿轮 Z_4 为输出轴,转速为 $x_o(t)$ 或 n_4,分析该差动机构的性能。

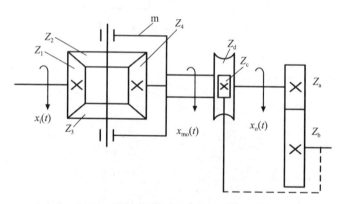

图 7-34 滚齿机的差动机构工作原理

解:(1)设转臂 m 不动

转臂 m 不动,即 $x_m(t)=0$,则差动机构为一般齿轮传动机构,系统传递函数为传动比。设差动机构 4 个齿轮齿数相同,则

$$G(s)=\frac{X_o(s)}{X_i(s)}=\frac{n_4}{n_1}=\frac{z_1 z_3}{z_2 z_4}=-1$$

式中,负号是指转臂停止时齿轮 Z_1 和 Z_4 转向相反。

（2）中心轮 Z_1 不动

中心轮 Z_1 不动,即 $x_i(t)=0$,由于输出转速 $x_o(t)$ 通过齿轮 Z_a、Z_b 和蜗杆蜗轮 Z_c、Z_d 反传递到转臂 m 作用在差动机构上,输出转速 $x_{mo}(t)$ 与齿轮 Z_4 输出转速 $x_o(t)$ 叠加。

当 $x_i(t)=0$,转臂 m 作为输入,齿轮 Z_4 作为输出,设转臂 m 的转速为 n_m,由上述可知, $\frac{n_4}{n_1}=-1$,齿轮 Z_1 和 Z_4 相对于转臂的转速为

$$\frac{n_4^m}{n_1^m}=\frac{n_4-n_m}{n_1-n_m}=-1$$

由于此时 $n_1=0$,齿轮 Z_4 和转臂 m 传动比为

$$\frac{n_4}{n_m}=2$$

即由转臂转速 $x_m(t)$ 引起的输出转速 $x_{mo}(t)$ 的传动比为 2,设 $\frac{Z_aZ_c}{Z_bZ_d}=p$,则由输出转速 $x_o(t)$ 到转臂转速 $x_m(t)$ 的传动比为 p,故由输出转速 $x_o(t)$ 到转臂输出转速 $x_{mo}(t)$ 的总传动比为 $2p$,即反馈回路的传递函数为

$$H(s)=2p$$

（3）系统传递函数

将上述 2 种情况叠加到一起,即可得出差动机构系统的控制框图如图 7-35 所示。

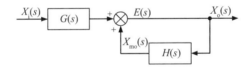

图 7-35　滚齿机差动机构系统的控制框图

由图 7-35 可知,滚齿机差动机构传递函数为

$$\frac{X_o(s)}{X_i(s)}=G(s)\cdot\frac{1}{1-H(s)}=\frac{-1}{1-2p}=\frac{1}{2p-1}$$

由于 $H(s)$ 是常数,因此该系统为比例反馈校正,滚齿机中 Z_a、Z_b、Z_c 和 Z_d 是一条很长的传动链,当机床调整好后,p 为一常数。通过调整参数 p,便可以获得不同的 $X_o(s)/X_i(s)$,当输入转速一定时,即可得到不同的输出转速,即改变刀具与工件的相对运动,满足不同加工精度的要求。

7.4.3　微分反馈校正

微分反馈是将被包围传递函数的输出量经过微分后反馈至输入端,如图 7-36 所示。习惯上把输出量看成是位置信号,经过一次微分后,位置信号变成了速度信号,因此微分反馈又称为速度反馈。

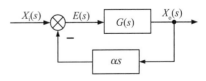

图 7-36　微分反馈校正系统控制框图

微分反馈校正环节的传递函数为 $G_c(s) = \alpha s$，α 称为微分反馈系数。

若校正前系统的传递函数为

$$G(s) = \frac{K}{s(Ts+1)}$$

采用微分反馈校正后，系统的传递函数为

$$G_B(s) = \frac{X_o(s)}{X_i(s)} = \frac{\dfrac{K}{1+K\alpha}}{s\left(\dfrac{T}{1+K\alpha}s+1\right)} = \frac{K'}{s(T's+1)}$$

式中，$K' = K/(1+K\alpha)$；$T' = T/(1+K\alpha)$。

由此可知，对于 Ⅰ 型系统，采用微分反馈校正后的系统仍为 Ⅰ 型，但时间常数由原来的 T 降到 $T' = T/(1+K\alpha)$，校正后系统的响应速度提高。同时校正后系统的增益减小到 $K' = K/(1+K\alpha)$，可通过串联前置放大器加以补偿，从而保证系统的稳态性能不变。

微分反馈在随动系统中得到了极为广泛的应用，加入微分反馈后，可以在具有较高快速性的同时，保证系统具有良好的稳定性。在实际的位置随动系统中，电动机的机械惯性（时间常数）较大，通常是影响控制系统品质的重要因素。但是，电动机的机械惯性又很难减小，因此常用微分反馈校正装置改善控制系统的动态性能。

例 7-7 图 7-37 所示为某位置随动系统控制框图，要求通过局部反馈校正，使校正后系统满足以下性能指标：单位恒速输入时的稳态误差 $e_{ss} = 0.05$；系统的相对谐振峰值 $M_r \leqslant 1.3$。

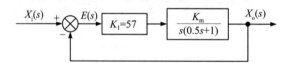

图 7-37 例 7-7 校正前位置随动系统控制框图

解：由图 7-37 可知，该系统为 Ⅰ 型，对于 Ⅰ 型系统

$$K_v = \lim_{s \to 0} sG(s)H(s) = \lim_{s \to 0} sK_1\frac{K_m}{s(0.5s+1)} = K_1K_m = \frac{1}{e_{ss}} = \frac{1}{0.05}$$

得 $K_1K_m = 20$，$K_m = 20/K_1 = 0.35$

于是，系统的开环传递函数为

$$G_K(s) = \frac{K_1K_m}{s(0.5s+1)} = \frac{20}{s(0.5s+1)}$$

在加入微分反馈校正与前置放大环节后，校正后系统的控制框图如图 7-38 所示。

因此，校正后系统的开环传递函数为

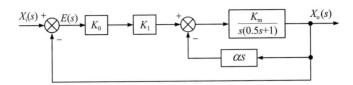

图 7-38 微分反馈校正后系统的控制框图

$$G'_K(s)=\frac{X_o(s)}{E(s)}=K_1 K_0 \cdot \frac{\dfrac{K_m}{s(0.5s+1)}}{1+\dfrac{K_m}{s(0.5s+1)} \cdot \alpha s}=K_1 K_0 \cdot \frac{\dfrac{K_m}{1+\alpha K_m}}{s\left(\dfrac{0.5}{1+\alpha K_m}s+1\right)}$$

校正后系统的闭环传递函数为

$$G_B(s)=\frac{X_o(s)}{X_i(s)}=\frac{G'_K(s)}{1+G'_K(s)}=\frac{2K_1 K_0 K_m}{s^2+2(1+\alpha k_m)s+2K_1 K_0 K_m}$$

因此,校正后系统的无阻尼固有频率、阻尼比分别为

$$\omega_n=\sqrt{2K_1 K_0 K_m}, \quad \zeta=\frac{1+\alpha K_m}{\sqrt{2K_1 K_0 K_m}}$$

对于二阶系统,利用谐振峰值公式

$$M_r=|G(j\omega_r)|=\frac{1}{2\zeta\sqrt{1-\zeta^2}}$$

可求出系统校正后满足 $M_r=1.3$ 时的 ζ 值,即 $\zeta=0.425$。

代入阻尼比公式,可得 $\quad \dfrac{1+0.35\alpha}{\sqrt{40K_0}}=0.425$

为保证系统校正后单位恒速输入时的稳态误差不变,则

$$K_v=\lim_{s\to 0}sG'_K(s)=\lim_{s\to 0}s\cdot\frac{\dfrac{K_1 K_0 K_m}{1+\alpha K_m}}{s\left(\dfrac{0.5}{1+\alpha K_m}s+1\right)}=\frac{K_1 K_0 K_m}{1+\alpha K_m}=\frac{1}{e_{ss}}$$

即

$$\frac{20K_0}{1+0.35\alpha}=\frac{1}{0.05}$$

联立阻尼比和稳态误差公式,可求出 $K_0=7.22, \alpha=17.78$

微分反馈校正后系统的闭环传递函数为

$$G_B(s)=\frac{288.88}{s^2+14.44s+288.88}$$

采用 MATLAB 软件,绘制校正前后闭环系统 Bode 图,如图 7-39 所示,校正后系统的谐振峰值为 $20\lg M_r=2.22\text{dB}$,即 $M_r=1.29<1.3$,满足系统要求。

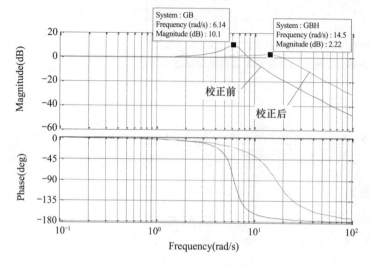

数字资源 7-14
例 7-7 微分反馈校正
前后的闭环 Bode 图

图 7-39 微分反馈校正前后的闭环 Bode 图

校正前后系统的单位阶跃响应曲线如图 7-40 所示,校正后系统单位阶跃响应超调量 $\sigma=20\%$,响应时间 $t_s=0.5\text{s}$。校正后系统动态性能比校正前有较大的提高,系统的响应时间减小,响应速度加快;系统的最大谐振峰值减小,稳定性增加。

因此,通过微分反馈校正,系统在满足稳态性能指标的前提下,动态性能有较大提高。

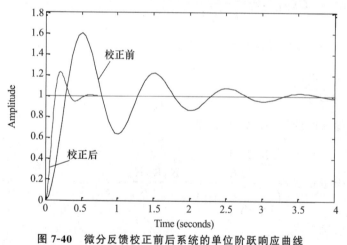

数字资源 7-15
例 7-7 微分反馈校正前后
系统的单位阶跃响应曲线

图 7-40 微分反馈校正前后系统的单位阶跃响应曲线

7.5 顺馈校正

7.5.1 顺馈校正原理

顺馈校正又称为顺馈补偿,具有顺馈校正环节的控制框图如图 7-41 所示。

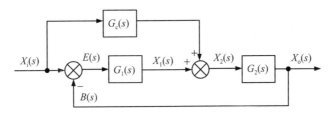

图 7-41　具有顺馈校正环节的控制框图

系统偏差 $E(s)=X_i(s)-B(s)$，可见，顺馈校正的特点是不依靠偏差而直接测量干扰，在干扰引起误差前就对系统进行近似补偿，及时消除干扰的影响，因此，对系统进行顺馈补偿的前提是干扰可以测量。

如图 7-41 所示，系统的输出由两部分组成，一部分是由 $E(s)$、$G_1(s)$、$G_2(s)$ 组成，另一部分是由 $X_i(s)$、$G_c(s)$、$G_2(s)$ 组成，其输出分别为

$$X_{o1}(s)=E(s)G_1(s)G_2(s)$$

$$X_{o2}(s)=X_i(s)G_c(s)G_2(s)$$

具有顺馈校正环节的系统输出为

$$X_o(s)=X_{o1}(s)+X_{o2}(s)=E(s)G_1(s)G_2(s)+X_i(s)G_c(s)G_2(s)$$

由于 $E(s)=X_i(s)-B(s)=X_i(s)-X_o(s)$

整理得

$$X_o(s)(1+G_1(s)G_2(s))=X_i(s)[G_1(s)G_2(s)+G_c(s)G_2(s)]$$

增加顺馈校正环节后，控制系统的闭环传递函数为

$$G_B(s)=\frac{X_o(s)}{X_i(s)}=\frac{G_1(s)G_2(s)+G_c(s)G_2(s)}{1+G_1(s)G_2(s)}$$

当 $G_c(s)=1/G_2(s)$ 时

$$G_B(s)=\frac{X_o(s)}{X_i(s)}=\frac{G_1(s)G_2(s)+G_c(s)G_2(s)}{1+G_1(s)G_2(s)}$$

$$=\frac{G_1(s)G_2(s)+\dfrac{1}{G_2(s)}G_2(s)}{1+G_1(s)G_2(s)}=\frac{1+G_1(s)G_2(s)}{1+G_1(s)G_2(s)}=1$$

即 $X_o(s)=X_i(s)$，于是偏差 $E(s)=X_i(s)-X_o(s)=0$，系统是无差的，称为全补偿的顺馈校正。系统通过 $G_c(s)G_2(s)$ 增加了一个输出 $X_{o2}(s)$，该输出产生的动态误差与原系统输入作用下产生的误差相互抵消，使得输出完全复现输入，从而达到消除误差的目的，提高系统的稳态精度。

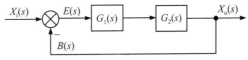

图 7-42　单位反馈控制系统

图 7-42 所示为校正前控制系统，实际上是

单位反馈控制系统。

校正前控制系统闭环传递函数为

$$G_B(s) = \frac{X_o(s)}{X_i(s)} = \frac{G_1(s)G_2(s)}{1+G_1(s)G_2(s)}$$

由图 7-41 和图 7-42 可知，顺馈校正是一种主动的校正，在闭环产生误差之前就以开环方式进行补偿，而其传递路线没有参与到原闭环回路中。比较校正前后系统的闭环传递函数可知，特征方程不变，都是 $1+G_1(s)G_2(s)=0$，因此控制系统虽然加入了顺馈校正，但其闭环稳定性不受影响。

在实际工程应用中，为减小顺馈校正控制信号的功率，大多情况下将其信号加在系统中综合放大器的输入端；同时，为了使 $G_c(s)$ 的结构简单，通常不要求实现全补偿，只要通过部分补偿将系统的误差减小到允许误差范围内即可。

顺馈校正虽然可以完全消除系统稳态误差，但并不可能适用所有的工作环境。如滚齿机的差动机构中，顺馈校正环节 $G_c(s)$ 在系统闭环反馈回路外，工作时系统对其参数的变化会非常敏感，使得系统的输出不稳定，从而造成更大的误差。因此，实际上能用反馈和串联校正完成的校正系统，应尽量少用顺馈校正。

7.5.2 顺馈校正应用

例 7-8 图 7-43 所示为仿形加工装置触头沿仿形模板的运动情况，在加工过程中，刀具依仿形装置的触头作随动。仿形模板由两段与仿形装置运动方向平行的直线 1～2、3～4 和一段与水平线夹角为 β 的直线 2～3 组成，实际触头轴线和水平线夹角为 α，仿形装置水平方向进给速度为 v。仿形加工装置是一个随动系统，该系统的控制框图如图 7-44 所示，试讨论利用顺馈校正方法提高仿形加工装置的精度。

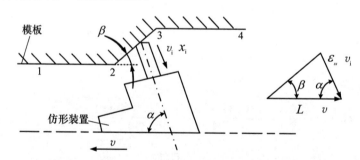

图 7-43 仿形加工装置触头沿仿形模板的运动示意图

解：设静态时刀具和触头位置一致，当触头在仿形模板 1～2 和 3～4 直线段运动时，作为随动系统来说，触头输入 $x_i(t)$ 取为零值，当触头沿仿形模板 2～3 直线段向左运动时，触头将有恒速输入 $x_i(t)=v_i t$，根据任意三角形的关系，触头运动速度为

$$v_i = \frac{\sin\beta}{\sin(\alpha+\beta)}v$$

对于 I 型系统，在单位恒速输入时的稳态偏差为

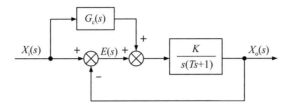

图 7-44   仿形加工装置系统控制框图

$$\varepsilon_{ss} = \frac{1}{K_v} = \frac{1}{K}$$

在 v_i 恒速输入时的稳态偏差为

$$\varepsilon_{ss} = \frac{v_i}{K_v} = \frac{v}{K}\frac{\sin\beta}{\sin(\alpha+\beta)}$$

采用顺馈校正后,系统的输出为

$$X_o(s) = \frac{K}{s(Ts+1)}\big[E(s) + G_c(s)X_i(s)\big]$$
$$X_o(s) = X_i(s) - E(s)$$

可得系统的偏差为

$$E(s) = \frac{1 - G_c(s)\dfrac{K}{s(Ts+1)}}{1 + \dfrac{K}{s(Ts+1)}} \cdot X_i(s)$$

当系统的输入为 $X_i(s) = \dfrac{v_i}{s^2}$ 时,稳态偏差为

$$\varepsilon_{ss} = \lim_{s\to 0} sE(s) = \lim_{s\to 0} s\,\frac{s(Ts+1) - G_c(s)K}{s(Ts+1) + K} \cdot \frac{v_i}{s^2}$$

取 $G_c(s) = s/K$ 时,稳态偏差为

$$\varepsilon_{ss} = \lim_{s\to 0} \frac{sTv_i}{s(Ts+1) + K} = 0$$

为实现 $G_c(s) = s/K$,只要将模板平移一段,即沿水平进给方向逆移 L 距离即可。由三角形关系可知,稳态偏差与距离 L 的关系为

$$\varepsilon_{ss} = \frac{\sin\beta}{\sin(\alpha+\beta)}L$$

而 $\quad \varepsilon_{ss} = \dfrac{v_i}{K_v} = \dfrac{v}{K}\dfrac{\sin\beta}{\sin(\alpha+\beta)}$

则 $\quad L = \dfrac{v}{K}$

这也等于输入量 $x_i(t)$ 导前一段时间 T_d，而成为 $x_i(t+T_d)$。

$$T_d = \frac{L}{v} = \frac{1}{K} = \frac{\varepsilon_{ss}}{v_i}$$

校正后的输入 $x_i(t+T_d)$，经拉氏变换后得

$$X_i'(s) = \frac{v_i}{s^2} e^{T_d s}$$

而 $e^{T_d s} = 1 + T_d s + \frac{1}{2!} T_d^2 s^2 + \cdots$，取 $e^{T_d s} \approx 1 + T_d s$，得

$$X_i'(s) = \frac{v_i}{s^2} + \frac{v_i T_d}{s}$$

因此 $X_i'(s) = \frac{v_i}{s^2} + T_d s \frac{v_i}{s^2} = X_i(s) + T_d s X_i(s)$

而 $T_d = 1/K$，则 $T_d s = s/K = G_c(s)$。

校正后系统控制框图如图 7-45 所示，由此可知，顺馈校正就是在输入前增加一个阶跃信号。实践证明，将仿形加工装置逆着进给方向敲一敲，实际上就是造成一个阶跃输入，从理论上讲，这相当于顺馈补偿，只要其量适当，即可提高仿形加工装置的精度。

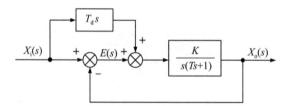

图 7-45 顺馈校正后系统的控制框图

习题

7.1 系统截止频率的含义是什么？试以 Bode 图表示。截止频率、幅值穿越频率、响应时间三者之间有什么关系。

7.2 顺馈校正为什么不会改变系统的稳定性？试从传递函数的角度说明。

7.3 设单位负反馈系统的开环传递函数为

$$G_K(s) = \frac{K}{s(s+1)(0.5s+1)}$$

试设计串联校正环节，使校正后系统在单位恒速输入时的稳态误差 $e_{ss} = 0.2$，相位裕度 $\gamma \geq 40°$，幅值裕度 $K_g(dB) \geq 10dB$。

7.4 设单位负反馈系统的开环传递函数为

$$G_K(s) = \frac{30}{s(0.1s+1)(0.2s+1)}$$

试设计串联校正环节,使校正后系统的幅值穿越频率 $\omega_c \approx 2.3$ rad/s,相位裕度 $\gamma \geqslant 40°$,幅值裕度 K_g(dB)$\geqslant$10dB,保留 Bode 图作图痕迹。

7.5 已知最小相位系统开环对数幅频特性曲线如图 7-46 所示,其中$\overline{ACD}$、$\overline{ABEFG}$ 分别表示系统校正前、后的对数幅频特性曲线。试求:

(1)系统校正前、后的开环传递函数;

(2)系统校正前、后的相位裕度;

(3)校正环节的传递函数,画出其对数幅频特性曲线并说明该校正环节属于串联校正中的哪一种方法,该校正方法在该系统中有何优缺点。

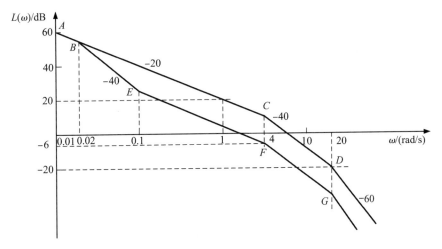

图 7-46 题 7.5 最小相位系统校正前后的对数幅频特性曲线

7.6 已知最小相位系统开环对数幅频特性曲线如图 7-47 所示,其中$\overline{ACD}$、$\overline{ABEFG}$ 分别表示系统校正前、后的对数幅频特性曲线。

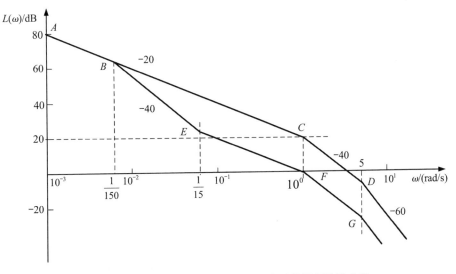

图 7-47 题 7.6 最小相位系统校正前后的对数幅频特性曲线

试求：

（1）系统校正前、后的开环传递函数；

（2）校正环节的传递函数 $G_c(s)$，采用的是何种串联校正方式；

（3）绘制系统校正前的相频特性曲线，计算系统校正前、后的相位裕度 γ；

（4）比较系统的校正前、后稳定性，分析 $G_c(s)$ 对该系统的作用，并分析其优缺点。

7.7 已知一单位反馈最小相位系统开环对数幅频特性曲线如图 7-48 所示，其中 $\overline{ABC}$、$\overline{ADEF}$ 分别表示系统校正前、后的对数幅频特性曲线。试求：

（1）系统校正前、后的开环传递函数；

（2）校正环节的传递函数 $G_c(s)$，采用的是何种串联校正方式；

（3）绘制校正环节的对数幅频特性，分析 $G_c(s)$ 对系统的作用，并分析其优缺点。

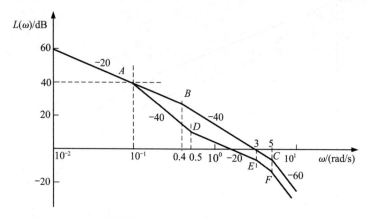

图 7-48　题 7.7 最小相位系统校正前后的对数幅频特性曲线

7.8 已知一单位反馈最小相位系统开环对数幅频特性曲线如图 7-49 所示，其中实线表示校正前的开环对数幅频特性，虚线表示串联校正环节 $G_c(s)$ 的对数幅频特性。试求：

（1）校正环节的传递函数 $G_c(s)$，所用的是何种串联校正方式；

（2）系统校正后的开环传递函数，绘制系统校正后的开环对数幅频特性；

（3）分析 $G_c(s)$ 对该系统的作用，并比较其优缺点。

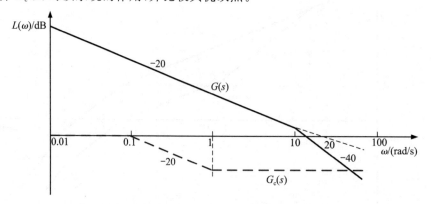

图 7-49　题 7.8 最小相位系统的对数幅频特性曲线

7.9 图 7-50 所示为最小相位系统校正前后的开环对数幅频特性曲线,试求:

(1)系统校正前的开环增益及传递函数,计算相位裕度,并判别稳定性;

(2)系统校正后的开环增益及传递函数,计算相位裕度,并判别稳定性;

(3)校正环节的传递函数,绘制校正环节对数幅频特性曲线,分析采用的是哪种校正方法,并说明改善了哪些性能,存在哪些不足。

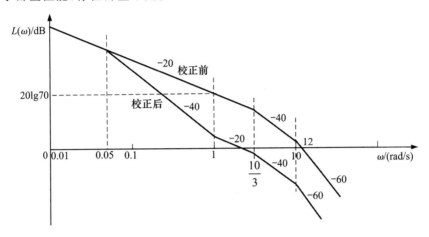

图 7-50 最小相位系统校正前、后的对数幅频特性曲线

7.10 已知单位负反馈系统的前向通道传递函数为

$$G_0(s) = \frac{80}{s(s+2)(s+20)}$$

经串联校正后系统的开环增益不变,校正后对数幅频特性表现为最小相位系统(如图 7-51 所示)。

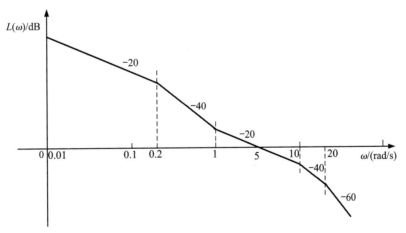

图 7-51 校正后最小相位系统的对数幅频特性曲线

试求:

(1)校正后系统的开环传递函数;

(2)校正后系统的相位裕度,并判别系统是否稳定;

(3)绘制校正前系统的开环幅频特性曲线;

(4)校正环节的传递函数,并说明采用的是何种校正方法及其特点。

7.11 图 7-52 所示为最小相位系统校正前、后的开环对数幅频特性曲线,试求:

(1)系统校正前、后的开环传递函数;

(2)校正后的幅值穿越频率和相位裕度各为多少?校正后系统是否稳定?

(3)校正环节的传递函数,并说明采用的是哪种校正方法,有何特点?

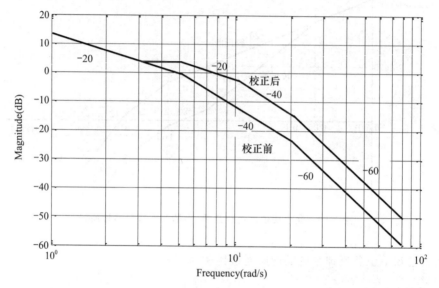

图 7-52　最小相位系统校正前、后的对数幅频特性曲线

7.12 图 7-53 所示为最小相位系统校正前、后的开环对数幅频特性曲线。

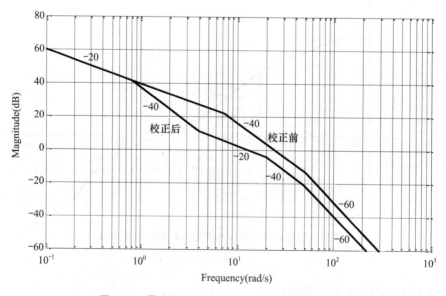

图 7-53　最小相位系统校正前、后的对数幅频特性

试求：

（1）系统校正前的开环增益及传递函数；

（2）系统校正后的开环增益及传递函数；

（3）校正环节的传递函数，并在原图上绘制校正环节对数幅频特性曲线，说明采用的是哪种校正方法，改善了哪些性能；

（4）系统校正前的相位裕度。

7.13　图 7-54 所示为最小相位系统校正前的开环对数幅频特性曲线与校正环节的对数幅频特性曲线，试求：

（1）绘制校正后系统的对数幅频特性曲线；

（2）系统校正前、后的开环传递函数；

（3）系统的校正前的相位裕度，并判别稳定性；

（4）校正环节的传递函数，并说明属于哪种校正方法，分析其校正的特点。

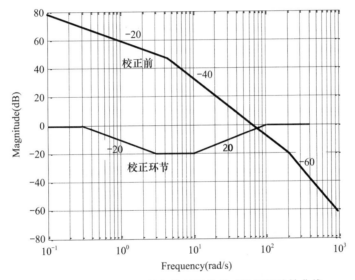

图 7-54　最小相位系统与校正环节的对数幅频特性曲线

第8章　控制系统 PID 校正

PID 控制在经典控制理论中已是成熟的技术,自 20 世纪 30 年代末出现模拟 PID 控制器,至今仍在非常广泛地应用。PID 控制已有 90 余年的历史,因结构简单、稳定性好、工作可靠、调整方便而成为工业控制的主要技术之一。当被控对象的结构和参数不能完全掌握,或得不到精确的数学模型时,控制理论的其他技术难以解决,系统控制器的结构和参数必须依靠经验和现场调试确定,这时应用 PID 控制技术最为方便。随着计算机技术的迅猛发展,用计算机代替模拟 PID 调节器,实现数字 PID 控制,使其控制作用更加灵活、易于改进和完善。国内的控制学家在机器人 PID 控制、工业过程 PID 控制方面都做了大量的工作。其中的一个里程碑事件是,1986 年中国科学院韩京清研究员提出了被誉为 PID 2.0,中国人自己的自适应控制方法——自抗扰控制技术。

本章首先介绍 PID 控制的基本概念,再依次介绍 P 控制、PD 控制、PI 控制、PID 控制以及 PID 控制的数字化实现。

8.1　PID 控制规律

PID 控制器是指按偏差的比例(Proportional)、积分(Integral)和微分(Derivative)对被控对象进行控制的一种方式。PID 控制器已经形成了典型结构,其参数整定方便,结构改变灵活(如 P、PI、PD、PID 等),在许多工业过程控制中获得了良好的应用效果。对于有些数学模型不易精确求得、参数变化较大的被控对象,采用 PID 控制器也往往能得到满意的控制效果。

所谓 PID 控制规律,就是一种对偏差 $\varepsilon(t)$ 进行比例、积分和微分变换的控制规律,即

$$u(t) = K_p \left[\varepsilon(t) + \frac{1}{T_i} \int_0^t \varepsilon(t) \mathrm{d}t + T_d \frac{\mathrm{d}\varepsilon(t)}{\mathrm{d}t} \right] \tag{8-1}$$

式中,$K_p \varepsilon(t)$ —— 比例控制项,K_p —— 比例系数;$\frac{1}{T_i} \int_0^t \varepsilon(t) \mathrm{d}t$ —— 积分控制项,T_i —— 积分时间常数;$T_d \frac{\mathrm{d}\varepsilon(t)}{\mathrm{d}t}$ —— 微分控制项,T_d —— 微分时间常数。

比例控制项与微分、积分控制项的不同组合可分别构成 P(比例)、PD(比例微分)、PI(比例积分)和 PID(比例积分微分)控制器(或称校正器),其中常单独使用的是 PD、PI 和 PID 三种,PID 控制器通常用作串联校正环节,也可用作反馈校正环节。

8.2 P 控制器

8.2.1 P 控制器的控制规律及频率特性

P 控制器的控制框图如图 8-1 所示。

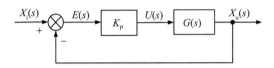

图 8-1 P 控制器的控制框图

P 控制器控制规律为

$$u(t) = K_p \varepsilon(t) \tag{8-2}$$

P 控制器传递函数为

$$G_c(s) = \frac{U(s)}{E(s)} = K_p \tag{8-3}$$

P 控制器频率特性为

$$G_c(j\omega) = K_p \tag{8-4}$$

图 8-2 所示为 P 控制器在 $K_p = 10$ 时的频率特性 Bode 图,由图 8-2 可知,比例控制只改变系统的幅值而不影响系统的相位。

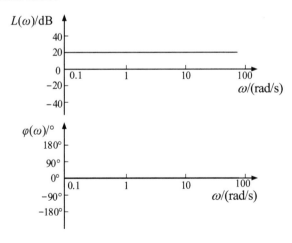

图 8-2 P 控制器的 Bode 图

如图 8-1 所示的单位反馈控制系统,在 $G(s)$ 开环增益为 1 时,$G(s)$ 不同的结构形式引起稳态误差不一样。

对于 $G(s)$ 为 0 型系统且系统输入为单位阶跃输入时,输出的稳态误差为 $e_{ss} = \dfrac{1}{1 + K_p}$;

对于 $G(s)$ 为 I 型系统且系统输入为单位恒速输入时,输出的稳态误差为 $e_{ss} = \dfrac{1}{K_p}$;

对于 $G(s)$ 为 II 型系统且系统输入为单位恒加速输入时,输出的稳态误差为 $e_{ss} = \dfrac{1}{K_p}$ 。

因此,比例控制系数 K_p 的大小对系统的稳态精度有着直接的控制作用, K_p 越大,稳态误差越小。比例控制对系统的影响主要反映在系统稳态误差和稳定性上,增大比例系数可提高系统的开环增益,减少系统的稳态误差,但同时会增大调节时间,也会破坏系统的相对稳定性,甚至会导致系统不稳定,因此,在系统校正和设计中,比例控制一般不单独使用,而是根据系统的需要与积分或微分配合使用。

8.2.2　P 控制器的校正环节

图 8-3 所示为 P 控制器有源电路,其传递函数为

$$G_c(s) = \frac{U_o(s)}{U_i(s)} = -\frac{R_2}{R_1} = K_p \tag{8-5}$$

可见,图 8-3 所示的电路为 P 控制器电路。

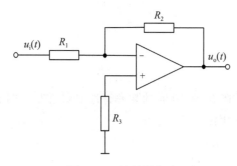

图 8-3　P 控制器电路

8.2.3　P 控制器的控制效果

在如图 8-1 所示的单位反馈控制系统中,设被控对象的传递函数为

$$G(s) = \frac{50}{(s+1)(s+5)(s+10)}$$

对系统采用 P 控制,比例系数分别为 $K_p = 1, 2, 5, 10$,系统的开环频率特性 Bode 图及闭环系统单位阶跃响应如图 8-4 所示。

由图 8-4 可知,随着 K_p 的增大系统的幅频特性曲线上移,相位不变,幅值穿越频率 ω_c 增大,相位裕度减少,相对稳定性变差; K_p 增大使稳态误差减小;稳态输出值会增大,在一定范围内,上升时间会缩短。但是当 K_p 过大时,随着幅频特性曲线的上移,幅值穿越频率的 ω_c 增大,系统相位裕度不断减少,阻尼比减小,会导致闭环系统不稳定。

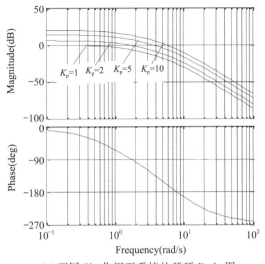

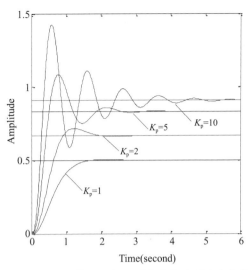

(a)不同 K_p 作用下系统的开环 Bode 图 　（b)不同 K_p 作用下闭环系统单位阶跃响应曲线

图 8-4　不同 K_p 作用下系统开环频率特性 Bode 图及闭环系统单位阶跃响应曲线

数字资源 8-1　不同 K_p 作用下
系统开环 Bode 图

数字资源 8-2　不同 K_p 作用下
系统单位阶跃响应曲线

8.3　PD 控制器

8.3.1　PD 控制器的控制规律及频率特性

PD 控制器的控制框图如图 8-5 所示。

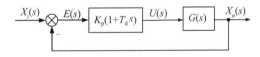

图 8-5　PD 控制器的控制框图

PD 控制器控制规律为

$$u(t) = K_p\left[\varepsilon(t) + T_d\frac{\mathrm{d}\varepsilon(t)}{\mathrm{d}t}\right] \tag{8-6}$$

PD 控制器传递函数为

$$G_c(s) = \frac{U(s)}{E(s)} = K_p(1 + T_d s) \tag{8-7}$$

当 $K_p = 1$ 时,PD 控制器频率特性为

$$G_c(j\omega) = 1 + jT_d\omega \tag{8-8}$$

图 8-6 所示为 PD 控制器的频率特性 Bode 图,由图 8-6 可知,PD 校正使得系统相位超前。

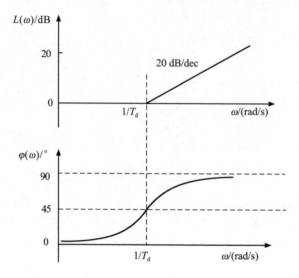

图 8-6　PD 控制器的 Bode 图

自动控制系统在克服误差的调节过程中,可能会出现振荡甚至不稳定的情况,原因是控制系统中存在较大惯性的组件,其具有抑制误差的作用,使实际输出总是落后于误差的变化。解决办法是在控制系统中增加超前环节,使得具有惯性环节的相位滞后作用被抵消,在误差变化为零时,抑制误差的作用也为零。因此 PD 控制器能预测误差变化的趋势,抑制误差的作用,使系统的相位提前,增加系统相位裕度和截止频率,从而提高系统稳定性和响应速度。特别地,对于具有较大惯性或滞后的被控对象,PD 控制器能有效改善系统的动态特性。

8.3.2　PD 控制器的校正环节

图 8-7 所示为 PD 控制器有源电路,其传递函数为

$$G_c(s) = \frac{U_c(s)}{U_i(s)} = K_p(T_d s + 1) \tag{8-9}$$

式中,$T_d = R_1 C_1$,$K_p = -R_2/R_1$。

可见,图 8-7 所示为 PD 控制器电路。

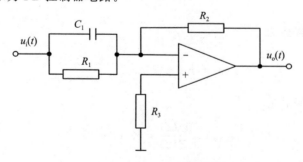

图 8-7　PD 控制器电路

8.3.3　PD 控制器的控制效果

在如图 8-5 所示的控制系统中,设被控对象的传递函数为

$$G(s) = \frac{50}{(s+1)(s+5)(s+10)}$$

对系统采用 PD 控制,比例系数 $K_p = 1$,微分系数 $T_d = 0, 1, 2, 5$,系统的开环频率特性 Bode 图及闭环系统单位阶跃响应如图 8-8 所示。

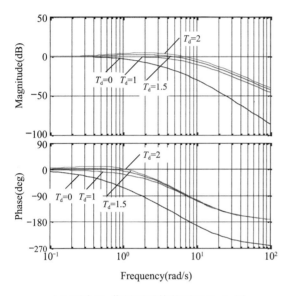
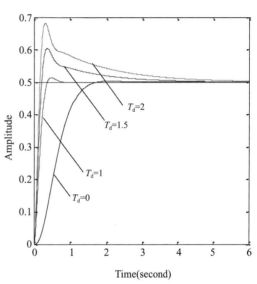

(a)不同 T_d 作用下系统的开环 Bode 图　　　(b)不同 T_d 作用下闭环系统单位阶跃响应曲线

图 8-8　不同 T_d 作用下系统开环频率特性 Bode 图及闭环系统单位阶跃响应曲线

数字资源 8-3　不同 T_d 作用下　　　　**数字资源 8-4　不同 T_d 作用下**
系统开环 Bode 图　　　　　　　　**系统单位阶跃响应曲线**

由图 8-8 可知,随着 T_d 的增加,系统的微分作用加强,相位裕度增加,幅值穿越频率增大,稳定性增强,响应速度加快,系统的动态性能得到提高。同时,PD 控制对系统的稳态性能没有改变,但是如果 T_d 值过大,容易造成较大超调量,输出易产生突跳,且存在放大高频噪声的缺点。

PD 控制器的控制作用包括以下几方面。

①对于欠阻尼系统,可增加系统的阻尼,减少系统的超调量;

②减少系统的上升时间和响应时间;

③增加系统的频宽,加快系统的响应速度;

④增加系统的幅值裕度、相位裕度;

⑤加强高频噪声。

8.4 PI 控制器

8.4.1 PI 控制器的控制规律及频率特性

PI 控制器的控制框图如图 8-9 所示。

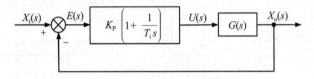

图 8-9 PI 控制器的控制框图

PI 控制器控制规律为

$$u(t) = K_p \left[\varepsilon(t) + \frac{1}{T_i} \int_0^t \varepsilon(t) \mathrm{d}t \right] \tag{8-10}$$

PI 控制器传递函数为

$$G_c(s) = \frac{U(s)}{E(s)} = K_p \left(1 + \frac{1}{T_i s} \right) \tag{8-11}$$

当 $K_p = 1$ 时,PI 控制器频率特性为

$$G_c(\mathrm{j}\omega) = \frac{1 + \mathrm{j}T_i \omega}{\mathrm{j}T_i \omega} \tag{8-12}$$

图 8-10 所示为 PI 控制器的频率特性 Bode 图,由图 8-10 可知,PI 控制器使得系统相位滞后。

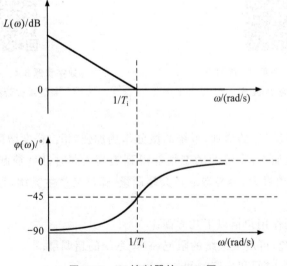

图 8-10 PI 控制器的 Bode 图

PI 控制器可以消除系统的稳态误差,因为只要存在偏差,积分所产生的控制量总是用来消除稳态误差的,直到积分的值为零,控制作用才停止。由于 PI 控制器会造成系统相位滞后,使得系统的相位裕度、幅值裕度有所减小,系统的稳定性变差,因此 PI 控制器只有在稳定裕度足够大时才能采用。

8.4.2 PI 控制器的校正环节

图 8-11 所示为 PI 控制器有源电路,其传递函数为

$$G_c(s) = \frac{U_o(s)}{U_i(s)} = K_p \left(1 + \frac{1}{T_i s}\right) \tag{8-13}$$

式中,$T_i = R_2 C_2$,$K_p = -R_2/R_1$。

可见,图 8-11 所示电路是 PI 控制器电路。

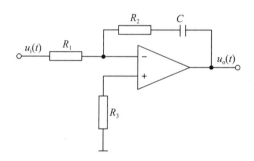

图 8-11 PI 控制器电路

8.4.3 PI 控制器的控制效果

控制系统如图 8-9 所示,其中被控对象的传递函数为

$$G(s) = \frac{50}{(s+1)(s+5)(s+10)}$$

对系统采用 PI 控制,比例系数 $K_p = 1$,积分系数 $T_i = 1, 2, 5, \infty$。系统的开环频率特性 Bode 图及闭环系统单位阶跃响应如图 8-12 所示。

由图 8-12 可知,系统未加入 PI 控制器($T_i = \infty$)时,频率为 0.01 rad/s 时,幅值为 0 dB,在加入 PI 控制器后,幅值增大,开环增益增大,系统的稳态误差减少。不同的积分时间常数 T_i,消除误差的效果不同。随着 T_i 的减小,系统的积分作用增强,系统响应时间减小,误差消除加快;同时系统相位滞后增大,系统的稳定裕度变小,阻尼比减小,系统的稳定性变差。

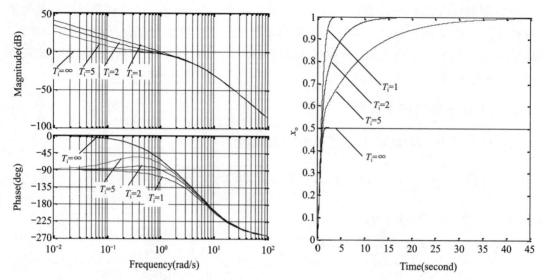

(a)不同 T_i 作用下系统的开环 Bode 图 (b)不同 T_i 作用下闭环系统单位阶跃响应曲线

图 8-12 不同 T_i 作用下系统开环频率特性 Bode 图及闭环系统单位阶跃响应曲线

数字资源 8-5 不同 T_i 作用下
系统开环 Bode 图

数字资源 8-6 不同 T_i 作用下
系统单位阶跃响应曲线

8.5 PID 控制器

8.5.1 PID 控制器的控制规律及频率特性

PID 控制器的控制框图如图 8-13 所示。

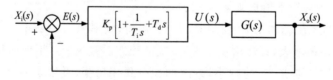

图 8-13 PID 控制器的控制框图

PID 控制器控制规律为

$$u(t) = K_p \left[\varepsilon(t) + \frac{1}{T_i} \int_0^t \varepsilon(t) \mathrm{d}t + T_d \frac{\mathrm{d}\varepsilon(t)}{\mathrm{d}t} \right]$$

PID 控制器传递函数为

$$G_c(s) = \frac{U(s)}{E(s)} = K_p\left(1 + \frac{1}{T_i s} + T_d s\right) \tag{8-14}$$

当 $K_p = 1$ 时,PID 控制器频率特性为

$$G_c(j\omega) = 1 + \frac{1}{jT_i\omega} + jT_d\omega \tag{8-15}$$

当 $T_i > T_d$ 时,PID 控制器的频率特性 Bode 图如图 8-14 所示。由图 8-14 可知,PID 控制器在低频段起积分作用,改善系统的稳态性能;在高频段起微分作用,改善系统的动态性能。

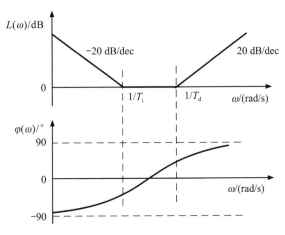

图 8-14　PID 控制器 Bode 图

PID 控制器是由 P(比例)、I(积分)、D(微分)三个控制项组成,因此,PID 控制器同时具有 P 控制器、PI 控制器和 PD 控制器的控制作用。

①比例系数 K_p 直接决定控制作用的强弱,加大 K_p 可以减少系统的稳态误差,提高系统的动态响应速度,但 K_p 过大会使动态性能变坏,引起输出量振荡甚至导致闭环系统不稳定。

②在比例控制的基础上,加入积分控制可以消除系统的稳态误差。因为只要偏差存在,积分作用所产生的控制量就会消除稳态误差,直到积分的值为零才停止。但系统的动态过程变慢,过强的积分作用使系统的超调量和振荡次数增加,从而使系统的稳定性变差。

③微分的控制作用与偏差变化的速度有关。微分控制能够预测偏差,产生超前的校正作用,有助于减小超调,克服振荡,使系统趋于稳定;并能加快系统的响应速度,缩短响应时间,改善系统的动态性能。微分控制的不足之处是放大了噪声信号。

由图 8-13 可知,当系统引入 PID 控制器后,由于系统的开环部分增加了一个积分环节,即校正后系统的型次增加一阶,从而显著地改善系统的稳态性能。由于 PID 控制器能产生较大的相位超前,因而能使系统的相位裕度有较大的增加,阻尼比增大,超调量减小,响应速度加快,从而改善系统的动态性能。

8.5.2 PID 控制器的校正环节

图 8-15 所示为 PID 控制器有源电路,其传递函数为

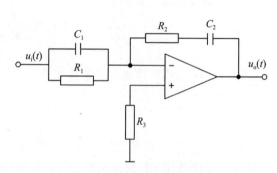

$$G_c(s) = \frac{U_o(s)}{U_i(s)} = K_p\left(1 + \frac{1}{T_i s} + T_d s\right)$$

$$(8\text{-}16)$$

式中,$T_i = R_1 C_1 + R_2 C_2$,$T_d = \dfrac{R_1 C_1 R_2 C_2}{R_1 C_1 + R_2 C_2}$,

$K_p = \dfrac{R_1 C_1 + R_2 C_2}{R_1 C_2}$。

图 8-15 PID 控制器电路

可见,图 8-15 所示电路为 PID 控制器电路。

8.5.3 PID 控制器的控制效果

控制系统框图如图 8-13 所示,其中被控对象的传递函数为

$$G(s) = \frac{50}{(s+1)(s+5)(s+10)}$$

分别采用 PD、PI 及 PID 控制器对系统进行校正,取 $K_p = 1$,$T_i = 0.5$,$T_d = 2$,系统的开环频率特性 Bode 图及闭环系统单位阶跃响应如图 8-16 所示。

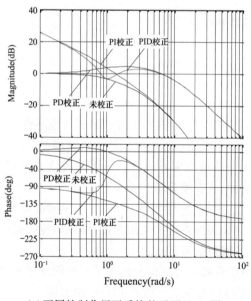

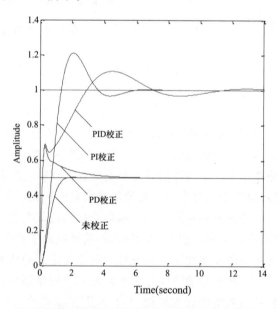

(a)不同控制作用下系统的开环 Bode 图　　(b)不同控制作用下闭环系统单位阶跃响应曲线

图 8-16 不同控制下系统开环频率特性 Bode 图及闭环系统单位阶跃响应曲线

数字资源 8-7 不同控制作用下
系统开环 Bode 图

数字资源 8-8 不同控制作用下
系统单位阶跃响应曲线

由图 8-16 可知,不同的控制作用其效果不同,各控制方式的作用如下。

PD 控制:系统上升时间减小,动态性能提高,而稳态性能没有改变;

PI 控制:可使稳态误差为零,稳态性能提高,而系统响应时间增大,系统动态性能变差;

PID 控制:抑制超调量,动态性能优于 PI 控制。

在本例中,由于 PID 参数选择不是最佳值,因此 PID 校正效果不是很理想。只有当 PID 参数选取最佳值时,才可以获得最佳效果。

8.6 控制系统最优模型

8.6.1 二阶系统最优模型(典型 I 型系统)

二阶系统最优模型由积分环节和惯性环节组成,即典型 I 型系统,二阶系统的开环频率特性 Bode 图,如图 8-17 所示。

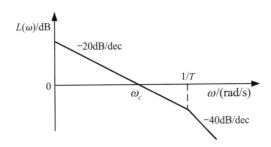

图 8-17 二阶系统最优模型的开环频率特性 Bode 图

单位反馈控制系统开环传递函数为

$$G(s) = \frac{K}{s(Ts+1)}$$

单位反馈控制系统闭环传递函数为

$$G_{\mathrm{B}}(s) = \frac{K}{Ts^2 + s + K} = \frac{\omega_{\mathrm{n}}^2}{s^2 + 2\zeta\omega_{\mathrm{n}}s + \omega_{\mathrm{n}}^2}$$

式中, $\omega_n = \sqrt{\dfrac{K}{T}}$ —— 无阻尼固有频率; $\zeta = \dfrac{1}{2\sqrt{KT}}$ —— 阻尼比。

由图 8-17 可知,由于低频段斜率为 $-20\mathrm{dB/dec}$,当 $\omega=1$ 时,$L(\omega)|_{\omega=1}=20(\lg\omega_c-\lg1)=20\lg\omega_c$,且 $L(\omega)|_{\omega=1}=20\lg K$,则有 $K=\omega_c$。

当 $\omega_c<1/T$ 时,则有 $KT<1$。

表 8-1 为二阶系统最优模型性能指标与参数的关系。

表 8-1 二阶系统性能指标与参数 KT 的关系

参数 KT	0.25	0.39	0.5	0.69	1
阻尼比	1	0.8	0.707	0.6	0.5
超调量	0	1.5%	4.3%	9.5%	16.3%
调整时间	$9.4T$	$6T$	$6T$	$6T$	$6T$
上升时间	∞	$6.67T$	$4.72T$	$3.34T$	$2.41T$
相位裕度	76.3°	69.9°	65.3°	59.2°	51.8°
谐振峰值	1	1	1	1.04	1.15
谐振频率	0	0	0	$0.44/T$	$0.707/T$
闭环带宽	$0.32/T$	$0.54/T$	$0.707/T$	$0.95/T$	$1.27/T$
穿越频率	$0.24/T$	$0.37/T$	$0.46/T$	$0.59/T$	$0.79/T$
固有频率	$0.5/T$	$0.62/T$	$0.707/T$	$0.83/T$	$1/T$

由表 8-1 可知,当 $KT=0.5$ 时,即阻尼比 $\zeta=0.707$ 时,超调量 $\sigma=4.3\%$,调节时间 $t_s=6T$,因此工程上称此系统为最佳二阶系统。要保证 $\zeta=0.707$ 并不容易,常取 $0.5\leqslant\zeta\leqslant0.8$。

例 8-1 已知单位反馈控制系统的开环传递函数为

$$G(s)=\frac{K}{s(0.2s+1)(1\times10^{-3}s+1)(8\times10^{-3}s+1)}$$

设计有源串联校正装置,使系统速度无偏系数 $K_v\geqslant20$,幅值穿越频率 $\omega_c\geqslant80\ \mathrm{rad/s}$,相位裕度 $\gamma\geqslant50°$。

解:校正前系统为I型系统,对斜波输入信号是有差的,根据误差计算公式可知 $K=K_v=20$,则校正前系统开环传递函数为

$$G(s)=\frac{20}{s(0.2s+1)(1\times10^{-3}s+1)(8\times10^{-3}s+1)}$$

采用 MATLAB 软件绘制系统校正前的开环频率特性 Bode 图,如图 8-18 所示。

由图 8-18 可知,$\omega_c=9.39\mathrm{rad/s}$,$\gamma=23°$,闭环系统稳定但不满足系统要求,因此需要对系统进行校正。

系统校正前的幅值穿越频率 ω_c、相位裕度 γ 均小于设计要求,为保证系统的稳态精度不变,提高系统的相位裕度,选取串联 PD 校正。校正前系统为四阶系统,而高频惯性环节较低频惯性环节转折频率高千倍以上,可不考虑,因此系统在低频段符合二阶系统最优模型,按照二阶系统最优模型为期望的频率特性进行校正。

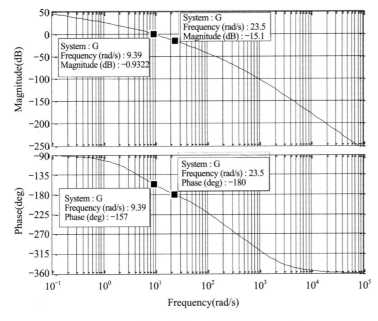

数字资源 8-9
例 8-1 系统校正前的
开环 Bode 图

图 8-18　系统校正前的开环频率特性 Bode 图

设 PD 校正环节的传递函数为

$$G_c(s) = K_p(T_d s + 1)$$

为使校正后的开环频率特性 Bode 图为期望的二阶系统最优模型,故令 $T_d = 0.2\text{s}$,可消除系统校正前转折频率最小的惯性环节,形成二阶系统最优模型。

则系统校正后的开环传递函数为

$$G(s)G_c(s) = K_p(T_d s + 1)G(s) = \frac{20K_p}{s(1 \times 10^{-3}s + 1)(8 \times 10^{-3}s + 1)}$$

令 $K_p = 1$,采用 MATLAB 软件绘制系统开环频率特性 Bode 图,如图 8-19 所示。

由图 8-19 可知,此时幅值穿越频率 $\omega_c = 19.6\text{rad/s}$,$\gamma = 80°$,而系统要求穿越频率 $\omega_c \geqslant 80\text{rad/s}$,根据二阶系统最优模型 $K = \omega_c = 80$,根据稳态误差计算公式 $K = K_v = 20K_p$,取 $K_p = 4.5$。

校正后系统的传递函数为

$$G(s)G_c(s) = K_p(T_d s + 1)G(s) = \frac{90}{s(1 \times 10^{-3}s + 1)(8 \times 10^{-3}s + 1)}$$

系统校正后的开环频率特性 Bode 图和闭环系统单位阶跃响应如图 8-20 所示。由图 8-20 可知,幅值穿越频率 $\omega_c = 83.5\text{rad/s}$,$\gamma = 51°$,$K_v = 90$,满足系统要求。系统校正后的超调量为 11%,响应时间为 0.1s,校正前超调量为 50%,响应时间为 2s,系统校正后稳态及动态性能方面都有了很大的提高。在满足相位裕度的情况下,比例环节还可增大,这样还可增大幅值穿越频率及速度无偏系数,则可继续提高系统的响应速度和稳态精度。

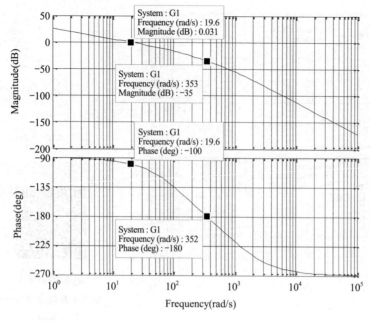

数字资源 8-10

例 8-1 系统 PD 校正后的

开环 Bode 图

图 8-19 系统 PD 校正后的开环频率特性 Bode 图

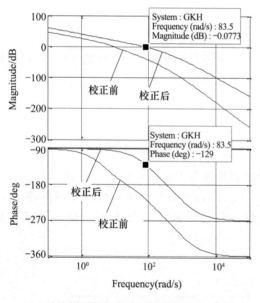

（a）系统校正前后的开环频率特性 Bode 图

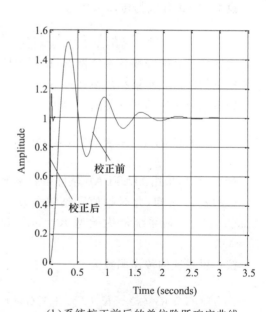

（b）系统校正前后的单位阶跃响应曲线

图 8-20 系统校正前、后的开环频率特性 Bode 图及闭环系统单位阶跃响应曲线

数字资源 8-11　例 8-1 系统校正前后
的开环 Bode 图

数字资源 8-12　例 8-1 系统校正前后
的单位阶跃响应曲线

8.6.2　高阶系统最优模型(典型 Ⅱ 型系统)

图 8-21 所示为三阶系统最优模型的频率特性 Bode 图,由图 8-21 可知,这个模型既保证了中频段斜率为 -20dB/dec,又使低频段有更大的斜率,提高了系统的稳态精度。由此可见,此模型的性能比二阶系统最优模型好,在工程上也常常采用这种模型。

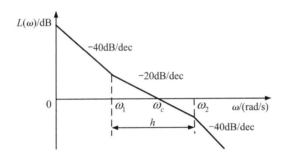

图 8-21　三阶系统最优模型的开环频率特性 Bode 图

在初步设计时,可以取 $\omega_c = \omega_2/2$;中频段宽度 h 选为 7～12 倍 ω_1,如希望进一步增大稳定裕度,可把 h 增大至 15～18 倍 ω_1。

由图 8-21 可知,$\lg h = \lg \omega_2 - \lg \omega_1$,$h = \dfrac{\omega_2}{\omega_1}$。

按照谐振峰值最小准则,有 $M_{r_{\min}} = \dfrac{h+1}{h-1}$,$\dfrac{\omega_2}{\omega_c} = \dfrac{2h}{h+1}$,$\dfrac{\omega_c}{\omega_1} = \dfrac{h+1}{2}$。

表 8-2 为不同中频宽 h 的最小谐振峰值和最佳频比。

表 8-2　不同中频宽 h 的最小谐振峰值和最佳频比

项目	h					
	5	6	7	8	9	10
$M_{r_{\min}}$	1.5	1.4	1.33	1.29	1.25	1.22
ω_2/ω_c	1.67	1.71	1.75	1.78	1.80	1.82
ω_c/ω_1	3	3.5	4	4.5	5	5.5

由低频段幅频特性可知,当 $\omega = 1$ 时,$L(\omega) = 20\lg K$,所以有如下关系式。

$$20\lg K = 40\lg \omega_1 + 20(\lg \omega_c - \lg \omega_1) = 20\lg(\omega_1 \omega_c)$$

由此可得　$K = \omega_1 \omega_c$

$$K = \omega_1^2 \frac{\omega_c}{\omega_1} = \left(\frac{1}{hT_2}\right)^2 \frac{h+1}{2} = \frac{h+1}{2h^2 T_2^2}$$

表 8-3 为典型 Ⅱ 型系统动态指标与 h 的关系。

表 8-3 典型 Ⅱ 型系统动态指标与 h 的关系

指标	h							
	3	4	5	6	7	8	9	10
$\sigma/\%$	52.6	43.6	37.6	33.2	29.8	27.2	25.0	23.3
$t_r \omega_2$	2.4	2.65	2.85	3.0	3.1	3.2	3.3	3.4
$t_s \omega_2$	12.1	11.6	9.55	10.4	11.3	12.2	13.2	14.2
N	3	2	2	2	1	1	1	1

例 8-2 已知单位反馈控制系统的开环传递函数为

$$G(s) = \frac{K}{s(0.2s+1)(1 \times 10^{-3}s+1)(8 \times 10^{-3}s+1)}$$

采用三阶系统最优模型设计有源串联校正装置,使系统速度无偏系数 $K_v \geqslant 20$,幅值穿越频率 $\omega_c \geqslant 60 \text{rad/s}$,相位裕度 $\gamma \geqslant 50°$。

解:根据系统性能指标,校正后系统的幅值穿越频率 $\omega_c \geqslant 60 \text{rad/s}$,相位裕度 $\gamma \geqslant 50°$,按照高阶系统最优模型选择 $h = 8$,由表 8-2 可知 $\frac{\omega_2}{\omega_c} = 1.78$,$\frac{\omega_c}{\omega_1} = 4.5$,按 $\omega_c = 80 \text{rad/s}$ 计算得到 $\omega_1 = 17.8 \text{rad/s}$,$\omega_2 = 142 \text{rad/s}$。

设 PID 控制器的传递函数为

$$G_c(s) = K_p \left(1 + \frac{1}{T_i s} + T_d s\right)$$

取 $T_d = 1/\omega_2 = 0.07 \text{ s}$,$T_i = h/\omega_1 = 0.4 \text{ s}$

根据例 8-1,校正前幅值穿越频率为 9.39 rad/s,可得 $K_p = 80/9.39 = 8.5$,取 $K_p = 10$。

由此可得,PID 校正后系统的传递函数为

$$\begin{aligned} G(s)G_c(s) &= G(s)K_p\left(1 + \frac{1}{T_i s} + T_d s\right) \\ &= 10 \times \left(1 + \frac{1}{0.4s} + 0.07s\right) \frac{20}{s(0.2s+1)(1 \times 10^{-3}s+1)(8 \times 10^{-3}s+1)} \end{aligned}$$

校正后系统的开环频率特性 Bode 图及闭环系统单位阶跃响应如图 8-22 所示。

由图 8-22(a)可知,校正后系统的开环频率特性 Bode 图符合三阶系统最优模型,其幅值穿越频率 $\omega_c = 63.5 > 60 \text{ rad/s}$,相位裕度 $\gamma = 53° > 50°$,$K_v = 30$。校正后系统成为 Ⅱ 型系统,其单位恒速输入稳态误差为零,因此,校正后系统的动态和稳态性能指标均满足要求。由图 8-22(b)可知,校正后超调量 σ 由 50% 下降到 21%,响应时间 t_s 由 1.5 s 下降到 0.2 s,明显地提高了系统的动态特性。

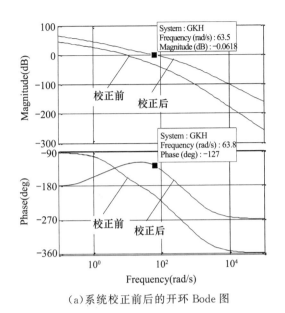

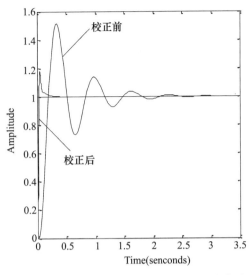

（a）系统校正前后的开环 Bode 图　　　　　　　（b）系统校正前后的单位阶跃响应曲线

图 8-22　系统校正前后的开环 Bode 图及单位阶跃响应曲线

数字资源 8-13　例 8-2 系统校正前后
的开环 Bode 图

数字资源 8-14　例 8-2 系统校正前后
的单位阶跃响应曲线

8.7　PID 参数整定方法

8.7.1　Ziegler-Nichols 整定法

　　Ziegler-Nichols 整定法以带有延时的一阶传递函数模型为基础，系统控制框图如图 8-23
所示。

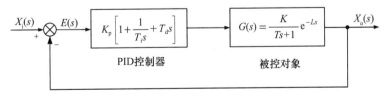

图 8-23　带有延时的一阶传递函数模型

1. 采用开环单位阶跃响应整定 PID 控制器参数

　　如图 8-24 所示，以被控对象开环单位阶跃响应曲线的拐点作一条切线，得到开环增益 K、

等效滞后时间 L、等效时间常数 T。

根据 K、L、T 三个参数，查表计算 PID 控制器的参数，如表 8-4 所示。

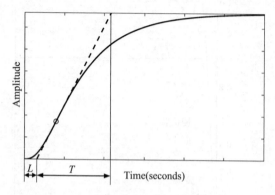

图 8-24 被控对象的单位阶跃响应曲线

表 8-4 Ziegler-Nichols 整定法

控制器	控制器的控制参数		
类型	K_p	T_i	T_d
P	$\dfrac{T}{KL}$	∞	0
PI	$0.9\dfrac{T}{KL}$	$\dfrac{L}{0.3}$	0
PID	$1.2\dfrac{T}{KL}$	$2L$	$0.5L$

例 8-3 已知被控对象传递函数为

$$G(s) = \frac{50}{(s+1)(s+3)(s+8)}$$

采用 Ziegler-Nichols 整定法确定控制器的 PID 参数。

解： 计算开环增益 $K = 2.0833$

采用 MATLAB 软件绘制校正前系统开环传递函数的单位阶跃响应如图 8-25 所示，在单位阶跃曲线上作切线得到 $L = 0.26$ 和 $T = 2.06 - 0.26 = 1.8$。

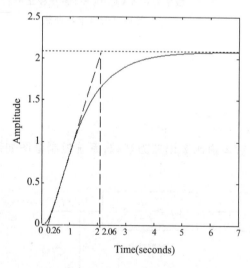

图 8-25 被控对象的开环单位阶跃响应曲线

数字资源 8-15
例 8-3 被控对象开环单位阶跃响应

采用 Ziegler-Nichols 方法对 PID 参数进行整定，查表 8-4 可计算出 $K_p = 3.9877$，$T_i = 0.52$，$T_d = 0.13$。

绘制校正后单位反馈闭环系统的单位阶跃响应，如图 8-26 所示，超调量达到了 50%，为了获得较好的校正效果,减小超调量,可在整定参数的基础上进行再调整,例如增加微分系数使 T_d 为原来的 2 倍,闭环系统单位阶跃响应如图 8-27 所示,超调量为 23%,响应时间也减到 1.38 s,校正效果较好。

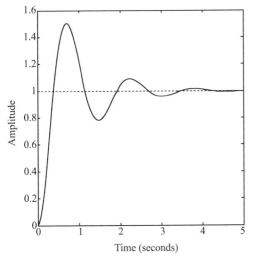

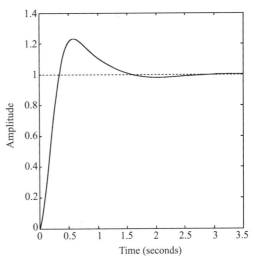

图 8-26　闭环系统的单位阶跃响应曲线　　　　图 8-27　增大 T_d 后闭环系统的单位阶跃响应曲线

数字资源 8-16　例 8-3 闭环系统
的单位阶跃响应曲线

数字资源 8-17　例 8-3 增大 T_d 后闭环系统
的单位阶跃响应曲线

2. 采用闭环系统等幅振荡曲线整定 PID 参数

将积分系数调到最大,微分系数调到最小,使系统只受比例作用,将比例增益 K 的值调到比较小的值,然后逐渐增大 K 值,直到闭环系统出现等幅振荡的临界稳定状态,如图 8-28 所示。此时,比例增益的值为 K_m,从等幅振荡曲线上可以得到临界周期 T_m。

根据 K_m、T_m,查表计算控制器的参数,如表 8-5 所示。

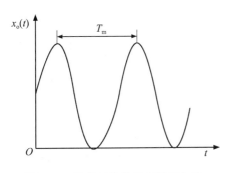

图 8-28　被控对象的等幅振荡曲线

表 8-5　利用系统等幅振荡曲线的 Ziegler-Nichols 整定法

控制器	控制器的控制参数		
类型	K_p	T_i	T_d
P	$0.5K_m$	∞	0
PD	$0.8K_m$	0	T_m
PI	$0.45K_m$	$\dfrac{T_m}{1.2}$	0
PID	$0.6K_m$	$0.5T_m$	$0.125T_m$

例 8-4 已知被控对象传递函数为

$$G(s) = \frac{50}{(s+1)(s+3)(s+8)}$$

采用系统等幅振荡曲线 Ziegler-Nichols 法的整定法确定 PID 参数。

解: 逐渐增大比例环节直到出现等幅振荡曲线,当 $K_m = 8$ 时出现等幅振荡曲线,闭环系统单位阶跃响应如图 8-29 所示。

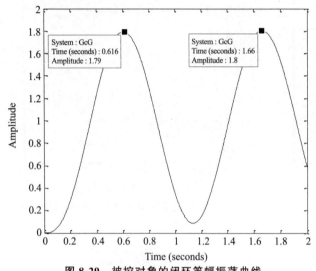

数字资源 8-18
例 8-4 被控对象的闭环
等幅振荡曲线

图 8-29 被控对象的闭环等幅振荡曲线

由图 8-29 得到 $T_m = 1.66 - 0.616 = 1.044(s)$

查表 8-5,计算得 $K_p = 0.6K_m = 4.8, T_i = 0.5T_m = 0.522, T_d = 0.125T_m = 0.13$。

经 PID 校正后的闭环系统单位阶跃响应如图 8-30 所示,由图可知,经 PID 校正的系统响应时间缩短,但有一定的超调量。

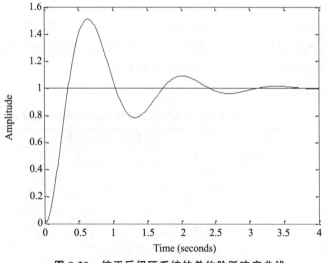

数字资源 8-19
例 8-4 校正后闭环系统
的单位阶跃响应曲线

图 8-30 校正后闭环系统的单位阶跃响应曲线

8.7.2 改进的 Ziegler-Nichols 整定法

图 8-31 所示为改进的 PID 控制器的框图,这种方法应用了表示系统特性的两个附加的规范化参数,即 $\theta = \dfrac{L}{T}$,$\lambda = K_{\mathrm{m}} K$。

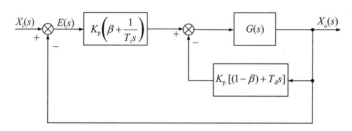

图 8-31 改进的 PID 控制器的框图

(1)整定 PID 控制器

当 $2.25 > \lambda > 15$,$0.16 > \theta > 0.57$ 时,根据超调量的要求,β 的计算公式不同,见式(8-17)。

$$\beta = \frac{15 - \lambda}{15 + \lambda} \quad (超调量 \approx 10\%)$$

$$\beta = \frac{136}{27 + 5\lambda} \quad (超调量 \approx 20\%) \tag{8-17}$$

当 $1.5 > \lambda > 2.25$,$0.57 > \theta > 0.96$ 时,β 的计算公式见式(8-18)。

$$\beta = \frac{8}{17}\left(\frac{4}{9}\lambda - 1\right), \quad T_{\mathrm{i}} = \frac{2}{9}\lambda T_{\mathrm{m}} \tag{8-18}$$

其他参数与 Ziegler-Nichols 整定法相同。

(2) 整定 PI 控制器

当 $1.2 > \lambda > 15$,$0.16 > \theta > 1.4$ 时,PI 整定参数见式(8-19)。

$$K_{\mathrm{p}} = \frac{5}{6}\left(\frac{12 + \lambda}{15 + 14\lambda}\right), \quad T_{\mathrm{i}} = \frac{1}{5}\left(\frac{4\lambda}{15} + 1\right), \quad \beta = 1 \tag{8-19}$$

例 8-5 被控对象开环传递函数为

$$G(s) = \frac{50}{(s + 1)(s + 3)(s + 8)}$$

采用改进的 Ziegler-Nichols 整定法确定控制系统的 PID 参数。

解:采用改进 Ziegler-Nichols 整定法。

由例 8-3 可知,$K = 2.0833$,$L = 0.26$,$T = 1.8$。

由例 8-4 可知,$K_{\mathrm{m}} = 8$,$T_{\mathrm{m}} = 1.054$,查表计算可得 $K_{\mathrm{p}} = 4.8$,$T_{\mathrm{i}} = 0.527$,$T_{\mathrm{d}} = 0.133$。

因此可得

$$\theta = \frac{L}{T} = \frac{0.26}{1.8} = 0.144, \quad \lambda = K_{\mathrm{m}} K = 8 \times 2.0833 = 16.67。$$

按照超调量 20% 计算，$\beta = \dfrac{36}{27+5\lambda} = \dfrac{36}{27+5\times16.67} = 0.326$

改进 Ziegler-Nichols 整定法框图的前向通道补偿环节 $G_c(s)$ 和反馈环节 $G_H(s)$ 分别为

$$G_c(s) = K_p\left(\beta + \frac{1}{T_i s}\right) = 4.8\left(0.326 + \frac{1}{0.527s}\right)$$

$$G_H(s) = K_p\left[(1-\beta) + T_d s\right] = 4.8(0.6674 + 0.133s)$$

改进 Ziegler-Nichols 整定法的单位反馈闭环系统传递函数为

$$G_B(s) = \frac{G_c(s)G(s)}{1 + G_H(s)G(s) + G_c(s)G(s)}$$

采用 Ziegler-Nichols 整定法与改进 Ziegler-Nichols 整定法的闭环系统单位阶跃响应如图 8-32 所示。由图 8-32 可知，改进 Ziegler-Nichols 整定法的控制系统超调量和响应时间都优于 Ziegler-Nichols 整定法。

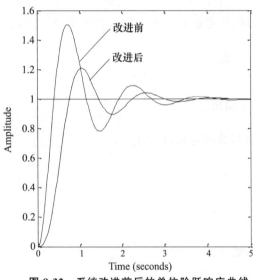

图 8-32 系统改进前后的单位阶跃响应曲线

数字资源 8-20

例 8-5 系统改进前后的单位阶跃响应曲线

8.7.3 Cohen-Coon 整定法

Cohen-Coon 整定法也是 Ziegler-Nichols 整定法的改进和完善，使用开环阶跃响应整定控制器的参数，如图 8-24 所示，根据 K、L、T，查表计算控制器的参数，如表 8-6 所示。

表 8-6 利用系统单位阶跃响应曲线的 Cohen-Coon 整定法

控制器类型	控制器的控制参数		
	K_p	T_i	T_d
P	$\dfrac{T}{KL} + \dfrac{1}{3K}$	∞	0
PI	$0.9\dfrac{T}{KL} + \dfrac{1}{12K}$	$\dfrac{L(30T+3L)}{9T+20L}$	0
PID	$\dfrac{4T}{3KL} + \dfrac{1}{4K}$	$\dfrac{L(32T+6L)}{13T+8L}$	$\dfrac{4TL}{11T+2L}$

例 8-6 被控对象传递函数为

$$G(s) = \frac{50}{(s+1)(s+1)(s+8)}$$

采用 Cohen-Coon 整定法确定控制系统的 PID 参数。

解: 由例 8-3 可知,$K = 2.0833$,$L = 0.26$,$T = 1.8$。

由表 8-6 可知

$$K_p = \frac{4T}{3KL} + \frac{1}{4K} = \frac{4 \times 1.8}{3 \times 2.0833 \times 0.26} + \frac{1}{4 \times 2.0833} = 4.55$$

$$T_i = \frac{L(32T + 6L)}{13T + 8L} = 0.60$$

$$T_d = \frac{4TL}{11T + 2L} = 0.092$$

PID 校正后的闭环系统单位阶跃响应如图 8-33 所示,由图 8-33 可知系统超调量较大,响应时间较长。增强微分环节的作用,$T_d = 0.3$ 时的系统单位阶跃响应如图 8-34 所示,超调量为 18%,响应时间也降到 1.54 s,获得较好的校正效果。

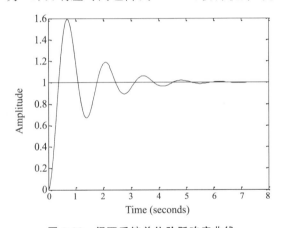

图 8-33 闭环系统单位阶跃响应曲线

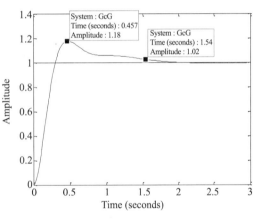

图 8-34 增大 T_d 后单位阶跃响应曲线

数字资源 8-21 例 8-6 闭环系统
单位阶跃响应曲线

数字资源 8-22 例 8-6 增大 T_d 后
单位阶跃响应曲线

8.8 数字 PID 控制算法

计算机控制技术已广泛应用到各种控制系统中,连续 PID 控制算法不能直接被计算机使用,必须把 PID 算法离散化。在计算机 PID 控制中,使用的是数字 PID 控制器。

数字 PID 控制系统框图如图 8-35 所示。

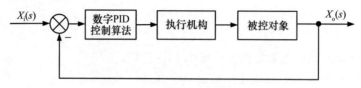

图 8-35　数字 PID 控制系统框图

8.8.1　位置式数字 PID 控制算法

计算机控制技术是一种采样控制,只能根据采样时刻的偏差计算控制量,因此必须将模拟 PID 控制进行离散化处理,用数字形式的差分方程代替连续系统的微分方程,以一系列的采样时刻点 kT 代表连续时间 t,以矩形法数值积分近似代替积分,以一阶后向差分近似代替微分,即

$$t \approx kT(k=0,1,2,\cdots)$$

$$\int_0^n e(t)\mathrm{d}t = \sum_{j=0}^n E(j)\Delta t = T\sum_{j=0}^n E(j) \tag{8-20}$$

$$\frac{\mathrm{d}e(t)}{\mathrm{d}t} \approx \frac{E(k)-E(k-1)}{\Delta t} = \frac{E(k)-E(k-1)}{T}$$

离散 PID 控制表达式

$$u(k) = K_p\left\{E(k) + \frac{T}{T_i}\sum_{j=0}^k E(j) + \frac{T_d}{T}[E(k)-E(k-1)]\right\}$$

$$= K_p E(k) + K_i \sum_{j=0}^k E(j) + K_d[E(k)-E(k-1)] \tag{8-21}$$

式中,T——采样周期,必须足够小才能保证系统有一定的精度;k——采样序列号,$k=1,2,\cdots$;$E(k-1)$,$E(k)$——分别为第 $k-1$,k 时刻所得的偏差信号;$u(k)$——第 k 次采样时控制器的输出;$K_i = \dfrac{K_p T}{T_i}$——积分系数;$K_d = \dfrac{K_p T_d}{T}$——微分系数。

式(8-21)为离散化的位置式 PID 编程表达,其程序流程图如图 8-36 所示。

程序设计过程中,可根据实际情况,对控制器的输出进行限幅。

例 8-7　以正弦信号 $x_i(t)=0.5\sin 2\pi t$ 作为输入,被控对象为

$$G(s) = \frac{1}{0.0067s^2 + 0.1s}$$

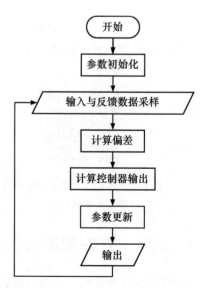

图 8-36　位置式 PID 控制算法的程序流程图

采用位置 PID 控制算法编写控制程序,控制参数为 $K_p = 20, K_d = 0.5, K_i = 0$。

解: 以下是程序代码

```
%初始化
clear all
ts = 0.001;
xk = zeros(2,1);
xk1 = zeros(2,1);
e_1 = 0;
u_1 = 0;
e1_1 = 0;
u1_1 = 0;
%输入输出采样——以计算方法模拟采样
for k = 1:1:2000
    time(k) = k * ts;
    rin(k) = 0.50 * sin(1 * 2 * pi * k * ts);
    para = u_1;
    para1 = u1_1;
    tspan = [0 ts];
    J = 0.0067; B = 0.1;
    PlantModel = @(t,xk,para)([ xk(2); - (B/J) * xk(2) + (1/J) * u_1]);
    [tt,xx] = ode45(PlantModel,tspan,xk, [],para);
    PlantMode2 = @(t,xk1,para1)([ xk1(2); - (B/J) * xk1(2) + (1/J) * u1_1]);
    [tt1,xx1] = ode45(PlantMode2,tspan,xk1, [],para1);

    xk = xx(length(xx),:);
    yout(k) = xk(1);
    %计算偏差
    e(k) = rin(k) - yout(k);
    de(k) = (e(k) - e_1)/ts;
    %计算控制输出量
    u(k) = 20.0 * e(k) + 0.50 * de(k);
     %未校正控制输出量
    xk1 = xx1(length(xx1),:);
    yout1(k) = xk1(1);
    e1(k) = rin(k) - yout1(k);
    u1(k) =  e1(k);
    %限幅
    if u(k)>10.0
        u(k) = 10.0;
```

$$u1(k) = 10.0;$$
$$end$$
$$if\ u(k) < -10.0$$
$$u(k) = -10.0$$
$$u1(k) = -10.0$$
$$end$$

%参数更新
$$u\_1 = u(k);$$
$$e\_1 = e(k);$$
$$u1\_1 = u1(k);$$
$$e1\_1 = e1(k);$$
$$end$$

%绘制输入信号、校正前和校正后系统输出

$$figure(1);$$
$$plot(time, rin, 'r', time, yout, 'b', time, yout1, 'g');$$
$$xlabel('time(s)');$$
$$ylabel('rin, yout');$$

输入信号、校正前和校正后系统输出如图 8-37 所示,由图 8-37 可知校正前系统输出与输入存在偏差,而校正后系统输出偏差较小。

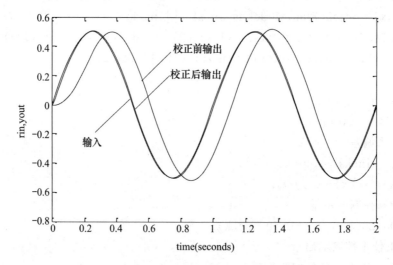

图 8-37   输入信号、校正前和校正后系统输出曲线

8.8.2   增量式数字 PID 控制算法

在很多控制系统中,执行机构需要的控制量为增量,可采用增量式 PID 控制。由式(8-21),根据递推原理,可得 $k-1$ 次采样时的 PID 输出表达式为

$$u(k-1) = K_p \left\{ E(k-1) + \frac{T}{T_i} \sum_{j=0}^{k-1} E(j) + \frac{T_d}{T} \left[E(k-1) - E(k-2) \right] \right\} \quad (8\text{-}22)$$

$$= K_p E(k-1) + K_i \sum_{j=0}^{k-1} E(j) + K_d \left[E(k-1) - E(k-2) \right]$$

式(8-21)与式(8-22)相减,可得增量式 PID 控制算法如式(8-23)所示。

$$\Delta u(k) = u(k) - u(k-1)$$
$$= K_p [E(k) - E(k-1)] + K_i E(k) + K_d [E(k) - 2E(k-1) + E(k-2)] \quad (8\text{-}23)$$

比例项输出 $\Delta u_p(k) = K_p [E(k) - E(k-1)]$

积分项输出 $\Delta u_i(k) = K_i E(k)$

微分项输出 $\Delta u_d(k) = K_d [E(k) - 2E(k-1) + E(k-2)]$

则

$$\Delta u(k) = \Delta u_p(k) + \Delta u_i(k) + \Delta u_d(k) \quad (8\text{-}24)$$

式(8-24)为离散化的增量式 PID 编程表达式。

增量控制的优点是计算机输出的是增量,出现误动作的可能性小,必要时可用逻辑判断方法消除;增量控制只与本次的偏差有关,与初始值无关;不会产生积分失控现象,容易获得较好的性能品质。

增量控制的缺点是积分截断效应大,存在稳态误差。

一般认为在以晶闸管或伺服电动机作为执行器件,或对控制精度要求较高的系统中,应采用位置式 PID 控制算法;在以步进电动机作为执行器件的系统中,则应采用增量式 PID 控制算法。

例 8-8 以单位阶跃信号作为输入,被控对象传递函数为

$$G(s) = \frac{400}{s^2 + 50s}$$

使用增量式 PID 控制算法编写控制程序,控制参数 $K_p = 8$, $K_d = 10$, $K_i = 0.1$。

解:以下是程序代码

```
%初始化
clear all;
ts = 0.001;
sys = tf(400, [1, 50, 0]);
dsys = c2d(sys, ts, 'z');
[num, den] = tfdata(dsys, 'V');
u_1 = 0.0;
u_2 = 0.0;
u_3 = 0.0;
y_1 = 0;
y_2 = 0;
```

```
y_3 = 0;
x = [0,0,0]';
error_1 = 0;
error_2 = 0;
%输入输出采样——以计算方法模拟采样
for k = 1:1:1000
    time(k) = k * ts;
    rin(k) = 1.0;
    kp = 8;
    ki = 0.10;
    kd = 10;
    %计算控制输出量
    du(k) = kp * x(1) + kd * x(2) + ki * x(3);
    u(k) = u_1 + du(k);
    if u(k) >= 10
        u(k) = 10;
    end
    if u(k) <= -10
        u(k) = -10;
    end
    yout(k) = - den(2) * y_1 - den(3) * y_2 + num(2) * u_1 + num(3) * u_2;
    %计算偏差
    error = rin(k) - yout(k);
    %参数更新
    u_3 = u_2;
    u_2 = u_1;
    u_1 = u(k);
    y_3 = y_2;
    y_2 = y_1;
    y_1 = yout(k);
    x(1) = error - error_1;
    x(2) = error - 2 * error_1 + error_2;
    x(3) = error;
    error_2 = error_1;
    error_1 = error;
end
sysB = feedback(sys, 1);
[yy, time] = lsim(sysB, rin, time);
%绘制输入信号、校正前和校正后系统输出
```

```
plot(time,rin,'b',time,yout,'r',time,yy, 'g');
xlabel('time(s)');
ylabel('rin,yout');
```

输入信号、校正前和校正后系统输出如图 8-38 所示,由图 8-38 可知系统校正后比校正前响应速度明显提高。

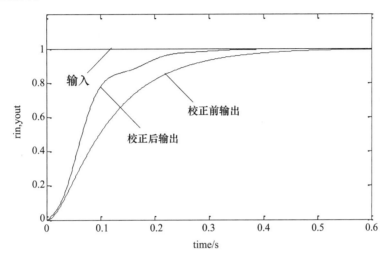

图 8-38 输入信号、校正前和校正后系统输出曲线

习题

8.1 PID 控制器有哪些优点? 参数 K_p、K_i、K_d 对控制性能各有什么影响?

8.2 比例控制(P)、比例积分控制(PI)和比例积分微分控制(PID)分别适用于什么场合?

8.3 已知单位反馈控制系统开环传递函数为

$$G_K(s) = \frac{K}{s(0.1s+1)(0.5s+1)}$$

试设计 PID 校正装置,使系统静态速度无偏系数 $K_v \geqslant 10$,相位裕度 $\gamma \geqslant 50°$,且幅值穿越频率 $\omega_c \geqslant 4\text{rad/s}$。

8.4 已知某机器人系统为单位负反馈控制系统,被控对象为机械臂,其传递函数为

$$G(s) = \frac{1}{(s+1)(0.5s+1)}$$

为了使系统单位阶跃响应的稳态误差为零,采用串联 PI 控制器 $G_c(s) = K_p + \dfrac{K_i}{s}$,试设计合适的 K_p 与 K_i 值,使系统单位阶跃响应的超调量不大于 5%,调节时间小于 $6\text{s}(\Delta = 2\%)$,静态速度无偏系数 $K_v \geqslant 0.9$。

8.5 已知系统控制框图如图 8-39 所示,被控对象传递函数为

$$G(s) = \frac{1}{s(s^2+4s+5)}$$

校正环节 $G_c(s)$ 为具有两个相同实零点的 PID 控制器,即 $G_c(s) = \dfrac{K(s+z)^2}{s}$。

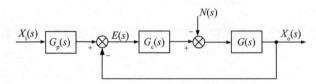

图 8-39 题 8.5 系统控制框图

要求:

(1)选择 PID 控制器的零点和增益,使闭环系统有两对相等的特征根;

(2)在确定 $G_c(s)$ 后,分别求出 $G_p(s)=0$ 和 $G_p(s)=\dfrac{1.5625}{(s+1.25)^2}$ 时,系统单位阶跃响应;

(3)当 $X_i(s)=0, N(s)=1/s$ 时,计算单位阶跃扰动的响应。

8.6　采用位置式 PID 控制算法,编写对被控对象传递函数 $G(s)=\dfrac{523500}{s^3+87.35s^2+10470s}$ 的控制程序,PID 控制参数为 $K_p=2.5, K_i=0.02, K_d=0.5$。

第9章　控制系统 MATLAB 仿真

　　MATLAB 是美国 MathWorks 公司出品的商业数学软件,用于数据分析、无线通信、深度学习、图像处理与计算机视觉、信号处理、量化金融与风险管理、机器人控制系统等领域。MATLAB 是 matrix&laboratory 两个单词的组合,意为矩阵实验室。软件主要是面向科学计算、可视化以及交互式程序设计的仿真计算环境。它将数值分析、矩阵计算、科学数据可视化以及非线性动态系统的建模和仿真等诸多强大功能集成在一个易于使用的视窗环境中,为科学研究、工程设计以及必须进行有效数值计算的众多科学领域提供了一种全面的解决方案,并在很大程度上摆脱了传统非交互式程序设计语言(如 C、Fortran)的编程模式。

　　20 世纪 70 年代,美国新墨西哥大学计算机科学系主任 Cleve Moler 为了减轻学生编程的负担,用 Fortran 语言编写了最早的 MATLAB。1984 年由 Little、Moler 和 Steve Bangert 成立的 MathWorks 公司正式把 MATLAB 推向市场。到 20 世纪 90 年代,MATLAB 已成为国际控制界的标准计算软件。

　　MATLAB 是一款功能强大的开发和计算平台,有完善的编程语言体系,数学工具箱丰富,在系统建模与仿真、数值计算、数据处理等方面得到广泛应用。在控制系统分析中,MATLAB 自带的 Simulink 工具箱将典型的基本环节进行了封装,给用户提供了图形化的建模方法,具有较强的易用性,降低了建立数值模型的编程难度,使用户可以专注于系统分析和控制器设计。

　　本章提供控制系统分析中常用的 MATLAB 指令和函数,介绍利用 Simulink 进行建模仿真和控制器设计的过程。通过典型实例,全面阐述利用 MATLAB 实现控制系统传递函数、时域分析、频域特性分析、稳定性分析及系统校正等内容。

9.1　控制系统的 MATLAB 模型建立

　　MATLAB 的软件界面如图 9-1 所示,主要包括菜单栏、工具栏、工作路径、程序编写、命令行、变量列表等子窗口,子窗口的显示位置和排布方式可以由用户根据自身习惯进行调整。

　　对线性系统微分方程进行拉氏变换,其传递函数模型大多可表达为 $G(s) = Q(s)/P(s)$,其中 $Q(s)$ 和 $P(s)$ 为 s 的多项式,且 $Q(s)$ 的阶次一般不高于 $P(s)$ 的阶次,如式(9-1),再进行变换可将多项式表达式转换为零极点形式,表达式如式(9-2)所示。

$$G(s) = \frac{Q(s)}{P(s)} = \frac{b_0 s^m + b_1 s^{m-1} + \cdots + b_{m-1} s + b_m}{a_0 s^n + a_1 s^{n-1} + \cdots + a_{n-1} s + a_n} \tag{9-1}$$

$$G(s) = \frac{Q(s)}{P(s)} = \frac{K(s - z_1)(s - z_2) \cdots (s - z_m)}{(s - p_1)(s - p_2) \cdots (s - p_n)} \tag{9-2}$$

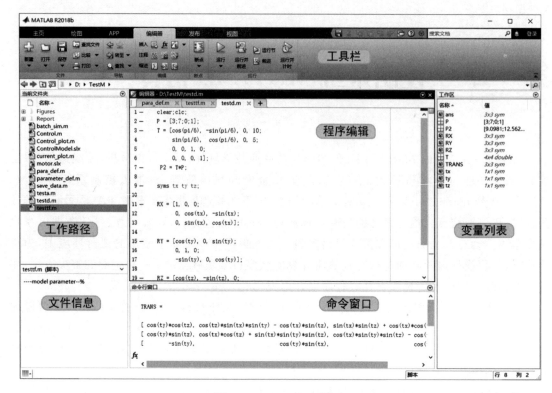

图 9-1　MATLAB 主界面

由于不同系统在模型表达形式上的相似性，MATLAB 提供了通用的内置函数，供用户快捷地建立系统模型并进行分析。在 MATLAB 中，常用的控制系统数学模型主要包括 TF 模型（多项式模型）、ZPK 模型（零极点模型）和 SS 模型（状态空间模型）。

9.1.1　常用建模函数

1. 传递函数模型（TF 函数）

对形如式（9-1）所描述的系统模型，可采用 tf( ) 函数直接建模。

调用格式：sys＝tf(num,den)

其中，num＝$[b_0,b_1,\cdots,b_{m-1},b_m]$，den＝$[a_0,a_1,\cdots,a_{n-1},a_n]$分别是传递函数分子和分母多项式系数矩阵。返回值 sys 是一个 tf 对象，该对象包含了传递函数的分子和分母的信息。

例 9-1　系统传递函数为

$$G(s)=\frac{2s+1}{s^3+3s^2+5s+7}$$

利用 MATLAB 指令建模。

解： 在 MATLAB 命令窗口输入以下命令并按 Enter 键。

```
>> num = [2,1];
>> den = [1 3 5 7];
```

>> sys = tf(num,den)

也可建立 M 文件,在文件中输入上述指令,运行 M 文件。

输出结果

sys =

    2 s + 1

----

s^3 + 3 s^2 + 5 s + 7

Continuous-time transfer function.

对于传递函数的分母或分子为多项式相乘的情况,可通过多项式相乘函数 conv( )函数求多项式相乘,解决分母或分子多项式的输入问题。conv( )函数允许任意地多层嵌套,从而进行复杂的计算。

例 9-2 较为复杂的系统传递函数为

$$G(s) = \frac{15(s+2.6)(s^2+6.3s+12.8)}{(s+5)^2(s^3+3s^2+5)(3s+1)}$$

将其转换为传递函数模型。

解:在 MATLAB 命令窗口输入以下命令并按 Enter 键。

>> num = 15 * conv([1 2.6],[1 6.3 12.8]);

>> den = conv(conv(conv([1 5],[1 5]),[1 3 0 5]),[3 1]);

>> sys = tf(num,den)

输出结果

sys =

    15 s^3 + 133.5 s^2 + 437.7 s + 499.2

----

3 s^6 + 40 s^5 + 178 s^4 + 295 s^3 + 230 s^2 + 425 s + 125

Continuous-time transfer function.

2. 零极点模型(ZPK 函数)

零极点模型是描述单变量线性时不变系统传递函数的另一种常用方法,给定传递函数的零极点模型一般由式(9-2)表示,其中,z_i,p_i,K 分别是系统的零点、极点和增益。

调用格式:sys = zpk(z,p,k);

例 9-3 系统的零、极点传递函数为

$$G(s) = 35 \frac{(s+5)(s+2 \pm j3)}{(s+\sqrt{13} \pm j\sqrt{22})(s-6 \pm j1.87)}$$

利用 MATLAB 指令建立传递函数。

解:在 MATLAB 命令窗口输入以下命令并按 Enter 键。

>> k = 35;

>> z = [15; -2 + 3 * j; -2 - 3 * j];

>> p = [- sqrt(13) - sqrt(22) * j; - sqrt(13) + sqrt(22) * j; 6 - 1.87 * j; 6 + 1.87 * j];

>> sys = zpk(z, p, k)

输出结果

sys =

$$\frac{35\ (s-15)\ (s^2 + 4s + 13)}{(s^2 - 12s + 39.5)\ (s^2 + 7.211s + 35)}$$

Continuous-time zero/pole/gain model.

3. 状态空间模型（ss 模型）

状态空间模型主要用于现代控制理论的多输入多输出系统，也适用单输入单输出系统。

状态方程为

$$\begin{bmatrix} \dot{x}_1 \\ \dot{x}_2 \end{bmatrix} = \begin{bmatrix} 0 & 1 \\ -12 & -5 \end{bmatrix} \begin{bmatrix} x_1 \\ x_2 \end{bmatrix} + \begin{bmatrix} 0 \\ 12 \end{bmatrix} u, \quad y = \begin{bmatrix} 1 & 2 \end{bmatrix} \begin{bmatrix} x_1 \\ x_2 \end{bmatrix} + 5u$$

简化的状态方程为

$$\begin{cases} \dot{x} = Ax + Bu \\ y = Cx + Du \end{cases}$$

调用格式：sys = ss(A, B, C, D)

例 9-4 状态方程为

$$\dot{x} = \begin{bmatrix} 2 & 4 & 3 & 8 \\ 0 & 3 & 1 & 5 \\ 2 & 1 & 4 & 6 \\ 3 & 5 & -5 & 9 \end{bmatrix} x + \begin{bmatrix} 1 & 2 \\ 2 & 1 \\ 4 & 3 \\ 3 & 7 \end{bmatrix} u \quad y = \begin{bmatrix} 1 & 0 & 3 & 2 \\ 3 & 1 & 5 & 0 \end{bmatrix} x$$

利用 MATLAB 指令建立数学模型。

解：在 MATLAB 命令窗口逐一输入以下命令并按 Enter 键。

>> A = [2,4,3,8;0,3,1,5;2,1,4,6;3,5,-5,9];

>> B = [1,2;2,1;4,3;3,7];

>> C = [1,0,3,2;3,1,5,0];

>> D = zeros(2,2);

>> sys = ss(A,B,C,D)

输出结果

sys =

A =

```
         x1   x2   x3   x4
   x1    2    4    3    8
   x2    0    3    1    5
   x3    2    1    4    6
   x4    3    5   -5    9

B =
         u1   u2
   x1    1    2
   x2    2    1
   x3    4    3
   x4    3    7
C =
         x1   x2   x3   x4
   y1    1    0    3    2
   y2    3    1    5    0
D =
         u1   u2
   y1    0    0
   y2    0    0
```

Continuous-time state-space model.

9.1.2　典型结构数学模型的建立

1. 串联连接结构

2 个模块串联后的传递函数为 $G(s) = G_1(s) \cdot G_2(s)$

方案 1　利用多项式相乘 conv() 命令。

命令格式为

nums = conv(num1, num2);

dens = conv(den1, den2);

方案 2　利用 series 命令。

命令格式为

[nums, dens] = series(num1, den1, num2, den2)

其中，num1——模块 1 的分子多项式系数；den1——模块 1 的分母多项式系数；num2——模块 2 的分子多项式系数；den2——模块 2 的分母多项式系数；

方案 3　利用 LTI 对象相乘。

假设在 MATLAB 中模块 $G_1(s)$ 的 LTI 对象为 sys1,模块 $G_2(s)$ 的 LTI 对象为 sys2,则整个串联系统的 LTI 的对象 sys 可以由下列 MATLAB 命令得出

$$sys = sys1 * sys2$$

例 9-5 已知系统的串联结构框图如图 9-2 所示,求整个系统的 TF 模型。

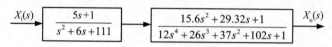

图 9-2 串联结构框图

解:方案 1 利用 series 命令
>> num1 = [5,1];
>> den1 = [1,6,111];
>> num2 = [15.6,29.32,1];
>> den2 = [12,26,37,102,1];
>> [nums,dens] = series(num1,den1,num2,den2)
运行结果如下

nums =
0   0   0   78.0000   162.2000   34.3200   1.0000
dens =
12   98   1525   3210   4720   11328   111

方案 2 利用多项式相乘 conv()命令
>> num1 = [5,1];
>> num2 = [15.6,29.32,1];
>> den1 = [1,6,111];
>> den2 = [12,26,37,102,1];
>> nums = conv(num1,num2)
nums =
78.0000   162.2000   34.3200   1.0000
>> dens = conv(den1,den2)
dens =
12   98   1525   3210   4720   11328   111

方案 3 利用 LTI 对象相乘
>> G1 = tf([5,1],[1,6,111]);
>> G2 = tf([15.6,29.32,1],[12,26,37,102,1]);
>> G = G1 * G2
运行结果
G =

        78 s^3 + 162.2 s^2 + 34.32 s + 1

----

12 s^6 + 98 s^5 + 1525 s^4 + 3210 s^3 + 4720 s^2 + 11328 s + 111

2.并联连接结构

2 个模块并联后的传递函数为 $G(s)=G_1(s)+G_2(s)$

方案 1　利用 parallel 命令

命令格式为

$[num,den]=parallel(num1,den1,num2,den2)$

方案 2　利用 LTI 对象相加

假设在 MATLAB 下模块 $G_1(s)$ 的 LTI 对象为 sys1,模块 $G_2(s)$ 的 LTI 对象 sys2,则整个并联系统的 LTI 的对象 sys 可以由下列 MATLAB 命令得出

$$sys=sys1+sys2$$

例 9-6　已知系统的并联结构框图如图 9-3 所示,求整个系统的 TF 模型。

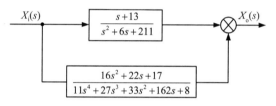

图 9-3　并联结构框图

解: 方案 1　利用 parallel 命令

```
>> num1 = [1,13];
>> den1 = [1,0,6,211];
>> num2 = [16,22,17];
>> den2 = [11,27,33,162,8];
>> [num12,den12] = parallel(num1,den1,num2,den2)
```

运行结果

```
num12 =
    0    0    27    192    497    4099    6858    3691
den12 =
    11    27    99    2645    5903    7935    34230    1688
```

方案 2　利用 LTI 对象相加

```
>> G1 = tf([1,13],[1,0,6,211]);
>> G2 = tf([16,22,17],[11,27,33,162,8]);
>> G = G1 + G2
```

运行结果如下。

Transfer function:

```
    27 s^5 + 192 s^4 + 497 s^3 + 4099 s^2 + 6858 s + 3691
-----------------------------------------------------------------
11 s^7 + 27 s^6 + 99 s^5 + 2645 s^4 + 5903 s^3 + 7935 s^2 + 34230 s + 1688
```

3. 反馈连接结构

反馈连接结构框图如图 9-4 所示。

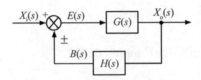

图 9-4　反馈连接结构框图

方案 1　命令格式为

sys = feedback(sys1, sys2, sign)

其中, sys1——前向通道模块的 LTI 对象; sys2——反馈通道模块的 LTI 对象; sign——+1 表示正反馈, −1 表示负反馈, 缺省时代表负反馈; sys——总的系统模型。

方案 2　命令格式为

[numc, denc] = cloop(num1, den1, num2, den2, sign)

其中, [numc, denc]——系统总的分子、分母多项式系数; [num1, den1]——前向通道模块的分子、分母多项式系数; [num2, den2]——反馈通道模块的分子、分母多项式系数。

例 9-7　前向通道为 $G(s) = \dfrac{10}{s^2(s+2)(s+5)}$, 反馈通道为 $H(s) = \dfrac{13.6(s+8)}{(s+13)(s+15)}$, 采用负反馈连接时, 求整个系统的闭环传递函数模型。

解:

$\gg$ num1 = 10; den1 = conv([1 0 0], conv([1 2], [1 5])); sys1 = tf(num1, den1);

$\gg$ num2 = conv([13.6], [1 8]); den2 = conv([1 13], [1 15]); sys2 = tf(num2, den2);

$\gg$ sys = feedback(sys1, sys2)

运行结果

sys =

```
          10 s^2 + 280 s + 1950
--------------------------------------------------------------------
s^6 + 35 s^5 + 401 s^4 + 1645 s^3 + 1950 s^2 + 136 s + 1088
```

9.1.3　其他典型函数

除 tf、zpk、ss 函数外, 其他常用的控制系统分析内置函数或指令如表 9-1 所示, 对于指令或函数的具体介绍可以在 MATLAB 主界面命令行窗口输入"help 指令名称", 获取详细说明。

表 9-1　常用的 MATLAB 指令

指令/函数名称	简介	指令/函数名称	简介
syms	创建符号变量	inv( )	求逆矩阵
tf( )	建立传递函数	plot( )	绘图函数
zpk( )	建立零极点模型	eig( )	求特征值

续表9-1

指令/函数名称	简介	指令/函数名称	简介
ss( )	建立状态空间模型	rlocus( )	绘制根轨迹
c2d( )	连续系统变换为离散系统	roots( )	求多项式的根
bode( )	绘制波特图	sqrt( )	求平方根
nyquist( )	绘制奈奎斯特图	semilogx( )	绘制 x 轴半对数图像
nichols( )	绘制尼科尔斯图	semilogy( )	绘制 y 轴半对数图像
impulse( )	得到系统脉冲响应	tf2ss( )	由传递函数模型转换为状态空间模型
step( )	得到系统单位阶跃响应	ss2tf( )	由状态空间模型转换为传递函数模型
canon( )	状态空间标准模型	lqe( )	线性二次型观测器设计
printsys( )	显示系统的传递函数	lqr( )	线性二次型校正器设计
zp2tf( )	由零极点模型转换为传递函数	obsv( )	求能观性矩阵
tf2zp( )	由传递函数转换为零极点模型	damp( )	求阻尼系数和自然频率

9.2 MATLAB 实现系统时域分析

9.2.1 时域分析的常用函数

1. step( ) 函数

功能:求线性定常系统的单位阶跃响应。

step(num,den)绘制系统的单位阶跃响应曲线。

step (sys)绘制系统 sys 的单位阶跃响应曲线。

step (sys,t)绘制在用户定义时间向量 t 范围内系统的单位阶跃响应曲线。

step (sys 1, sys 2,…,t)同时绘制多个系统(sys 1, sys 2 等)的单位阶跃响应曲线。可以同时定义不同系统的线型、颜色、标记等属性。例如

$$step(sys1,'r',sys2,'y--',sys3,'gx')$$

[y,t] = step(sys) 求取系统 sys 的输出响应 y 和响应的时间向量 t。不绘制输出曲线。

[y,t,x] = step(sys) 求取状态空间系统 sys 的输出响应 y、时间向量 t、状态响应 x。不绘制输出曲线。

2. impulse( ) 函数

功能:求线性定常系统的单位脉冲响应,调用格式同 step。

3. lsim( ) 函数

功能:求线性定常系统的任意输入函数响应。

lism(sys,u,t)绘制动态系统 sys 在输入信号为 u 时的时间响应曲线(u 为 t 的函数)例如

$$t = 0:0.01:5; \quad u = \sin(t); \quad \text{lsim}(sys, u, t)$$

lism(sys1, sys2, . . . , u, t)同时显示多个系统(sys1, sys2 等)在输入信号为 u 时的时间响应曲线。可以同时定义不同系统的线型、颜色、标记等属性。例如

$$\text{lism}(sys1, 'r', sys2, 'y--', sys3, 'gx', u, t)$$

9.2.2 LTI Viewer 图形用户界面

LTI Viewer 是一种简化分析、观察及处理线性定常系统响应曲线的图形用户界面,应用 LTI Viewer 不仅可以观察与比较相同时间内单输入单输出系统、多输入多输出系统及多个线性系统的响应曲线,还可以绘制频率响应曲线,可获得系统的时域和频域性能指标。

首先通过分子和分母多项式系数(或其他方法)得到控制系统的传递函数,在 MATLAB 命令窗口输入

>>ltiview

按 Enter 键后得到 LTI Viewer 的缺省界面,在 File 菜单中,单击 Import,选择系统传递函数即可得到该系统的单位阶跃响应曲线。

9.3 MATLAB 实现系统频域特性分析

9.3.1 频域特性分析方法

1.采用命令绘制频率特性 Nyquist 图

MATLAB 用于绘制 Nyquist 图的函数为 nyquist(),调用格式为

nyquist(num, den) 绘制分子分母多项式系数分别为 num, den 的系统 Nyquist 图。

nyquist(sys) 绘制系统为 sys 的 Nyquist 图。

nyquist(sys, w) 绘制频率范围 w 内的系统为 sys 的 Nyquist 图。

nyquist(sys1, sys2, . . . , sysn)在同一坐标系内绘制多个系统的 Nyquist 图。

2.采用命令绘制频率特性 Bode 图

MATLAB 用于绘制 Bode 图的函数为 bode(),调用格式为

bode(num, den) 绘制分子分母多项式系数分别为 num, den 的系统 Bode 图。

bode(sys) 绘制系统为 sys 的 Bode 图。

bode(sys, w) 绘制频率范围 w 内的系统为 sys 的 Bode 图。

bode(sys1, sys2, . . . , sysn)在同一坐标系内绘制多个系统的 Bode 图。

3.采用 LTI Viewer 绘制频率特性图

首先通过分子和分母多项式系数(或其他方法)得到控制系统的传递函数,在 MATLAB 命令窗口输入

>>ltiview

按 Enter 键后得到 LTI Viewer 的缺省界面,在 File 菜单中,单击 Import,选择系统传递函数即可得到该传递函数的单位阶跃响应曲线(默认形式)。右击鼠标选择 Nyquist 图或

Bode 图,即可绘制相应的频率特性图。

9.3.2 采用 MATLAB 绘制 Nyquist 图

例 9-8 已知系统的开环传递函数为 $G_K(s)=\dfrac{20(0.2s+1)}{s(5s+1)(s+4)}$,通过 MATLAB 绘制其 Nyquist 图。

解:MATLAB 代码

num = conv([0 20],[0.2 1]);
den= conv([1 0],conv([5 1],[1 4]));
sys = tf(num,den)
按 Enter 键后运行结果为
sys =

      4 s + 20

----

      5 s^3 + 21 s^2 + 4 s

nyquist(sys); grid on;

运行结果如图 9-5(a)所示,将图的坐标进行局部放大如图 9-5(b)所示,以便清楚地看清包围(-1,j0)点的情况,对曲线作进一步分析。

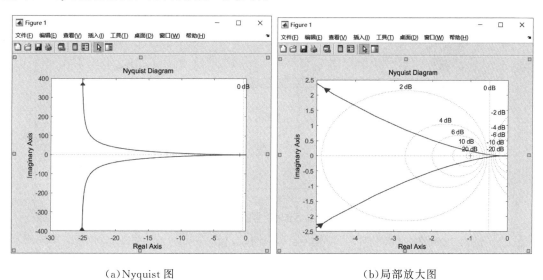

          (a)Nyquist 图　　　　　　　　　　　　　　　　(b)局部放大图

图 9-5　Nyquist 图

9.3.3 采用 MATLAB 绘制 Bode 图

例 9-9 已知系统开环传递函数为 $G_K(s)=\dfrac{10(s+1)}{s(0.1s+1)(s+2)}$,通过 MATLAB 绘制其 Bode 图。

解:MATLAB 代码

```
num = conv([0 10],[1 1]);
den = conv([1 0 ],conv([0.1 1],[1 2]));
sys = tf(num,den)
```

按 Enter 键后运行结果为

```
sys =

        10 s  +  10
   ---------------------------------
      0.1 s^3  +  1.2 s^2  +  2 s
```

```
bode(sys);
grid on;
```

运行结果如图 9-6 所示。

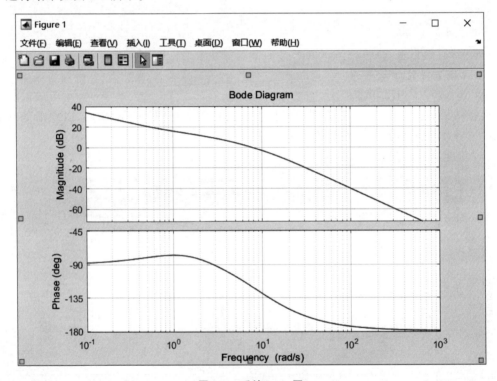

图 9-6　系统 Bode 图

例 9-10 已知单位反馈系统的开环传递函数为 $G_K(s) = \dfrac{100(s+2)}{(0.1s+1)(s+40)}$，绘制系统开环和闭环传递函数的 Bode 图。

解：MATLAB 代码

```
num = 100 * [1 2];
den = conv([0.1 1],[1 40]);
sys = tf(num,den);
sysb = feedback(sys,1);
```

```
bode(sys)
hold on
bode(sysb)
grid on
```

运行结果如图 9-7 所示。

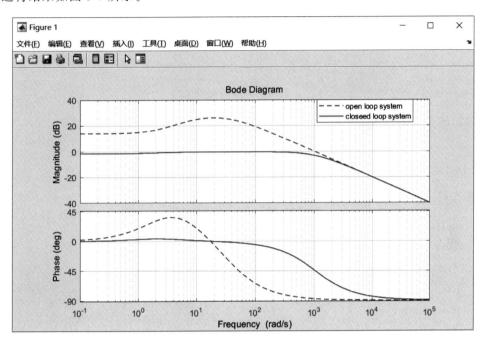

图 9-7 开环和闭环系统 Bode 图

9.3.4 综合实例

以典型的旋转电动机运动控制系统为例,如图 9-8 所示,直流电动机驱动,转动惯量为 J,考虑驱动链的连接刚度设为 K_s,运动阻尼系数为 c,系统的输出量(被控量)一般为惯量的角度或角速度,在此选取为角度 θ。电动机及其驱动器运行在电流模式,电动机的力矩/电流系数为 K_e,电动机的电磁力矩为 T_m。驱动器简化为比例环节,其增益为 K_{dr},输入控制量为电压 u_d,输出量为电流 i。各参数取值如表 9-2 所示。

表 9-2 系统参数列表

参数名称	数值	量纲
转动惯量 J	0.5	$kg \cdot m^2$
电动机转动惯量 J_m	0.02	$kg \cdot m^2$
连接刚度 K_s	2	$N \cdot m/rad$
运动阻尼系数 c	1	$N \cdot m/(rad/s)$
力矩/电流系数 K_e	10	$N \cdot m/A$
驱动器增益 K_{dr}	20	A/V

图 9-8 电动机运动控制系统示意图

电动机模型用微分方程表达如式(9-3)所示。

$$\begin{cases} i = K_{dr}u_d \\ T_m = K_e i \\ (J_m + J)\ddot{\theta} + c\dot{\theta} + K_s\theta = T_m \end{cases} \tag{9-3}$$

在零初始条件下,对式(9-3)进行拉氏变换,得到系统的传递函数为

$$\theta(s) = \frac{K_{dr}K_e}{(J_m + J)s^2 + cs + K_s}U_d(s) \tag{9-4}$$

在 MATLAB 中建立模型的脚本代码。

```
%----define parameter----%
clc; clear all; close all;
Kdr = 20; Ke = 10; Jm = 0.02;
J = 0.5; Ks = 2; c = 1;
%---build model----%
num = [Kdr * Ke];
den = [Jm+J  c  Ks];
sys = tf(num, den);
%---model analysis---%
fig1 = figure(1)
bode(sys); grid on;
fig2 = figure(2)
nyquist(sys); grid on;
fig3 = figure(3)
step(sys); grid on;
```

Bode 图、Nyquist 图和系统的单位阶跃响应曲线分别如图 9-9、图 9-10 和图 9-11 所示。

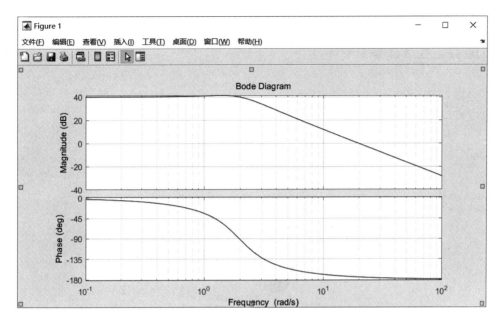

图 9-9 Bode 图

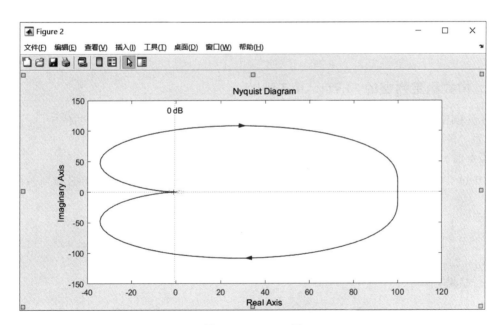

图 9-10 Nyquist 图

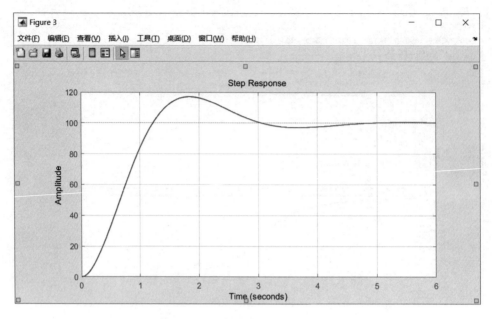

图 9-11　系统的单位阶跃响应曲线

9.4　MATLAB 实现系统稳定性分析

9.4.1　代数稳定判据的 MATLAB 实现

系统稳定的充分必要条件是系统的特征根或者系统的传递函数极点全部位于[s]平面的左半平面。采用 roots(P)函数可计算出系统的特征根,其输入参数 P 是降幂排列多项式系数向量,输出即为特征方程的根,存放在 ans 中。

例 9-11　设系统特征方程为 $s^4+3s^3+4s^2+2s+5=0$,试用代数稳定判据判别系统的稳定性。

解:

$\gg$ P = [1 3 4 2 5];

roots(P)

运行结果

ans =

　　　$-1.7207 + 1.1898i$

　　　$-1.7207 - 1.1898i$

　　　$0.2207 + 1.0458i$

　　　$0.2207 - 1.0458i$

特征根中有两个实部为正值的根,所以系统不稳定。

例 9-12　已知单位负反馈控制系统的开环传递函数为

$G_K(s)=\dfrac{0.2(s+2)}{s(s+0.5)(s+0.8)(s+3)}$,试判断此闭环系统的稳定性。

解：

```
>> z = -2;
>> p = [0 -0.5 -0.8 -3];
>> k = 0.2;
>> Gk = zpk(z,p,k); %transfer function of open-loop system
>> Gb = tf(feedback(Gk,1)); % transfer function of closed-loop system
>> dc = Gb.den;
>> dens = poly2str(dc{1},'s');
```
运行结果
```
dens = s^4 + 4.3 s^3 + 4.3 s^2 + 1.4 s + 0.4
>> P = [1 4.3 4.3 1.4 0.4];
>> ans = roots(P)
```
运行结果
```
ans =
    -3.0121
    -1.0000
    -0.1440 + 0.3348i
    -0.1440 - 0.3348i
```
由于特征方程只有负实部的特征根，故此单位负反馈控制系统是稳定的。

9.4.2 采用 Nyquist 图判定系统稳定性

在 MATLAB 中，利用 nyquist(sys)函数绘制系统的 Nyquist 图，sys 为系统传递函数。

例 9-13 已知单位负反馈系统开环传递函数为 $G_K(s) = \dfrac{600}{0.0005s^3 + 0.3s^2 + 15s + 200}$，试用 Nyquist 稳定判据判断闭环系统的稳定性，并用单位阶跃响应验证。

解：MATLAB 代码
```
>> num = 600;
>> den = [0.0005 0.3 15 200];
>> Gk = tf(num,den);
>> nyquist(Gk)
```
程序运行结果如图 9-12 所示，由图 9-12 可知系统的 Nyquist 曲线不包围(-1,j0)点，因此 N=0，由传递函数知 P=0，即 Z=N+P=0，闭环系统稳定。

采用单位阶跃响应验证 Nyquist 判据结论。
```
>> syms s Gk sys; %定义符号变量
>> Gk = 600/(0.0005 * s^3 + 0.3 * s^2 + 15 * s + 200);
>> sys = factor(Gk/(1+Gk)) %求单位负反馈系统闭环传递函数.
```
运行结果
```
sys = 1200000/(s^3 + 600 * s^2 + 30000 * s + 1600000)
>> num = 1200000;
```

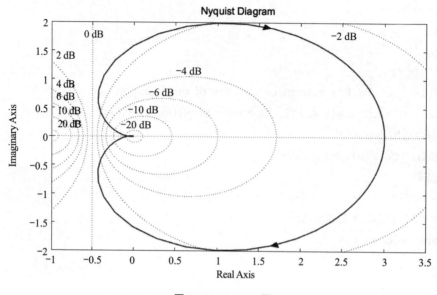

图 9-12 Nyquist 图

$\gg$ den = [1 600 30000 1600000];

$\gg$ sys = tf(num, den);

$\gg$ step(sys)

运行结果如图 9-13 所示,由图 9-13 可知响应曲线最后趋于稳定,验证了 Nyquist 稳定性判定的正确性。

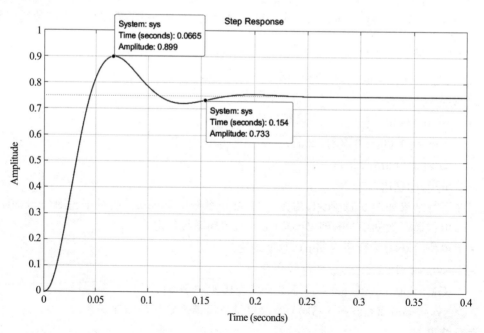

图 9-13　系统单位阶跃响应曲线

9.4.3 采用 Bode 图判定系统稳定性

在 MATLAB 中,利用 bode(sys)函数绘制系统的 Bode 图,参数 sys 为控制系统传递函数的句柄。也可以用 margin( )函数绘制系统 Bode 图,此函数还可以从频率响应数据中计算出幅值裕度、相位裕度及其对应的穿越频率。格式为[Gm,Pm,Wg,Wc]=margin(sys),返回量 Gm 为系统幅值裕度、Wc 为幅值穿越频率、Pm 为相位裕度、Wg 为相位穿越频率。

例 9-14 已知系统的开环传递函数为 $G_K(s) = \dfrac{32}{s(s+2)(s+4)}$

试判断闭环系统的稳定性,并计算相位裕度 γ 和幅值裕度 K_g(dB)。

解: MATLAB 代码

```
>> num = 32;
>> den = conv([1 0],conv([1 2],[1 4]));
>> Gk = tf(num,den);
>> margin(Gk)
>> [Gm,Pm,Wg,Wc] = margin(Gk)
>> grid on;
```

运行结果

Gm = 1.5000

Pm = 11.4304

Wg = 2.8284

Wc = 2.2862

运行结果如图 9-14 所示。

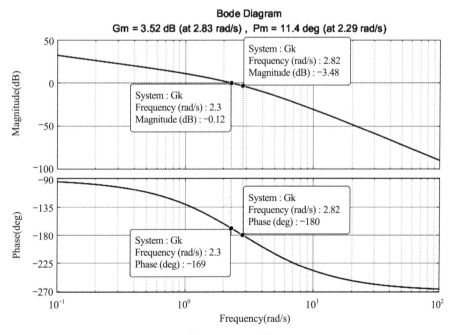

图 9-14　Bode 图

控制工程基础

由图 9-14 可知,幅值穿越频率为 2.3rad/s,系统的相位裕度 $\gamma = 11°$,相位穿越频率为 2.82rad/s,幅值裕度 K_g(dB)=3.48dB,故闭环系统稳定。由函数[Gm,Pm,Wg,Wc]=margin(sys)计算值可知,幅值裕度 K_g(dB)=20lg1.5=3.52dB,幅值穿越频率为 2.286rad/s,相位裕度 $\gamma = 11.43°$,相位穿越频率为 2.828rad/s。

例 9-15 已知单位负反馈控制系统的开环传递函数为

$$G_K(s) = \frac{80(s+5)}{s(s+1)(s+40)}$$

求系统的相位裕度 γ、幅值裕度 K_g(dB)和系统的频宽。

解: MATLAB 代码

```
>> num = 80 * [1 5];
>> den = conv([1 0], conv([1 1], [1 40]));
>> Gk = tf(num, den);
>> Gb = feedback(Gk, 1)
>> bode(Gk)
>> [Gm, Pm, Wg, Wc] = margin(Gk)
>> grid on;
```

程序运行结果

Gm =   Inf

Pm =   45.746

Wg =   Inf

Wc =   3.400

运行结果如图 9-15 所示。

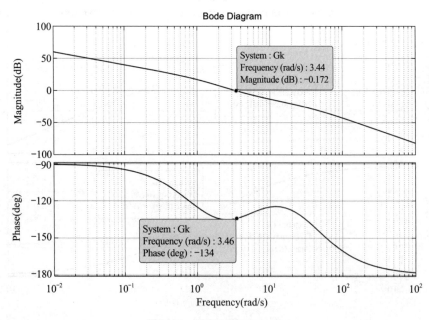

图 9-15 开环系统 Bode 图

由图 9-15 可知幅值裕度 K_g(dB)$=\infty$,相位裕度 $\gamma=46°$,幅值穿越频率为 3.44rad/s,相位穿越频率为∞。由函数[Gm,Pm,Wg,Wc]$=$margin(sys)计算可知,幅值裕度 K_g(dB)$=\infty$,幅值穿越频率为 3.4rad/s,相位裕度为 $\gamma=45.7°$,相位穿越频率为∞,该闭环系统稳定。

绘制闭环系统 Bode 图,代码如下。

$>>$ bode(Gb)

运行结果如图 9-16 所示,系统对数幅频曲线-3dB 对应的频率即频宽为 5.07rad/s。

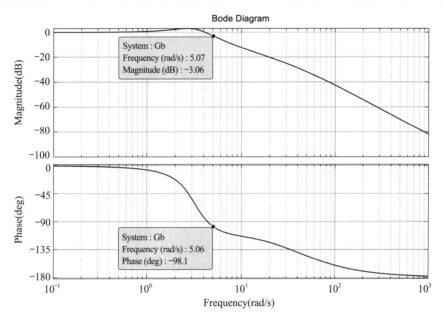

图 9-16 闭环系统 Bode 图

9.5 MATLAB 实现系统性能校正

9.5.1 相位超前校正

例 9-16 单位负反馈控制系统,其开环传递函数为

$$G(s)=\frac{K}{s(s+2)}$$

试设计相位超前校正环节,使得校正后系统的静态速度无偏系数 $K_v=20$,相位裕度 $\gamma\geqslant50°$,幅值裕度 K_g(dB)$\geqslant10$dB。绘制系统校正前后的 Bode 图及单位阶跃响应曲线。

解:采用 MATLAB 编写相位超前校正程序,源代码如下。

```
syms s K T alpha;
Kv = limit(s * (1 + T * s) * K/((1 + alpha * T * s) * s * (s + 2)), s, 0) - 20
P = sym2poly(Kv);
K = roots(P)
```

```
num0 = [0 K];
den0 = [1 2 0];
sys_old = tf(num0, den0)
w = logspace(-1, 2, 300);

fig1 = figure(1)
subplot(121);
margin(sys_old)
[mag, phase, w] = bode(sys_old, w);
[Gm, Pm, Wcg, Wcp] = margin(mag, phase, w)

Phi = (50 - Pm + 5) * pi/180;
alpha = (1 - sin(Phi))/(1 + sin(Phi))
wc = interp1(mag, w, sqrt(alpha), 'spline')
T = 1/(sqrt(alpha) * wc)
numgc = [T 1]
dengc = [alpha * T 1]
[numk, denk] = series(numgc, dengc, num0, den0);
sys_new = tf(numk, denk)
hold on;
margin(sys_new)
grid on;

subplot(122);
sysclose_old = feedback(sys_old, 1)
sysclose_new = feedback(sys_new, 1)
step(sysclose_old);
hold on;
step(sysclose_new);
grid on;
```

运行上述程序后得到系统校正后的开环传递函数为

$$G_K(s) = G_c(s)G(s) = \frac{0.2268s + 1}{0.0563s + 1} \frac{40}{s(s+2)}$$

绘制系统校正前后的 Bode 图和闭环系统的单位阶跃响应曲线分别如图 9-17(a)和图 9-17(b)所示。

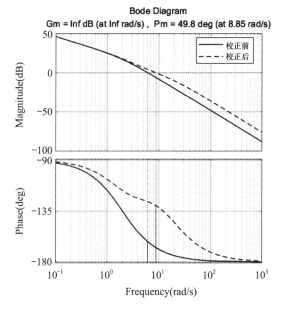

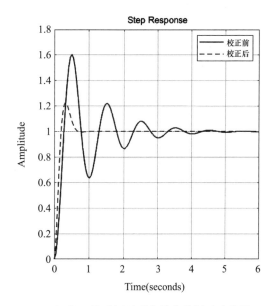

（a）校正前后开环系统 Bode 图　　　　　　　（b）校正前后闭环系统单位阶跃响应曲线

图 9-17　系统校正前后的 Bode 图和闭环系统的单位阶跃响应曲线

由图 9-17 可知,校正后系统所要求的性能指标都能得到满足,幅值裕度 $K_g(dB)=\infty$,相位裕度 $\gamma=49.8°$。系统的响应速度明显提高,调节时间明显缩短,系统的相对稳定性显著提高。

9.5.2　相位滞后校正

例 9-17　已知单位负反馈系统的开环传递函数为

$$G(s) = \frac{K}{s(s+7.8)(s+3.2)}$$

试设计相位滞后校正环节,使得校正后系统的静态速度无偏系数 $K_v \geqslant 15$,相位裕度 $\gamma \geqslant 40°$,幅值裕度 $K_g(dB) \geqslant 10dB$。利用 MATLAB 编程实现系统相位滞后校正,并绘制校正前后系统的 Bode 图及闭环系统的单位阶跃响应曲线。

解:根据系统性能要求设计系统相位滞后校正环节的 MATLAB 程序如下。

```
syms s K T beta;
Kv = limit(s * (1 + T * s) * K/((1 + beta * T * s) * s * (s + 7.8) * (s + 3.2)),s,0) - 15;
P = sym2poly(Kv);
K = roots(P)
z = [ ];
p = [0  -7.8  -3.2];
k = K;
G0 = zpk(z,p,k);
w = logspace( - 3,3,600);
[mag,phase,w] = bode(G0,w);

fig1  =  figure(1)
```

```
subplot(121)
margin(G0)
grid on; hold on;
Phi = 40 + 10 - 180;
wc = interp1(phase, w, Phi, 'spline')
wT = wc/5
T = 1/wT
beta = interp1(w, mag(1, :), wc, 'spline')
numc = [T 1]
denc = [beta * T 1]
Gc = tf(numc, denc)
sys_new = series(G0, Gc)
margin(sys_new)
G0_close = feedback(G0, 1)
sysnew_close = feedback(sys_new, 1)

subplot(122)
step(G0_close, sysnew_close)
axis([0, 6, -3, 6]);
grid on;
```

运行上述程序后得到系统校正后的开环传递函数为

$$G_K(s) = G_c(s)G(s) = \frac{2.964s + 1}{22.79s + 1} \frac{374.4}{s(s + 3.2)(s + 7.8)}$$

绘制系统校正前后的 Bode 图和闭环系统的单位阶跃响应曲线如图 9-18 所示。

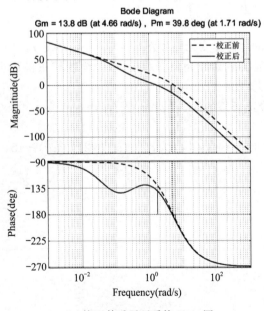

(a)校正前后开环系统 Bode 图

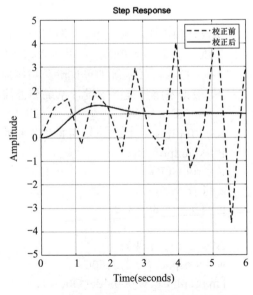

(b)校正前后闭环系统单位阶跃响应曲线

图 9-18　系统校正前后的 Bode 图和闭环系统的单位阶跃响应曲线

由图 9-18 可知,通过相位滞后校正,系统从校正前的不稳定变成稳定;同时校正后系统的相位裕度 $\gamma \approx 40°$,幅值裕度 $K_g(\mathrm{dB}) = 13.8\mathrm{dB}$,满足设计要求。因此,校正后系统的稳态性能指标和频域性能指标都达到了设计要求,但幅值穿越频率 ω_c 从 5.8rad/s 降到 1.71rad/s,闭环系统的频宽下降,由图 9-18(b)可知系统的响应速度较慢。

9.5.3 相位滞后-超前校正

例 9-18 如图 9-19 所示的单位负反馈控制系统,其开环传递函数为

$$G(s) = \frac{K}{s(0.5s+1)}$$

试设计相位滞后-超前校正环节,使其校正后系统的静态速度无偏系数 $K_v = 10$,相位裕度 $\gamma \geqslant 50°$,幅值裕度 $K_g(\mathrm{dB}) \geqslant 10\mathrm{dB}$。绘制系统校正前后的 Bode 图及单位阶跃响应曲线。

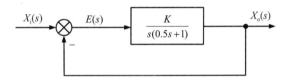

图 9-19 单位负反馈控制系统框图

解:采用 MATLAB 编写相位滞后-超前校正环节程序,源代码如下。

```
close all; clear; clc;

ess = 0.1;
r = 50;
K = 1/ess;
z = [ ];
p = [0 -1 -2]
k = K * 2
sys_old = zpk(z,p,k)
w = logspace(-2,2,200);
[mag,phase,w] = bode(sys_old,w);

fig1 = figure(1)
subplot(121)
margin(sys_old)
[Gm,Pm,Wcg,Wcp] = margin(mag,phase,w);
wc = 1.6        % 设定值
r0 = interp1(w,phase(1,:),wc,'spline')
Gc = interp1(w,mag(1,:),wc,'spline')
Phim = (r - r0 + 5 - 180) * pi/180;
```

```
beta = (1 + sin(Phim))/(1 - sin(Phim));
beta = 15 % 根据计算结果设定值
wT2 = wc/10
T2 = 1/wT2
numh = [T2 1]
denh = [beta * T2 1]
G1 = tf(numh, denh)
wT1 = wc * Gc
numgq = [beta/wT1 1]
dengq = [1/wT1 1]
G2 = tf(numgq, dengq)
Gc = series(G1, G2)
sys_new = series(Gc, sys_old)
hold on
margin(sys_new)
grid on
sys_old_close = feedback(sys_old, 1);
legend('校正前', '校正后');
sys_new_close = feedback(sys_new, 1);

subplot(122)
step(sys_old_close, sys_new_close);
legend('校正前', '校正后');
ylim([-1, 5]);
xlim([0, 20]);
set(gcf, 'Position', [100, 100, 900, 500]);
```

运行上述程序后得到系统校正后的开环传递函数为

$$G_K(s) = G_c(s) \cdot G(s) = \frac{1 + 3.624s}{1 + 0.2416s} \cdot \frac{1 + 6.25s}{1 + 93.75s} \cdot \frac{20}{s(s+1)(s+2)}$$

$$= \frac{20(s + 0.2759)(s + 0.16)}{s(s+1)(s+2)(s+4.139)(s+0.01067)}$$

绘制系统校正前后的 Bode 图和闭环系统的单位阶跃响应曲线如图 9-20 所示。

由图 9-20 可知,通过相位滞后-超前校正,系统由不稳定变为稳定,幅值裕度 $K_g(\mathrm{dB}) = 11.5\mathrm{dB}$,相位裕度 $\gamma = 49.4°$,响应时间较长。

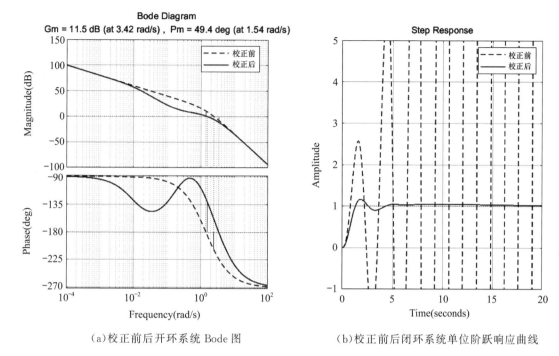

（a）校正前后开环系统 Bode 图 （b）校正前后闭环系统单位阶跃响应曲线

图 9-20　系统校正前后的 Bode 图和闭环系统单位阶跃响应曲线

9.5.4　PID 校正

例 9-19　如图 9-21 所示的单位负反馈控制系统，其开环传递函数为

$$G(s) = \frac{1.5 \times 10^7 K}{s(s^2 + 3408.3s + 1204000)}$$

要求采用 PID 校正，试确定 PID 参数，使得闭环系统的时域性能指标为：单位恒加速输入引起的稳态误差 $e_{ss} = 0.00043$；最大超调量 $\sigma \leqslant 5\%$；上升时间 $t_r \leqslant 0.005\text{s}$。

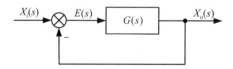

图 9-21　单位负反馈控制系统框图

解：校正前系统为 I 型系统，校正后系统要求单位恒加速输入的稳态误差 $e_{ss} = 0.00043$。因此，要求通过校正环节增加系统的型别。为了在保证系统稳态精度的同时，提高系统动态性能，选用串联 PID 校正。PID 校正的传递函数为

$$G_c(s) = K_p\left[1 + \frac{1}{T_i s} + T_d s\right] = \frac{K_p(T_i T_d s^2 + T_i s + 1)}{T_i s}$$

则校正后系统的开环传递函数为

$$G_K(s) = G(s)G_c(s) = \frac{1.5 \times 10^7 K}{s(s^2 + 3408.3s + 1204000)} \cdot \frac{K_p(T_i T_d s^2 + T_i s + 1)}{T_i s}$$

则加速度无偏系数为

$$K_a = \lim_{s \to 0} s^2 G_K(s) = \frac{1.5 \times 10^7 K K_p}{1204000 T_i} = \frac{1}{e_{ss}} = \frac{1}{0.00043}$$

令 $K_p = 1$,得 $K = 186.7$。

系统校正前的开环传递函数为

$$G_K(s) = \frac{2800500000}{s(s + 3008)(s + 400)}$$

校正前系统的 Bode 图如图 9-22 所示。

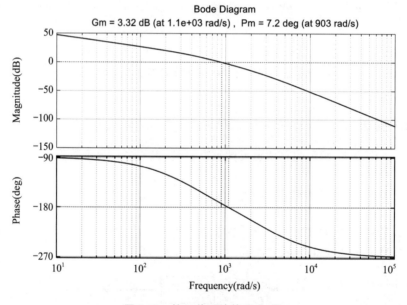

Bode Diagram
Gm = 3.32 dB (at 1.1e+03 rad/s), Pm = 7.2 deg (at 903 rad/s)

图 9-22 校正前系统的 Bode 图

首先选择二阶系统最优模型为希望的频率特性,则 $T_d = 1/400 = 0.0025$。当前系统的幅值穿越频率为 $\omega_c = 903\text{rad/s}$。

然后,确定 T_i 的值。为保证校正后系统的动态性能,要求校正后系统的频宽只能增加,因此,要求校正后系统的幅值穿越频率 $\omega_c \geqslant 903\text{rad/s}$。

选择三阶系统最优模型为系统校正后希望的频率特性,则根据 PI 校正特性,选择 PI 校正环节的零点转折频率 $\omega_2 = \omega_c/15 = 60\text{rad/s}$。则 $T_i = 1/\omega_2 = 0.0166\text{s}$。

最后,确定 K_p 的值。

当 $K_p = 1$ 时,校正后系统的开环传递函数为

$$G'_{K}(s) = \frac{69966889.3(s+303.9)(s+96.34)}{s^2(s+3008)(s+400)}$$

根据开环频率特性绘制 Bode 图,获得幅值穿越频率 $\omega_{cpg}=1940\text{rad/s}$,则 $K_p=\omega_c/\omega_{cpg}=0.57$。

于是,系统经过 PID 校正后的开环传递函数为

$$G_K(s) = K_p G'_K(s) = \frac{3957103(s+303.9)(s+96.34)}{s^2(s+3008)(s+400)}$$

PID 校正环节传递函数为

$$G_c(s) = 0.57\left[1+\frac{1}{0.01367s}+0.0025s\right]$$

绘制 PID 校正前后开环系统的 Bode 图如图 9-23 所示,单位阶跃响应曲线如图 9-24 所示。

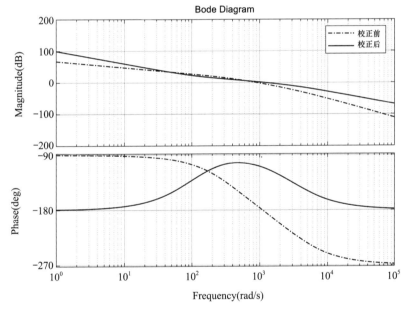

图 9-23 校正前后开环系统的 Bode 图

由图 9-24 可知,校正后系统的超调量 $\sigma=4.75\%$,上升时间 $t_r=0.00124\text{s}$,调节时间 $t_s=0.0184\text{s}$。

单位恒加速输入引起的系统稳态误差

$$e_{ss} = \frac{3008\times400}{3957103\times303.9\times96.34} = 1.039\times10^{-5} < 0.00043$$

因此,校正后系统的瞬态及稳态性能指标,均满足给定的指标要求。

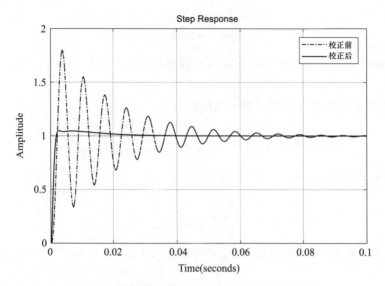

图 9-24　校正前后闭环系统的单位阶跃响应曲线

9.6　Simulink 建模与仿真

在控制系统的框图模型中,可以将子系统或模块用具有输入输出端口的方框表示,将复杂系统分解为子系统进行分析,只需要确定子系统之间的交互作用量,从而给出系统模型的结构,并且在某些模块不容易建模时,可以采用实验后辨识的方法确定系统的模型。

与工程领域的图形化分析方法类似,MATLAB 中包括的 Simulink 功能模块为系统建模和仿真提供了一种图形化的工具。Simulink 具有 SIMULATION(仿真)和 LINK(连接)2 个功能,它提供了一个图形化的用户界面,可以方便地在模型窗口上建立系统的各个环节传递函数模型图,使复杂模型的建立变得简单、直观、灵活,然后可对系统进行仿真与分析。

Simulink 的启动方法:在命令行窗口输入指令"simulink",或在主页菜单栏下单击 Simulink 工具图标,即可打开 Simulink 工具,如图 9-25 所示。在起始页面,提供了部分领域的模板和工具箱,如通信工具箱、嵌入式工具箱、HDL 工具箱、实时控制工具箱等,还提供了各领域的模型案例。Simulink 包含 Sink(输出方式)、Source(输入源)、Continus(连续)、Nonlinear(非线性)、Discrete(离散)、Signals&System(信号与系统)、Math(数学运算)和 Function&Tables(函数和查询表)等模型库,便于用户套用模板进行快速建模,并熟悉 Simulink 的建模规范。

在 Simulink 起始页面建立 Blank Model 后,如图 9-26 所示,弹出模型编辑界面,单击 Library Browser 图标,即可打开 Simulink 自带的模型库。当模型库中的模型不满足需求时,可以利用 C 语言接口模块或者数学公式模块调用用户编写的数学模型。

以旋转电动机驱动惯量典型控制系统为例,其中惯量具有系数为 K_{spr} 的弹性约束,将摩擦特性简化为常系数 C_r 的黏性摩擦,建立系统的仿真模型,如图 9-27 所示。电动机电流环采用 PI 控制器,惯量位置闭环采用 PID 控制器。

仿真过程包括初始化、运行模型、数据处理与结果分析四个过程。

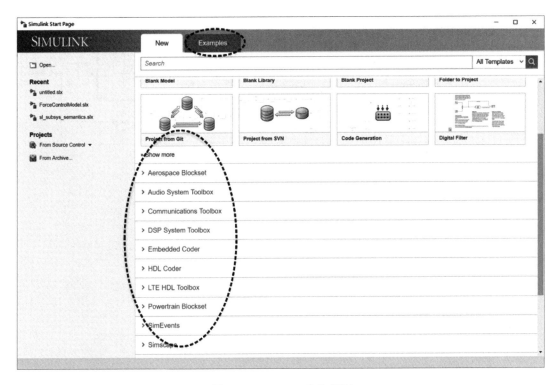

图 9-25 Simulink 启动界面

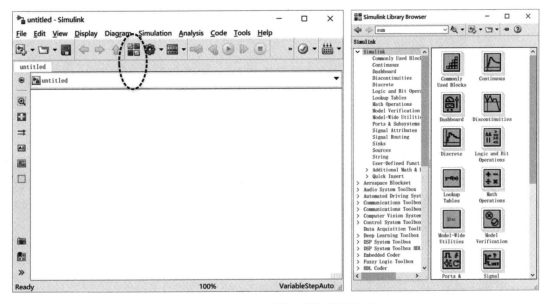

图 9-26 Simulink 编辑窗口和模型库窗口

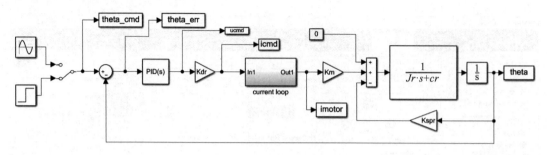

图 9-27　Simulink 模型

(1)编辑 para_def. m 文件,对模型参数赋值

```
clear;clc;
%---model parameter---%
Ke = 10; % Nm/A
Lm = 0.03; % H
Rm = 7; % omega
Kdr = 20; %A/V
Jr = 0.1; %kg/m2
cr = 1; %Nm/(rad/s)
Km = 2; %Nm/A
Kspr = 2; %Nm/rad/s
%---control parameter---%
Kp = 100;
Ki = 0;
Kd = 0;
Kpth = 0.4;
Kith = 0.8;
Kdth = 0.03;
```

(2)设置仿真输入条件

设置仿真输入条件,如正弦输入或阶跃输入,进行数值仿真参数设置,如选择求解器、设置仿真步长等,运行仿真模型。在 simulink 模型中,可以利用 Simulink＞＞Sinks＞＞out 模块将数据输出至 MATLAB 主界面的变量工作区,以便后续分析。

先将工作路径定位为 Simulink 模型所在的磁盘路径,在脚本中运行 Simulink 模型的指令为

```
sim('motor.slx');
```

(3)数据显示与分析

绘图程序

```
fig1 = figure(1);
subplot(2,1,1);
plot(icmd,'--r','Linewidth',1);
```

```
hold on;
plot(imotor, '-b', 'Linewidth', 1);
legend('icmd', 'imotor');
ylabel('current(A)', 'Fontname', 'Arial', 'Fontsize', 12);
title('current command & output');
set(gca, 'Fontsize', 12); grid off;
set(gca, 'Fontname', 'Arial');
subplot(2, 1, 2);
plot(ucmd, '-k', 'Linewidth', 1);
xlabel('time(s)', 'Fontname', 'Arial', 'Fontsize', 12);
ylabel('voltage(V)', 'Fontname', 'Arial', 'Fontsize', 12);
title('control output');
set(gca, 'Fontsize', 12); grid off;
set(gca, 'Fontname', 'Arial');
set(gcf, 'Position', [50, 50, 800, 600]);

fig2 = figure(2);
plot(theta_cmd, '--r', 'Linewidth', 1);
hold on;
plot(theta, '-b', 'Linewidth', 1);
legend('degree command', 'degree output');
xlabel('time(s)', 'Fontname', 'Arial', 'Fontsize', 12);
ylabel('Position(rad)', 'Fontname', 'Arial', 'Fontsize', 12);
title('degree command & output');
set(gca, 'Fontsize', 12); grid off;
set(gca, 'Fontname', 'Arial');
set(gcf, 'Position', [100, 50, 800, 300]);
```

运行结果如图 9-28 和图 9-29 所示。

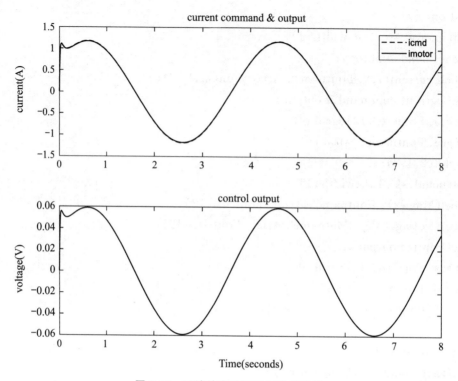

图 9-28　系统的电流响应与控制输出

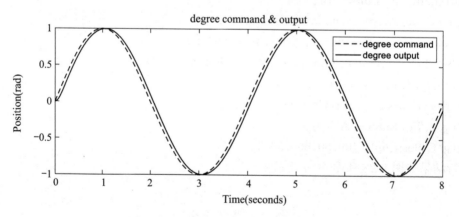

图 9-29　系统的位置指令与位置输出

第 10 章 控制系统实例分析

袁隆平先生曾寄语要发展智能化的现代高科技农业。我国现代农业已从传统的人力农业步入到自动化、智能化和无人化作业的新时代。在卫星遥感、北斗导航技术的支持下,农业无人机、农业无人车、农业机器人以及无人驾驶等农机智能装备正在祖国的大地上驰骋飞翔。植保无人机已经在我国农业中广泛使用,它依靠仿地飞行控制技术,随着地形和作物高度的变化上下起伏飞行,可实现相对地面作物保持固定高度不变的精准施药作业,以达到最佳的植保效果。将控制系统分析与设计方法应用到我国北斗卫星导航支持下的天地一体化无人农场、植保无人机、山地植保无人车以及大田除草无人车等农业无人系统进行应用示范,将论文写在祖国的大地上,取得了一些成果。

本章将首先介绍在工农业应用范围较为广泛的执行机构位置控制系统;其次介绍模拟农业机器人平衡控制的一级倒立摆系统的 PID 校正方法;再次介绍用于农业生产作业的无人机避障控制系统与无人机高度控制系统的校正方法;最后介绍农业机器人转向位置控制系统和拖拉机液压悬挂系统性能提高的方法。

10.1 执行机构位置控制系统

10.1.1 执行机构位置控制系统工作原理

图 10-1 所示为一个典型的执行机构位置闭环自动控制系统框图,通过指令电位器设定期望的位置,控制器检测期望与实际位置值,比较放大后控制电动机驱动执行机构运动,达到期望的位置。

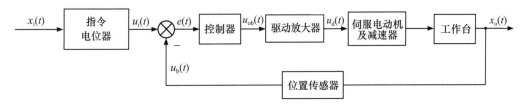

图 10-1 执行机构位置闭环自动控制系统框图

10.1.2 执行机构位置控制系统传递函数建立

1.各环节传递函数建立

(1)指令环节

指令环节是将期望值转化为电压值,为比例关系,其比例系数为 K_p,期望位置 $x_i(t)$ 为输

入，$u_i(t)$为输出，因此可知指令环节微分方程为

$$u_i(t)=K_p x_i(t) \tag{10-1}$$

指令环节传递函数为

$$\frac{U_i(s)}{X_i(s)}=K_p \tag{10-2}$$

(2)控制器环节

控制器环节起到比较、放大作用，比较环节是输入信号 $u_i(t)$与反馈信号 $u_b(t)$进行比较，得到偏差信号 $e(t)$，经放大环节放大后输出控制信号，放大环节为比例环节，其比例系数为 K_q，其输入电压为 $e(t)$，输出电压为 $u_{ob}(t)$，因此可得

$$e(t)=u_i(t)-u_b(t) \tag{10-3}$$

$$u_{ob}(t)=K_q e(t) \tag{10-4}$$

控制器传递函数为

$$E(s)=U_i(s)-U_b(s) \tag{10-5}$$

$$\frac{U_{ob}(s)}{E(s)}=K_q \tag{10-6}$$

(3)功率放大环节

功率放大环节为比例环节，其输入电压为 $u_{ob}(t)$，输出电压为 $u_d(t)$，其比例系数为 K_g，因此可得

$$u_d(t)=K_g u_{ob}(t) \tag{10-7}$$

功率放大环节传递函数为

$$\frac{U_d(s)}{U_{ob}(s)}=K_g \tag{10-8}$$

(4)直流伺服电动机及负载

减速器、丝杠和工作台是直流伺服电动机的负载，将直流伺服电动机的输入电压 $u_d(t)$作为输入，电动机输出角位移 $\theta_o(t)$作为输出，则可得微分方程为

$$R_a J\ddot{\theta}_o(t)+(R_a C+K_T K_e)\dot{\theta}_o(t)=K_T u_d(t) \tag{10-9}$$

式中，R_a——电枢绕组的电阻；J——电动机转子及负载折合到电动机轴上的等效转动惯量；$\theta_o(t)$——电动机的输出转角；C——电动机转子及负载折合到电动机轴上的等效黏性阻尼系数；K_T——电动机的力矩常数，对于确定的直流电动机，当激磁一定时，K_T 为常数，取决于电动机的结构；K_e——反电动势常数。

若减速器的减速比为 i_1，丝杠到工作台的传动比为 i_2，则从电动机转子到工作台的总传动比 i 为

$$i=\frac{\theta_o(t)}{x_o(t)}=i_1 i_2 \tag{10-10}$$

式中，$i_2=2\pi/L$；L——丝杠螺距。

①等效转动惯量计算。电动机转子的转动惯量为 J_1；减速器的转动惯量为 J_2；滚珠丝杠的转动惯量为 J_s（定义在丝杠轴上），等效到电动机转子上为 $J_3=J_s/i_1^2$；工作台的运动为平移，若工作台的质量为 m_t，等效到转子的转动惯量为 $J_4=m_t/i^2$。因此，电动机、减速器、滚珠丝杠和工作台的等效转动惯量 J 为

$$J=J_1+J_2+J_3+J_4=J_1+J_2+J_s/i_1^2+m_t/i^2 \tag{10-11}$$

②等效阻尼系数计算。电动机、减速器、滚珠丝杠和工作台的黏性系数等效到电动机轴上的计算，同理等效转动惯量的计算，因此等效阻尼系数为

$$C=C_d+C_i+C_s/i_1^2+C_t/i^2 \tag{10-12}$$

式中，C_d——电动机的黏性阻尼系数；C_i——减速器的黏性阻尼系数；C_s——丝杠转动黏性阻尼系数；C_t——工作台与导轨间的黏性阻尼系数。

③输入为电动机电枢电压 $u_d(t)$、输出为工作台位移 $x_o(t)$ 的动力学微分方程为

$$R_aJ\ddot{x}(t)+(R_aD+K_TK_e)\dot{x}(t)=K_Tu_d(t)/i \tag{10-13}$$

④输入为电动机电枢电压、输出为工作台位移的传递函数为

$$G_d(s)=\frac{X_o(s)}{U_d(s)}=\frac{K_T/i}{R_aC+K_eK_T}\frac{1}{s\left(\frac{R_aJ}{R_aC+K_eK_T}s+1\right)}=\frac{K}{s(Ts+1)} \tag{10-14}$$

式中，$T=\dfrac{R_aJ}{R_aC+K_eK_T}$；$K=\dfrac{K_T/i}{R_aC+K_eK_T}$。

（5）反馈环节

反馈环节是通过位置传感器将工作台位移信号转变为电压信号，是一个比例环节，其比例系数为 K_f，工作台的位移 $x_o(t)$ 作为输入，电压 $u_b(t)$ 作为输出，因此可得

$$u_b(t)=K_fx_o(t) \tag{10-15}$$

反馈环节传递函数为

$$\frac{U_b(s)}{X_o(s)}=K_f \tag{10-16}$$

2.执行机构位置控制系统传递函数框图的建立

根据各环节传递函数绘制框图如图 10-2 所示。

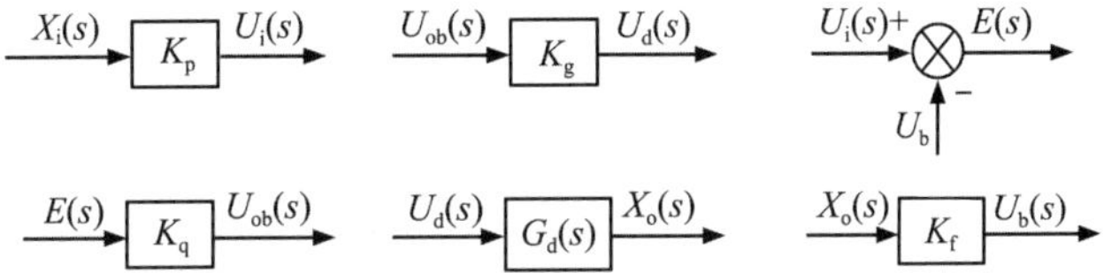

图 10-2 执行机构各环节框图

将各环节传递函数框图按信号的传递关系连接起来，便得到系统的传递函数框图，如图

控制工程基础

10-3 所示。

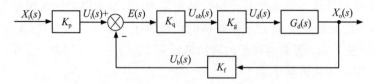

图 10-3   执行机构位置控制系统框图

3. 执行机构位置控制系统传递函数建立

按照反馈和串联连接原则对框图进行化简,可得系统的闭环传递函数为

$$G_B(s) = \frac{X_o(s)}{X_i(s)} = \frac{K_p K_q K_g K}{Ts^2 + s + K_q K_g K_f K}$$

取 $K_p = K_f$,$\omega_n = \sqrt{\dfrac{K_q K_g K_f K}{T}}$,$\zeta = \dfrac{1}{2\sqrt{K_q K_g K_f K T}}$

则可简化为

$$G_B(s) = \frac{\omega_n^2}{s^2 + 2\zeta\omega_n s + \omega_n^2}$$

式中,ω_n——系统的固有频率;ζ——系统的阻尼比。

系统的开环传递函数为

$$G_K(s) = K_p K_q K_g G_d(s) K_f = \frac{K_p K_q K_g K_f K}{s(Ts+1)}$$

系统的参数如下。

$J = 0.004 \text{kg} \cdot \text{m}^2$,$C = 0.005 \text{N} \cdot \text{m} \cdot \text{s/rad}$,$R_a = 4\Omega$,$K_T = 0.2 \text{N} \cdot \text{m/A}$,$K_e = 0.15 \text{V} \cdot \text{s/rad}$,$i = 4000$,$K_g = 100$,$K_p = 10$,$K_f = 1$,$K_q = 10$。

计算得 $T = \dfrac{R_a J}{R_a D + K_e K_T} = 0.32$,$K = \dfrac{K_T/i}{R_a D + K_e K_T} = 0.001$,

开环传递函数和闭环传递函数分别为

$$G_K(s) = \frac{U_b(s)}{X_i(s)} = \frac{K_p K_q K_g K_f K}{s(Ts+1)} = \frac{10}{s(0.32s+1)}$$

$$G_B(s) = \frac{10}{0.32s^2 + 1s + 10}$$

$$\omega_n = \sqrt{\frac{10}{0.32}} = 0.59 \text{rad/s}, \quad \zeta = \frac{1/0.32}{2\sqrt{\dfrac{10}{0.32}}} = 0.27$$

10.1.3   执行机构位置控制系统误差与时域分析

由于开环传递函数为 Ⅰ 型系统,对单位阶跃输入的稳态偏差为 0,对单位斜波输入的稳态偏差为 0.1。

根据闭环传递函数,采用 MATLAB 绘制时域响应曲线,如图 10-4 所示。

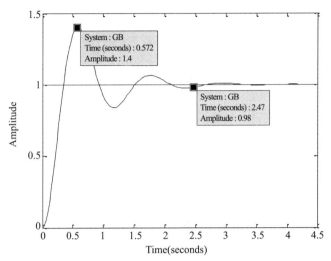

图 10-4　执行机构位置闭环控制系统时域响应

由图 10-4 可知,闭环系统稳定,最大峰值时间 $t_p=0.572\text{s}$,超调量 $\sigma=40\%$,调节时间 $t_s=$ 2.47s,显然超调量较大,响应时间也较长。

10.1.4　执行机构位置控制系统频域与稳定性分析

根据开环传递函数可得开环频率特性为

$$G_K(j\omega)=\frac{10}{j\omega(1+j0.32\omega)}$$

采用 MATLAB 绘制开环频率特性 Nyquist 和 Bode 图,如图 10-5 和图 10-6 所示。

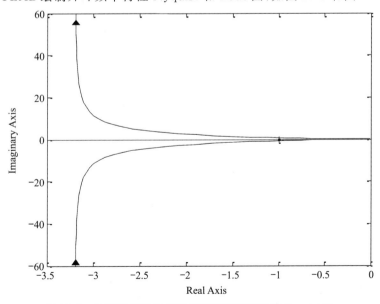

图 10-5　执行机构位置控制系统开环频率特性 Nyquist 图

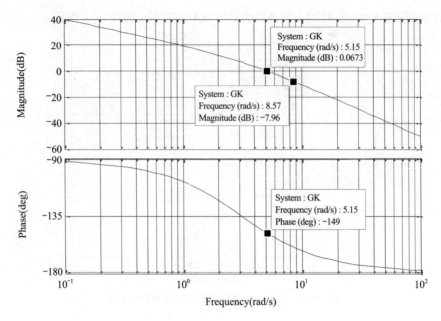

图 10-6 执行机构位置控制系统开环频率特性 Bode 图

由图 10-5 可知，Nyquist 曲线不包围(−1,j0)，$P=0$，开环传递函数在[s]右平面的极点数为 0，所以闭环系统稳定，与单位阶跃响应曲线趋向于稳态值 1 吻合。

由图 10-6 可知，幅值穿越频率 $\omega_c=5.2\mathrm{rad/s}$，相位裕度 $\gamma=31°$，幅值裕度 $K_g=\infty$，闭环系统稳定。

根据闭环传递函数，采用 MATLAB 绘制闭环频率特性 Bode 图，如图 10-7 所示。

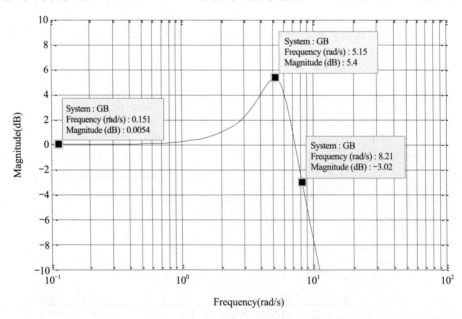

图 10-7 执行机构位置控制系统闭环频率特性 Bode 图

由图 10-7 可知,谐振频率 $\omega_r = 5.15\text{rad/s}$,谐振峰 $M_r = 5.4\text{dB}$,截止频率 $\omega_b = 8.21\text{rad/s}$。

10.1.5 执行机构位置控制系统串联校正分析

由于系统的相位裕度 $\gamma = 31°$,使得谐振峰值较大,超调量较大,当 $\gamma = 65°$ 时,阻尼比为 $\zeta = 0.7$,谐振峰值不存在,超调量 $\sigma < 5\%$,所以采用相位超前校正,设 $\gamma = 65°$,补偿相位 $\varepsilon = 12°$,因此最大超前相位为

$$\varphi_m = \gamma_2 - \gamma_1 + \varepsilon = 65° - 31° + 12° = 46°$$

计算 α

$$\alpha = \frac{1 - \sin\varphi_m}{1 + \sin\varphi_m} = 0.16$$

对应校正后幅值穿越频率 ω_{c2} 的校正前幅值为

$$L(\omega_{c2}) = 10\lg\alpha = -7.96\text{dB}$$

由图 10-6 可知,对应 -7.96dB 的频率即为校正后幅值穿越频率

$$\omega_{c2} = 8.57\text{rad/s}$$

取最大超前相位在校正后系统的幅值穿越频率 ω_{c2} 附近,得

$$\omega_{c2} = \omega_m = \frac{1}{\sqrt{\alpha}\, T}$$

则可以求出 $T = 0.29\text{s}$,$\alpha T = 0.047\text{s}$,补偿相位超前校正幅值衰减后,相位超前校正环节频率特性为

$$G_c(j\omega) = \frac{1 + jT\omega}{1 + j\alpha T\omega} = \frac{1 + j0.29\omega}{1 + j0.047\omega}$$

校正后系统开环频率特性为

$$G_{KH}(j\omega) = \frac{10}{j\omega(1 + j0.32\omega)} \cdot \frac{1 + j0.29\omega}{1 + j0.047\omega}$$

采用 MATLAB 软件绘制系统校正后开环频率特性 Bode 图及闭环系统单位阶跃响应曲线和 Bode 图,如图 10-8、图 10-9 和图 10-10 所示。

由图 10-8 可知,幅值穿越频率 $\omega_c = 8.48\text{rad/s}$,相位裕度 $\gamma = 66°$,幅值裕度 $K_g = \infty$,校正后幅值穿越频率增大,相位裕度增加,相对稳定性提高。

由图 10-9 可知,最大峰值时间 $t_p = 0.307\text{s}$,超调量 $\sigma = 4\%$,调节时间 $t_s = 0.473\text{s}$,校正后超调量大幅降低,响应时间也缩短了。

由图 10-10 可知,截止频率 $\omega_b = 13\text{rad/s}$,校正后频宽增加,谐振峰值不存在。

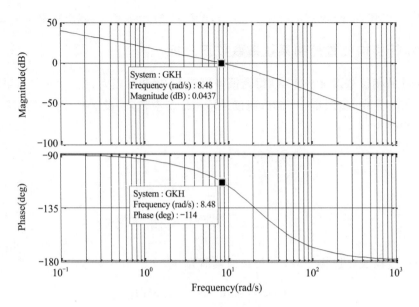

图 10-8　执行机构位置控制系统串联校正后开环频率特性 **Bode** 图

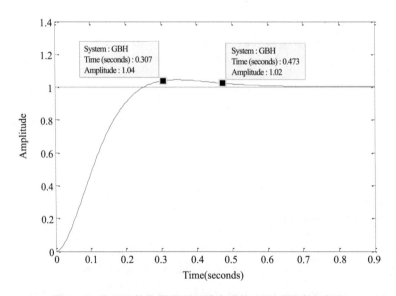

图 10-9　执行机构位置控制系统串联校正后时域响应曲线

10.1.6　执行机构位置控制系统 PID 校正分析

由图 10-4 可知,校正前超调量较大,为了降低超调量采用 PD 校正,对于单位阶跃信号稳态误差为 0,取 $K_p = 1$,则 PD 校正环节传递函数为 $G_c(s) = 1 + K_d s$,校正后的开环传递函数为

$$G_K(s) = \frac{10(K_d s + 1)}{s(0.32s + 1)}$$

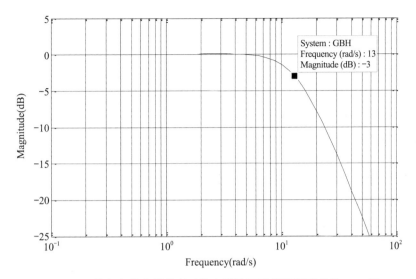

图 10-10　执行机构位置控制系统串联校正后闭环频率特性 Bode 图

校正后的闭环传递函数为

$$G_{\text{B}}(s) = \frac{10(K_{\text{d}}s+1)}{0.32s^2+(1+10K_{\text{d}})s+10}$$

取 $K_{\text{d}}=0.2$ 和 $K_{\text{d}}=0.5$,采用 MATLAB 软件绘制校正后的闭环系统单位阶跃响应曲线如图 10-11 所示。

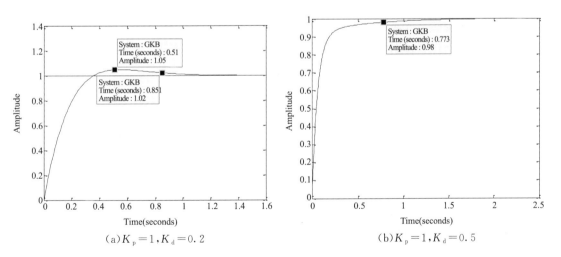

$(a)K_{\text{p}}=1, K_{\text{d}}=0.2$ 　　　　　　　　　 $(b)K_{\text{p}}=1, K_{\text{d}}=0.5$

图 10-11　执行机构位置控制系统 PD 校正后单位阶跃响应曲线

由图 10-11 可知,$K_{\text{d}}=0.2$ 时最大峰值时间 $t_{\text{p}}=0.51\text{s}$,超调量 $\sigma=5\%$,调节时间 $t_{\text{s}}=0.851\text{s}$;$K_{\text{d}}=0.5$ 时,无超调量,调节时间 $t_{\text{s}}=0.773\text{s}$。选择 $K_{\text{d}}=0.2$ 时 PD 校正响应速度较快,超调也不严重,如果不允许有超调,则选择 $K_{\text{d}}=0.5$ 时 PD 校正。

10.2 一级直线倒立摆控制系统

倒立摆是一个典型的多变量、高阶次、非线性、强耦合、自然不稳定系统,倒立摆系统的稳定控制是控制理论中的典型问题,因此倒立摆系统作为控制理论教学与科研中典型的物理模型,常被用来检验新的控制理论和算法的正确性及其在实际应用中的有效性。其控制方法在军工、航天、机器人和一般工业过程领域中都有着广泛的应用,如机器人行走过程中的平衡控制、无人机飞行中的姿态控制等。

倒立摆的控制问题就是使摆杆尽快地达到平衡位置,并且使之没有较大的振荡和过大的角度与速度。当摆杆到达期望的位置后,系统能克服随机扰动而保持稳定的位置。

10.2.1 一级直线倒立摆装置

倒立摆是个物理设备,其本质是以一个支点支撑起一个物体的运动,这个运动通常是不稳定的。倒立摆伴随着控制理论的不断发展而不断地变化出各种新的类型,比如在级数上,由起初的一级摆发展到三、四级摆;在控制维度上,由原来的直线摆与环形摆发展到自由度更高的平面摆和复合摆等。直线倒立摆是在直线运动模块的基础上,增加倒立摆组件组成的一级至四级的倒立摆,是最常见的倒立摆装置。

1. 一级直线倒立摆的工作原理

如图 10-12 所示的一级直线倒立摆本体是由直流减速电动机、电动机驱动器、旋转编码器、带轮、同步带、匀质摆杆、滑台、限位开关和导轨等部件组成。当滑台静止不动时,摆杆在重力的作用下旋转倒下;当滑台按一定的规律沿导轨水平运动时,在惯性转矩的作用下摆杆旋转倒下的方向与小车运动方向相反。因此,倒立摆系统是通过规律性地改变滑台的受力方向使匀质摆杆在一定的角度范围内摆动,从而使摆杆在垂直平面内达到动态平衡。

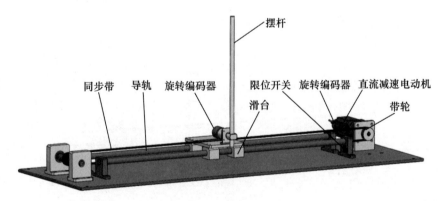

图 10-12 一级直线倒立摆本体

2. 一级直线倒立摆控制系统结构

一级直线倒立摆控制系统由直流减速电动机驱动带轮旋转,带轮连接同步带驱动滑台水平运动,通过控制滑台的运动位置实现对摆杆的角度控制。倒立摆工作时,安装于摆杆转轴位置的旋转编码器检测摆杆角位移;安装于电动机尾部的旋转编码器用于检测滑台位移。控制系统结构如图 10-13 所示。

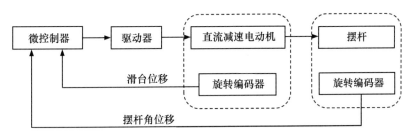

图 10-13 一级直线倒立摆控制系统结构图

滑台位移信号与摆杆角位移信号分别由两个旋转编码器输入微控制器 MCU,MCU 采用位置和角度闭环控制算法计算出控制量,再利用 MCU 定时器输出脉宽调制(PWM)信号,经驱动电路放大后驱动直流减速电动机运动,从而保持摆杆动态平衡。

10.2.2 一级直线倒立摆模型建立

1.系统模型建立

被控对象模型的建立是控制器设计的基础。在倒立摆的模型建立过程中,输入力、滑台和摆杆的输出运动之间的关系是关注重点。因此,控制的目标是通过给滑台加一个力 F(控制量),使滑台停留在预定的位置,并使摆杆不倒下,即不超过一个预先定义好的垂直偏离角度范围。

对于一级直线倒立摆,可以从以下两个角度去理解它的运行过程。其一,将此一级直线倒立摆视作一个单输入双输出的系统,其输入量为直线减速电动机对滑台的直接驱动力,输出量为滑台位置的变化与摆杆角度的变化。其二,将系统视作一个带扰动的单输入单输出系统,其输入量为直线减速电动机对滑台的直接驱动,输出量为滑台位置的变化,而摆杆角度的变化则作为扰动量施加于系统之上。这两种方法在本质上均可解决倒立摆控制问题。一般采用第一种分析方式,将其看作一个单输入双输出的系统。

在忽略了空气阻力等影响因素之后,可将一级直线倒立摆系统抽象成滑台和匀质摆杆组成的系统。如图 10-14 所示,滑台质量为 M,摆杆质量为 m,摆杆长度为 $2l$,滑台位置为 x,摆杆角位移为 θ,作用在滑台水平方向的力为 F,O_1 为摆杆的质心。

图 10-15 所示为系统中滑台和摆杆的受力分析图。F_x 和 F_y 为滑台与摆杆相互作用力的水平和垂直方向的分量,b 为滑台的摩擦系数,J 为摆杆的转动惯量。

根据牛顿定律,建立摆杆的水平、垂直运动状态方程和滑台的水平运动状态方程。

摆杆重心的水平运动方程为

$$F_x = m \frac{\mathrm{d}^2}{\mathrm{d}t^2}(x + l\sin\theta) \tag{10-17}$$

摆杆重心的垂直运动方程为

$$F_y - mg = m \frac{\mathrm{d}^2}{\mathrm{d}t^2}(l\cos\theta) \tag{10-18}$$

滑台水平方向运动方程为

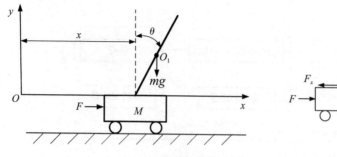

图 10-14　倒立摆物理模型

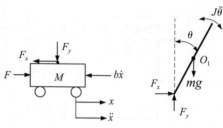

图 10-15　滑台和摆杆的受力分析

$$F - F_x' - b\dot{x} = M\,\frac{\mathrm{d}^2 x}{\mathrm{d}t^2} \qquad (10\text{-}19)$$

根据刚体绕固定轴转动的动力学原理，摆杆绕质心 O_1 的转动方程为

$$J\ddot{\theta} = F_y l\sin\theta - F_x l\cos\theta \qquad (10\text{-}20)$$

由式(10-17)和式(10-19)得到系统第一个运动方程为

$$(M+m)\ddot{x} + b\dot{x} + ml(\ddot{\theta}\cos\theta - \dot{\theta}^2\sin\theta) = F \qquad (10\text{-}21)$$

由式(10-18)和式(10-20)得到系统第二个运动方程为

$$(J+ml^2)\ddot{\theta} + ml\ddot{x}\cos\theta = mgl\sin\theta \qquad (10\text{-}22)$$

假设 θ 很小，可近似认为 $\dot{\theta}^2=0, \sin\theta\approx\theta, \cos\theta\approx1$，忽略摩擦力，系统的简化模型为

$$\begin{cases}(J+ml^2)\ddot{\theta} - mgl\theta = ml\ddot{x}\\ (M+m)\ddot{x} - ml\ddot{\theta} = F\end{cases} \qquad (10\text{-}23)$$

系统线性化后的简化模型整理后为

$$\begin{cases}\ddot{x} = \dfrac{J+ml^2}{J(M+m)+mMl^2}F - \dfrac{m^2l^2g}{J(M+m)+mMl^2}\theta\\[3mm] \ddot{\theta} = -\dfrac{ml}{J(M+m)+mMl^2}F + \dfrac{(M+m)mlg}{J(M+m)mMl^2}\theta\end{cases} \qquad (10\text{-}24)$$

式中，$J = \dfrac{ml^2}{3}$。

2. 系统传递函数建立

为得到输入力与摆杆角位移的传递函数，用 u 表示被控对象的输入力 F，对式(10-23)进行拉氏变换，如式(10-25)所示。

$$\begin{cases}(J+ml^2)\Theta(s)s^2 - mgl\Theta(s) = mlX(s)s^2\\ (M+m)X(s)s^2 - mll\Theta(s)s^2 = U(s)\end{cases} \qquad (10\text{-}25)$$

消去 $X(s)$，得到

$$(M+m)\left[\frac{J+ml^2}{ml}-\frac{g}{s^2}\right]\Theta(s)s^2-ml\Theta(s)s^2=U(s) \tag{10-26}$$

即角位移与输入力的传递函数为

$$\frac{\Theta(s)}{U(s)}=\frac{ml}{s^2q-(M+m)mgl} \tag{10-27}$$

式中, $q=(M+m)(J+ml^2)-(ml)^2$ 。

设一级倒立摆系统滑台和编码器的质量 $M=0.43$ kg,摆杆质量 $m=0.1$ kg,摆杆长度 $2l=0.5$m,重力加速度 $g=9.8$m/s^2 。

摆杆角位移与输入力的传递函数为

$$\frac{\Theta(s)}{U(s)}=\frac{6.58}{s^2-34.17} \tag{10-28}$$

同理,滑台位移与摆杆角位移的传递函数为

$$\frac{X(s)}{\Theta(s)}=\frac{-0.402s^2+9.8}{s^2} \tag{10-29}$$

10.2.3 PID 控制器设计及仿真

1. 单闭环反馈 PID 控制

最常见的 PID 控制系统的结构如图 10-16 所示,是针对单输出对象的单闭环反馈控制系统。

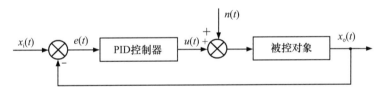

图 10-16 单闭环反馈 PID 控制系统框图

一级倒立摆系统是一个单输入(滑台输入力)、双输出(滑台位移和摆杆角位移)系统。因此,使用常规 PID 控制方法不可能同时控制两个输出量,即有一个输出量处于不可控的状态,需要选择被控量。对于倒立摆控制系统,控制目的是实现摆杆倒立不倒。理论上只要导轨的长度无限长,只需要控制摆杆的角位移即可实现。在实际控制实验中,可通过限位开关实现。如图 10-17 所示,摆杆的角位移实现了闭环 PID 控制,但没有对滑台位移实行闭环控制,滑台位移只是开环控制。

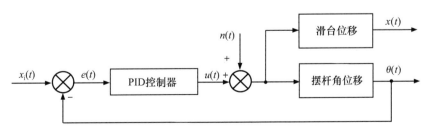

图 10-17 倒立摆单闭环反馈 PID 控制系统框图

在 MATLAB/Simulink 仿真软件中对图 10-17 所示的倒立摆单闭环反馈 PID 控制系统进行仿真,当施加于摆杆的力是一个冲击力时,仿真模型如图 10-18 所示。

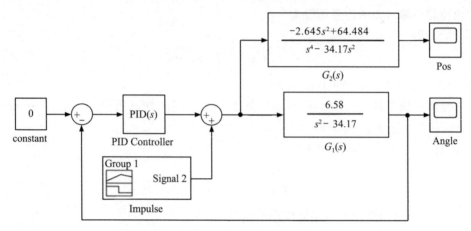

图 10-18　单闭环反馈 PID 控制系统仿真模型

图 10-18 中,传递函数 $G_1(s)$ 为摆杆角位移与输入之间的关系,传递函数 $G_2(s)$ 为滑台位移与输入之间的关系,输入为冲击力,采用脉宽为 0.1s、高度为 1 的脉冲信号。在不同 PID 控制器参数下的摆杆角位移仿真结果如图 10-19 所示。

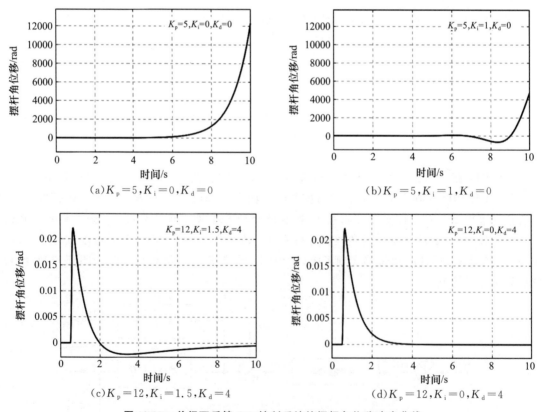

图 10-19　单闭环反馈 PID 控制系统的摆杆角位移响应曲线

由图 10-19(a)可知,当 PID 控制器只有比例环节时,摆杆角位移是不稳定的;由图 10-19(b)可知,在比例环节基础上增加积分环节,摆杆角位移还是不稳定的;由图 10-19(c)可知,在比例环节基础上既增加积分环节又增加微分环节,摆杆角位移稳定,但响应时间较长达到 10s;由图 10-19(d)可知,在比例环节基础上只增加微分环节,摆杆角位移不但稳定,而且稳定时间缩短,达到了较好的控制效果。

单闭环反馈 PID 控制方法只能用于单输入单输出系统,因此,在该过程中,无法对滑台进行控制。滑台的位置变化在 Simulink 中的仿真结果如图 10-20 所示,随着时间的增长,滑台一直向一个方向移动,不能稳定。

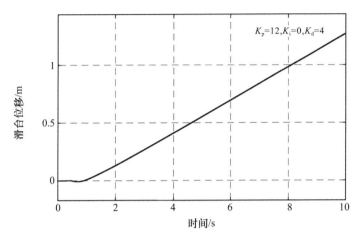

图 10-20　单闭环反馈 PID 控制下滑台位移变化曲线

2. 双闭环反馈 PID 控制

反馈校正也是改善控制品质的有效方法之一,在工业过程控制中应用广泛。从一级直线倒立摆系统模型中,可看出倒立摆实际上是一个单输入双输出系统,因此,一级倒立摆的两个输出量采用不同的反馈进行控制。由于摆杆是倒立摆中的一个自不稳定环节,变化频繁,对外界扰动敏感,故令摆杆作为内反馈,采用比例与微分叠加的反馈形式;而相对变化缓慢的滑台位移则作为外反馈。一级直线倒立摆系统双闭环反馈的 PID 控制系统框图如图 10-21 所示。

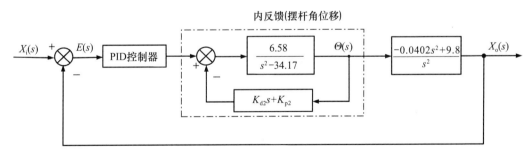

图 10-21　双闭环反馈的 PID 控制系统框图

在 Simulink 软件中对图 10-21 所示的控制系统进行仿真实验,其仿真模型如图 10-22 所示。PID 控制器采用 PD 形式,比例与微分系数分别为 $K_{p1}=0.28$,$K_{d1}=0.28$;内反馈环节

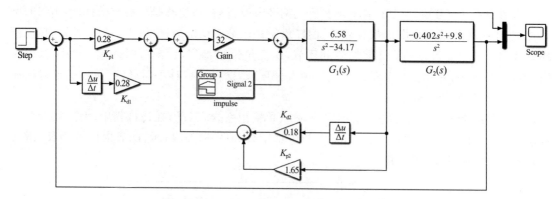

图 10-22 双闭环反馈的 PID 控制系统仿真图

中,比例与微分反馈系数分别为 $K_{p2}=1.65$,$K_{d2}=0.18$,当系统输入单位阶跃信号时,在 Simulink 中的仿真结果如图 10-23 所示。

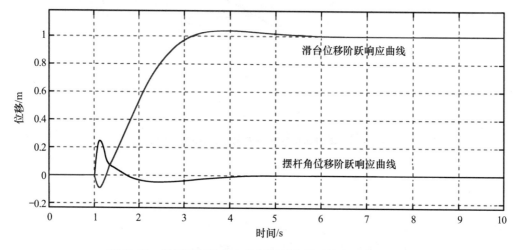

图 10-23 双闭环反馈 PID 控制下倒立摆系统阶跃响应曲线

由图 10-23 可知,在 1s 时单位阶跃信号输入后,倒立摆系统滑台开始移动,最终达到一个稳定的新位置;同时,摆杆的角位移经过小幅振荡,最终仍稳定在角位移为 0 的位置。仿真结果表明,摆杆能够在滑台移动到指定位置的同时保持倒立,倒立摆系统稳定且可控。

当倒立摆的摆杆在 1s 时受到持续时间 0.1s 的脉冲输入时,其响应过程在 Simulink 中的仿真结果如图 10-24 所示。

由图 10-24 可知,在第 1s 时,摆杆受到外加的脉冲输入,随后滑台立刻进入调节状态,以使摆杆保持倒立,在大约 7s 后摆杆与滑台都重新恢复到初始状态。

仿真结果表明,采用双闭环反馈的 PID 校正能有效地控制倒立摆,使其摆杆保持倒立,并使滑台位置也处于可控状态。

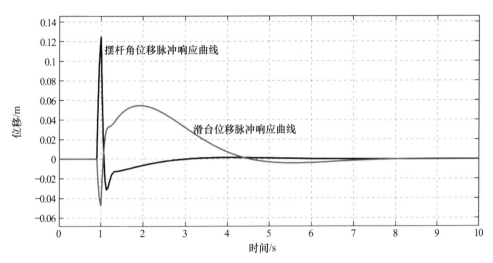

图 10-24 双闭环反馈 PID 控制下倒立摆系统脉冲响应曲线

10.3 无人机避障控制系统

10.3.1 无人机避障控制系统分析

以无人机高度通道避障飞行为控制目标,输出为无人机实际高度,输入为高度避障指令(障碍物高度加安全距离),无人机高度避障控制框图如图 10-25 所示。

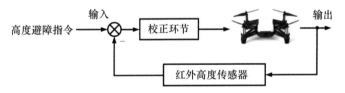

图 10-25 无人机高度避障控制框图

四旋翼无人机高度控制系统近似传递函数模型为

$$G_{K1}(s)=\frac{K}{ms(\tau s+1)}$$

式中,K——增益;τ——时间常数;m——无人机机体质量。

代入无人机参数得

$$G_{K1}(s)=\frac{0.75}{0.629s(20s+1)}$$

开环频率特性为

$$G_{K1}(j\omega)=\frac{0.75}{j0.629\omega(1+j20\omega)}$$

采用 MATLAB 软件绘制系统开环频率特性 Bode 图如图 10-26 所示。

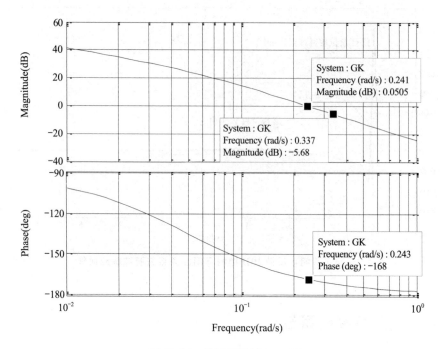

图 10-26　校正前系统 Bode 图

由图 10-26 可知，相位裕度 $\gamma_1=12°$，相位裕度过小，导致稳定性较差，因此分别采用相位超前校正和相位滞后校正方法对无人机高度避障系统进行校正，要求系统相位裕度 $\gamma>40°$。

10.3.2　无人机避障控制系统相位超前校正

由于系统输入为阶跃输入，对于 Ⅰ 型系统，稳态误差为 0，所以暂不调整系统开环增益。采用相位超前校正使系统相位裕度 $\gamma>40°$，取补偿相位 $\varepsilon=7°$，因此最大超前相位为

$$\varphi_{\mathrm{m}}=\gamma_2-\gamma_1+\varepsilon=40°-12°+7°=35°$$

计算 α，得

$$\alpha=\frac{1-\sin\varphi_{\mathrm{m}}}{1+\sin\varphi_{\mathrm{m}}}=0.27$$

对应校正后幅值穿越频率 ω_{c2} 的校正前幅值为

$$L(\omega_{c2})=10\lg\alpha=-5.67\mathrm{dB}$$

由图 10-26 可知，对应的校正后幅值穿越频率为

$$\omega_{c2}=0.34\mathrm{rad/s}$$

取最大超前相位与校正后系统的幅值穿越频率 ω_{c2} 相同，即

$$\omega_{c2}=\omega_{\mathrm{m}}=\frac{1}{\sqrt{\alpha}\,T}$$

则可以求出 $T=5.767\text{s}$，为方便计算，取 $T=6\text{s}$，补偿超前校正环节的幅值衰减后，相位超前校正环节频率特性为

$$G_c(\text{j}\omega)=\frac{1+\text{j}T\omega}{1+\text{j}\alpha T\omega}=\frac{1+\text{j}6\omega}{1+\text{j}1.56\omega}$$

校正后系统开环频率特性为

$$G_{K2}(\text{j}\omega)=\frac{0.75}{\text{j}0.629\omega(1+\text{j}20\omega)}\cdot\frac{1+\text{j}6\omega}{1+\text{j}1.56\omega}$$

采用 MATLAB 软件绘制校正前后系统 Bode 图，如图 10-27 所示。

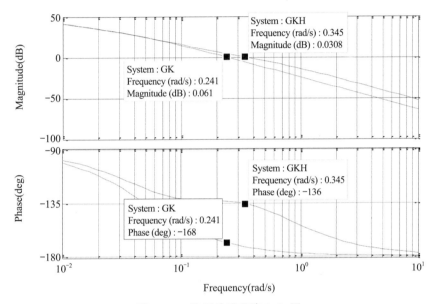

图 10-27 校正前后系统 Bode 图

由图 10-27 可知，$\gamma_2=44°>40°$，满足要求，校正后的系统 $\omega_{c2}>\omega_{c1}$，调节时间 $t_{s2}<t_{s1}$，因此校正后响应加快。

以高度避障指令（阶跃）为输入，进行校正前后无人机飞行避障仿真与实验验证，仿真与实验结果如图 10-28 所示。

由图 10-28 仿真和实验结果可知，引入超前校正环节显著提高了系统的响应速度，减少了调节时间 t_s，由 155s 降到 19.2s；超调量 σ 也大幅减少，由 72% 降至 30%。但是系统的开环放大系数和型次都未改变，所以稳态精度不变。

10.3.3 无人机避障控制系统相位滞后校正

输入指令为单位阶跃信号，对于 I 型无人机控制系统稳态误差为 0，所以暂不调整系统开环增益。采用相位滞后校正使相位裕度 $\gamma>40°$，对应校正后幅值穿越频率 ω_{c2} 的相位为

$$\varphi(\omega_{c2})=-180°+\gamma_2+\varepsilon=-180°+40°+10°=-130°$$

图 10-29 所示为采用 MATLAB 软件绘制的系统校正前的 Bode 图，对应相位 $-130°$ 的幅值穿越频率 $\omega_{c2}=0.042\text{rad/s}$。

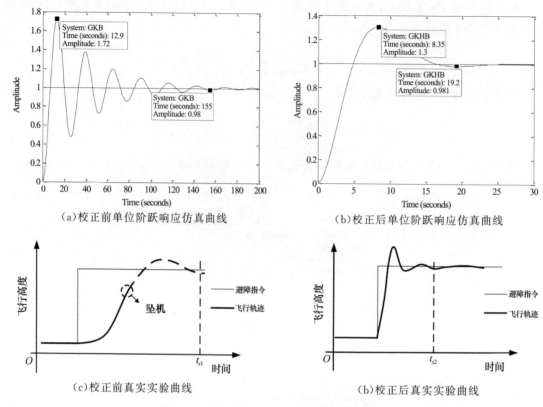

（a）校正前单位阶跃响应仿真曲线 （b）校正后单位阶跃响应仿真曲线

（c）校正前真实实验曲线 （b）校正后真实实验曲线

图 10-28 校正前后无人机高度避障飞行轨迹

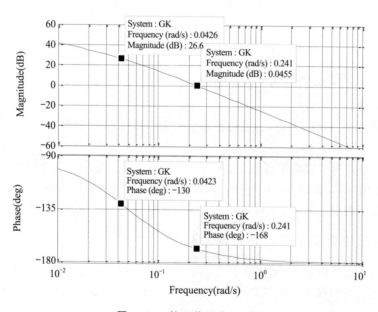

图 10-29 校正前系统 Bode 图

在图 10-29 上找到对应 ω_{c2} 的幅值 $L(\omega_{c2})=26.6\text{dB}$,因此可得

$$-20\lg\beta+L(\omega_{c2})=0$$

计算得 $\beta=21.38$,为方便计算取 $\beta=20$。根据 $T=\dfrac{4\sim10}{\omega_{c2}}$,取 $T=200$。

则相位滞后校正环节频率特性为

$$G_c(\text{j}\omega)=\frac{1+\text{j}200\omega}{1+\text{j}4000\omega}$$

校正后系统开环频率特性为

$$G_K(\text{j}\omega)=\frac{0.75}{\text{j}0.629\omega(1+\text{j}20\omega)}\cdot\frac{1+\text{j}200\omega}{1+\text{j}4000\omega}$$

采用 MATLAB 软件绘制校正前后系统开环频率特性 Bode 图,如图 10-30 所示。

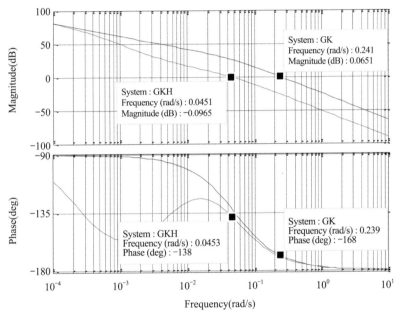

图 10-30 校正前后系统 Bode 图

由图 10-30 可知,$\gamma_2=42°>40°$,满足期望的相位裕度要求,引入相位滞后校正增大了系统的稳定裕度,增加了系统的相对稳定性,但是幅值穿越频率降低,响应变慢。

以高度避障指令(阶跃)为输入,进行校正前后无人机飞行避障仿真与实验验证,仿真与实验结果如图 10-31 所示。

由图 10-31 可知,引入相位滞后环节显著提高了系统的稳定性,抗干扰能力增强,但是响应时间 t_s 由 155s 增加到 241s。

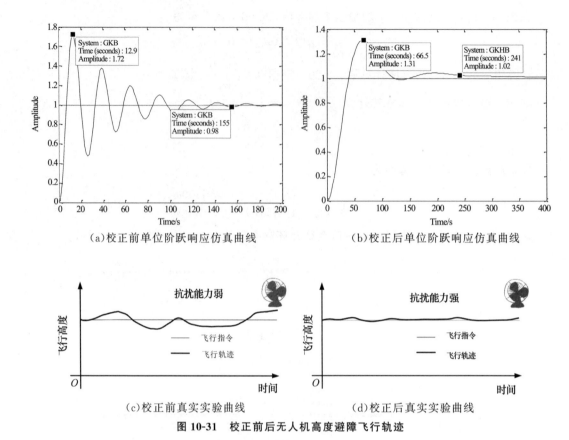

(a)校正前单位阶跃响应仿真曲线　　　(b)校正后单位阶跃响应仿真曲线

(c)校正前真实实验曲线　　　(d)校正后真实实验曲线

图 10-31　校正前后无人机高度避障飞行轨迹

10.4　无人机高度控制系统

随着无人机技术的进一步升级,无人机编队作业也越来越成熟,其中一个关键技术就是无人机高度控制技术。四旋翼无人机高度控制原理与控制框图如图 10-32 所示,通过不同的控制器设计(顺馈校正和 PI 校正)提高四旋翼无人机系统的控制精度。

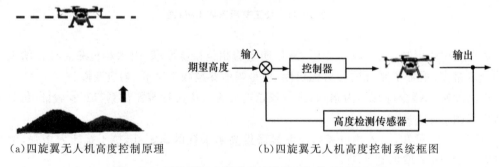

(a)四旋翼无人机高度控制原理　　　(b)四旋翼无人机高度控制系统框图

图 10-32　四旋翼无人机高度控制原理与控制系统框图

10.4.1　无人机高度控制系统顺馈校正

四旋翼无人机高度控制系统顺馈校正框图如图 10-33 所示,比例环节 $K_p = 2$,无人机传递

函数为

$$G(s) = \frac{K}{\tau s + 1} = \frac{1}{8.5s + 1}$$

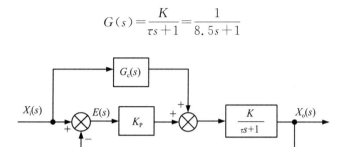

图 10-33   四旋翼无人机高度控制系统顺馈校正框图

当高度 H 作为控制系统的指令输入时，即输入为阶跃信号，$X_i(s) = \dfrac{H}{s}$。

采用顺馈校正后，系统输出为

$$X_o(s) = X_i(s) - E(s)$$

$$X_o(s) = \frac{K}{\tau s + 1}[K_p E(s) + G_c(s)X_i(s)]$$

可得系统的偏差为

$$E(s) = \frac{1 - G_c(s)\dfrac{K}{\tau s + 1}}{1 + \dfrac{K_p K}{\tau s + 1}} X_i(s)$$

利用终值定理可得稳态偏差为

$$\varepsilon_{ss} = \lim_{s \to 0} sE(s) = \lim_{s \to 0} s\, \frac{\tau s + 1 - G_c(s)K}{\tau s + 1 + K_p K} \cdot \frac{H}{s}$$

对于单位反馈控制系统，稳态误差 e_{ss} 与稳态偏差 ε_{ss} 相同，即 $e_{ss} = \varepsilon_{ss}$。

当未采用顺馈校正时，$G_c(s) = 0$，稳态误差为

$$e_{ss} = \varepsilon_{ss} = \lim_{s \to 0} sE(s) = \lim_{s \to 0} s\, \frac{\tau s + 1 - K \cdot 0}{\tau s + 1 + K_p K} \cdot \frac{H}{s} = \frac{H}{1 + K_p K} = 0.33 \neq 0$$

当采用非全补偿的顺馈校正 $G_c(s) = \dfrac{1}{2K}$ 时，稳态误差为

$$e_{ss} = \varepsilon_{ss} = \lim_{s \to 0} sE(s) = \lim_{s \to 0} s\, \frac{\tau s + 1 - K \cdot \dfrac{1}{2K}}{\tau s + 1 + K_p K} \cdot \frac{H}{s} = \frac{H}{2(1 + K_p K)} = 0.167 \neq 0$$

当采用全补偿的顺馈校正 $G_c(s) = \dfrac{1}{G_2(s)} = \dfrac{\tau s + 1}{K}$ 时，稳态误差为

$$e_{ss} = \varepsilon_{ss} = \lim_{s \to 0} sE(s) = \lim_{s \to 0} s \, \frac{\tau s + 1 - K \cdot \dfrac{\tau s + 1}{K}}{\tau s + 1 + K_p K} \cdot \frac{H}{s} = 0$$

由此可知,未校正和非全补偿顺馈校正时,稳态误差不等于零,只有采用全补偿的顺馈校正时,稳态误差为零。

全补偿顺馈校正系统闭环传递函数为

$$G(s) = \frac{X_o(s)}{X_i(s)} = \frac{K_p \dfrac{K}{\tau s + 1} + G_c(s) \dfrac{K}{\tau s + 1}}{1 + K_p \dfrac{K}{\tau s + 1}} = \frac{K(K_p + G_c(s))}{\tau s + 1 + K K_p}$$

对无人机高度控制系统进行校正前及不同顺馈校正后的 MATLAB 仿真和实验验证,仿真和实验结果如图 10-34 所示,虚线为飞行高度指令,实线为实际飞行高度。

由图 10-34 可知,利用全补偿的顺馈校正可以完全消除稳态误差,提高了系统的控制精度,实现无人机按照既定轨迹精确飞行的目标,而非全补偿的顺馈校正无法完全消除稳态误差,与理论计算值相符。

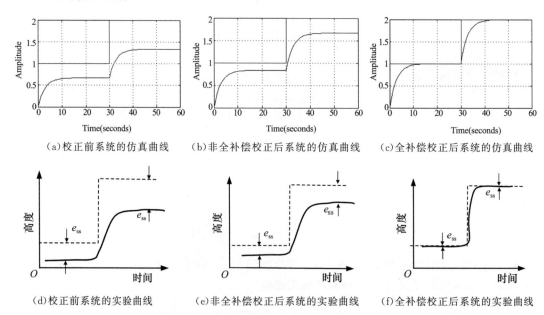

（a）校正前系统的仿真曲线　（b）非全补偿校正后系统的仿真曲线　（c）全补偿校正后系统的仿真曲线

（d）校正前系统的实验曲线　（e）非全补偿校正后系统的实验曲线　（f）全补偿校正后系统的实验曲线

图 10-34　引入顺馈校正前后仿真与实验飞行轨迹

10.4.2　无人机高度控制系统 PI 校正

1. 无人机高度控制系统的 P 校正

无人机高度控制系统的 P 校正控制框图如图 10-35 所示。

输入为无人机高度控制信号,简化为单位阶跃信号,即 $X_i(s) = \dfrac{1}{s}$

由图 10-35 可知,偏差 $E(s)$ 为

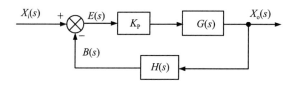

图 10-35 无人机高度控制系统 P 校正控制框图

$$E(s) = X_i(s) - B(s) = X_i(s) - H(s)X_o(s) = X_i(s) - H(s)K_pG(s)E(s)$$

因此可得

$$E(s) = \frac{1}{1 + H(s)K_pG(s)}X_i(s)$$

令 $H(s) = 1$，且无人机简化模型为 $G(s) = \dfrac{K}{Ts+1}$，根据终值定理可得稳态偏差为

$$\varepsilon_{ss} = \lim_{t \to 0}\varepsilon(t) = \lim_{s \to 0}sE(s) = \lim_{s \to 0}s \cdot \frac{1}{1 + H(s)K_pG(s)}X_i(s)$$

$$= \lim_{s \to 0}s \cdot \frac{1}{1 + K_p \cdot \dfrac{K}{Ts+1}} \cdot \frac{1}{s} = \frac{1}{1 + KK_p}$$

由此可知，无人机采用 P 校正时始终存在稳态偏差，导致无人机始终无法到达指定高度。积分环节可以消除稳态偏差。

2. 无人机高度控制系统的 PI 校正

采用 PI 校正环节控制无人机达到期望高度，无人机高度控制系统的 PI 控制框图如图 10-36 所示。

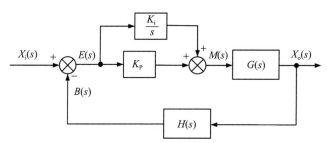

图 10-36 无人机高度控制系统 PI 校正控制框图

由图 10-36 可知，偏差 $E(s)$ 为

$$E(s) = X_i(s) - B(s) = X_i(s) - H(s)X_o(s) = X_i(s) - H(s)\left(K_p + \frac{K_i}{s}\right)G(s)E(s)$$

因此可得

$$E(s) = \frac{1}{1 + H(s)\left(K_p + \dfrac{K_i}{s}\right)G(s)}X_i(s)$$

令 $H(s) = 1$，且无人机简化模型同样设为 $G(s) = \dfrac{K}{Ts+1}$，根据终值定理可得稳态偏差为

$$\varepsilon_{ss} = \lim_{t \to 0} \varepsilon(t) = \lim_{s \to 0} s E(s) = \lim_{s \to 0} s \cdot \frac{1}{1 + H(s)\left(K_p + \dfrac{K_i}{s}\right)G(s)} X_i(s)$$

$$= \lim_{s \to 0} s \cdot \frac{1}{1 + \left(K_p + \dfrac{K_i}{s}\right) \cdot \dfrac{K}{Ts+1}} \cdot \frac{1}{s} = 0$$

由此可知,无人机采用 PI 校正可以有效消除系统稳态偏差。

设无人机传递函数为 $G(s) = \dfrac{15}{8s+1}$

当 $K_p = 2, K_i = 0$ 时,$\varepsilon_{ss} = \lim_{s \to 0} s \cdot \dfrac{1}{1 + H(s)K_p G(s)} X_i(s) = \lim_{s \to 0} s \cdot \dfrac{1}{1 + 2 \cdot \dfrac{15}{8s+1}} \cdot \dfrac{1}{s} = 0.032$

当 $K_p = 2, K_i = 4$ 时,

$$\varepsilon_{ss} = \lim_{s \to 0} s \cdot \frac{1}{1 + H(s)\left(K_p + \dfrac{K_i}{s}\right)G(s)} X_i(s) = \lim_{s \to 0} s \cdot \frac{1}{1 + \left(2 + \dfrac{4}{s}\right) \cdot \dfrac{15}{8s+1}} \cdot \frac{1}{s} = 0$$

无人机 P 校正与 PI 校正仿真与实验效果如图 10-37 所示。

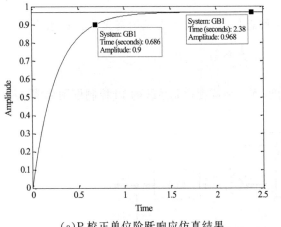

（a）P 校正单位阶跃响应仿真结果

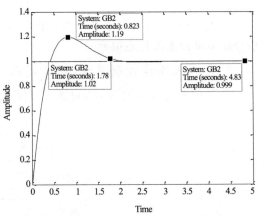

（b）PI 校正单位阶跃响应仿真结果

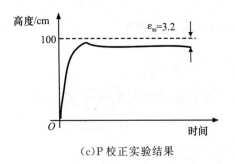

（c）P 校正实验结果

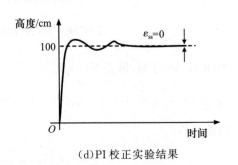

（d）PI 校正实验结果

图 10-37　P 校正及 PI 校正效果

由图 10-37 可知,无人机采用 PI 校正可以有效消除系统稳态偏差。

不同的比例、积分系数对无人机控制的效果不同,保持 K_p 值不变,改变 K_i 值,仿真与实验效果如图 10-38 所示。

由图 10-38 可知,对于不同的 K_i 系数,系统的稳态偏差都得以消除。但是随着 K_i 值的增大,超调量变大,响应时间变长,系统的稳定程度变差,因此,采用合理的 K_i 值,才能在有效消除稳态偏差的同时,起到稳定的控制效果。

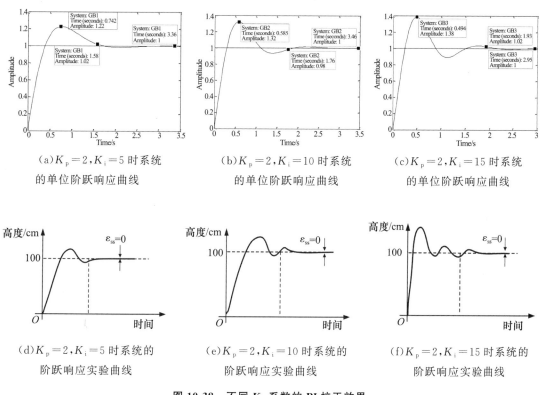

(a)$K_p=2$,$K_i=5$ 时系统的单位阶跃响应曲线　　(b)$K_p=2$,$K_i=10$ 时系统的单位阶跃响应曲线　　(c)$K_p=2$,$K_i=15$ 时系统的单位阶跃响应曲线

(d)$K_p=2$,$K_i=5$ 时系统的阶跃响应实验曲线　　(e)$K_p=2$,$K_i=10$ 时系统的阶跃响应实验曲线　　(f)$K_p=2$,$K_i=15$ 时系统的阶跃响应实验曲线

图 10-38 不同 K_i 系数的 PI 校正效果

10.5 农业机器人控制系统

10.5.1 农业机器人控制系统的工作原理

图 10-39 所示为一种四轮驱动全轮转向图像导航农业机器人的转向位置控制系统框图,当设定行驶路径后,控制器通过图像传感器采集农业机器人行驶前方的情况,经过图像处理与识别确定农业机器人的行驶路径,驱动行走电动机,控制转向电动机按照确定的路径行驶。实现机器人自动行走的关键技术有 3 个:图像采集识别、导航路径生成、行走驱动控制和转向控制,它们相辅相成缺一不可。在此只讨论控制问题,行走驱动控制和转向控制都是采用直流电动机实现的,不同的是控制参数不一样,方法大同小异。现以单轮电动机转向控制为例进行分析,由图像处理后给定转角位置,通过对转向电动机的控制实现转向。

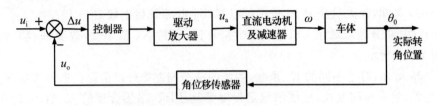

图 10-39 农业机器人转向位置控制系统框图

10.5.2 农业机器人控制系统传递函数的建立

直流电动机输出特性为

$$T = Ki \tag{10-30}$$

直流电动机输入特性为

$$e = K_m \omega \tag{10-31}$$

根据牛顿第二定律和基尔霍夫电压定律得

$$J \frac{d\omega}{dt} + b\omega = T \tag{10-32}$$

$$L \frac{di}{dt} + Ri = u_a - e \tag{10-33}$$

对式(10-30)至式(10-33)进行拉氏变换得

$$T(s) = KI(s) \tag{10-34}$$

$$E(s) = K_m \Omega(s) \tag{10-35}$$

$$(Js + b)\omega = T(s) \tag{10-36}$$

$$(Ls + R)I(s) = U_a(s) - E(s) \tag{10-37}$$

根据式(10-34)至式(10-37)可得直流电动机传递函数为

$$G_d(s) = \frac{\Omega(s)}{U_a(s)} = \frac{K}{(Js+b)(Ls+R) + KK_m} \tag{10-38}$$

由于电枢电感较小,直流电动机的传递函数可近似为

$$G_d(s) = \frac{\Omega(s)}{U_a(s)} = \frac{K}{JRs + bR + KK_m} = \frac{K_T}{Ts+1} \tag{10-39}$$

式中,$K_T = \dfrac{K}{bR + KK_m}$;$T = \dfrac{JR}{bR + KK_m}$。

直流电动机电枢电阻 $R = 1.6\Omega$,电流-力矩常数 $K = 0.05 \mathrm{N \cdot m/A}$,电压-转速常数 $K_m = 0.05 \mathrm{rad/(s \cdot V)}$,转动惯量 $J = 0.015 \mathrm{kg/s^2}$,机械阻尼参数 $b = 0.01 \mathrm{N \cdot m \cdot s}$。

代入参数可得直流电动机的传递函数为

$$G_d(s) = \frac{\Omega(s)}{U_a(s)} = \frac{K_T}{Ts+1} = \frac{4}{1.2s+1}$$

控制器采用比例控制,其比例系数为 K_p;驱动放大器放大系数 $K_b = 10$;角位移传感器输出电压与角位移转换比例系数 $K_f = 1V/rad$;给定电压与角位移比例系数 $K_a = 1\ rad/V$。

农业机器人转向位置控制系统的传递函数框图,如图 10-40 所示。

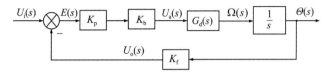

图 10-40 农业机器人转向位置控制系统传递函数框图

系统的开环传递函数为

$$G_K(s) = \frac{K_f K_b K_p K_T}{s(Ts+1)} = \frac{40}{s(1.2s+1)}$$

系统的闭环传递函数为

$$G_B(s) = \frac{K_b K_p K_T}{Ts^2 + s + K_p K_b K_f K_T} = \frac{40}{1.2s^2 + 2 + 40}$$

10.5.3 农业机器人控制系统的性能分析

根据系统闭环传递函数,采用 MATLAB 绘制其单位阶跃响应曲线,如图 10-41 所示。

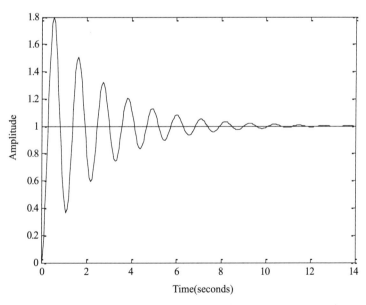

图 10-41 农业机器人转向位置控制闭环系统时域响应曲线

由图 10-41 可知,闭环系统稳定,超调量 $\sigma = 80\%$,调节时间 $t_s = 10s$,显然超调量过大,响应时间也较长。由于系统开环传递函数为 I 型,因此对于阶跃信号稳态偏差为 0。

采用 MATLAB 绘制开环频率特性 Bode 图,如图 10-42 所示。

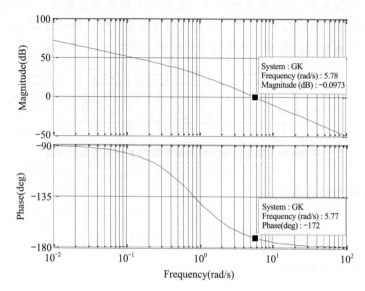

图 10-42　农业机器人转向位置控制系统的开环频率特性 Bode 图

由图 10-42 可知,幅值穿越频率 $\omega_c = 5.78\text{rad/s}$,相位裕度 $\gamma = 8°$,闭环系统稳定,但是相位裕度太小,动态性能较差。

10.5.4　农业机器人控制系统的 PID 校正

由图 10-42 可知,超调量较大,因此,为了降低超调量提高响应速度,控制器采用 PD 校正,取 $K_p = 1$,$K_d = 0.5$,则 PD 校正环节传递函数为 $G_c(s) = K_d s + 1$。

校正后系统的开环传递函数为

$$G_K(s) = \frac{40(K_d s + 1)}{s(1.2s + 1)}$$

校正后系统的闭环传递函数为

$$G_B(s) = \frac{40(K_d s + 1)}{1.2s^2 + (1 + 10K_d)s + 40}$$

校正后闭环系统的单位阶跃响应曲线如图 10-43 所示。

由图 10-43 可知,$K_d = 0.5$ 时超调量 $\sigma = 4\%$,调节时间 $t_s = 0.653\text{s}$,可见通过 PD 校正不仅令超调量降低到很小,而且使得响应速度有很大的提升。

10.6　拖拉机液压悬挂控制系统

10.6.1　拖拉机液压悬挂控制系统的工作原理

拖拉机液压悬挂控制系统使得拖拉机能够稳定连接作业机构,完成犁耕、播种、旋耕等作业,主要结构为提升臂,实现作业机构的上升与下降。液压悬挂控制系统是通过控制装置控制液

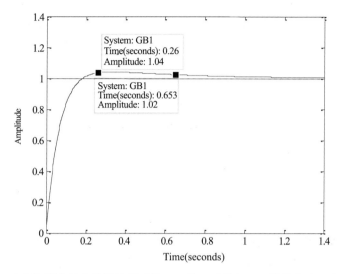

图 10-43　农业机器人转向位置控制系统 PID 校正后的闭环系统单位阶跃响应曲线

压系统提升或下降作业机构,液压系统由液压泵、电液比例换向阀、溢流阀、单向节流阀和液压缸等组成,其原理如图 10-44 所示,液压悬挂控制系统框图如图 10-45 所示。

　　如图 10-44 所示,当电液比例换向阀 5 左端的电磁铁通电时,液压泵 2 输出的高压油经过电液比例换向阀,再经过单向节流阀 6 的单向阀进入液压缸 7 的无杆腔,带动提升臂使作业机构提升;当电液比例换向阀 5 右端的电磁铁通电时,同时控制电磁阀 4 电磁铁通电,液压泵 2 输出的油液经过溢流阀流回油箱,液压泵处于卸荷状态,而在作业机构自重作用下,液压缸无杆腔的油液被排出,经单向节流阀的节流阀和电液比例换向阀流回油箱,通过提升臂使作业机构下降,下降速度由节流阀控制,既不能过快也不能过慢,下降过快会产生失重现象,使工作不稳定;下降过慢会影响液压悬挂系统的响应速度,最终影响作业质量和作业效率。电液比例换向阀主阀芯的位移量由控制信号的大小决定,型号为 34B-H10/40B-12。

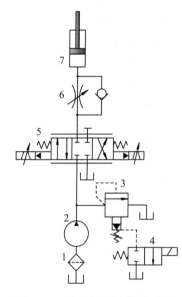

图 10-44　液压悬挂系统原理图

1.低压滤油器;2.液压泵;

3.溢流阀;4.电磁阀;

5.电液比例换向阀;

6.单向节流阀;7.液压缸

10.6.2　拖拉机液压悬挂控制系统传递函数的建立

1.比例电磁铁传递函数的建立

　　电液比例换向阀电磁铁通电后产生电磁力,克服弹簧力推动比例阀阀芯运动,其实质是电压—力—位移的转换关系。电磁铁的参数为最大输入直流电压 24V,电流 800mA,最大阀芯行程 $\delta_0 = 3.5$mm。

　　设 x_v 为阀芯位移,u_i 为输入电压,比例电磁铁可以看成一个比例环节,即

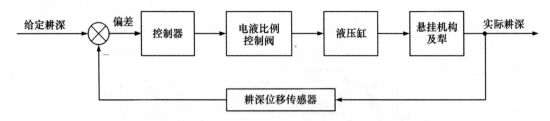

图 10-45　液压悬挂控制系统框图

$$G_e(s) = \frac{X_v(s)}{U_i(s)} = K_v = 5.68 \times 10^{-4} \, \text{m/V} \tag{10-40}$$

2. 比例换向阀控制液压缸传递函数的建立

液压悬挂控制系统采用位置反馈式三位四通比例换向阀控制单作用液压缸,假设供油压力 p_s 恒定,发动机转速为常数,忽略稳态液流力,而且将比例阀简化为零开口的滑阀。

相关参数如下:

流量增益 $K_q = 0.7064 \, \text{m}^2/\text{s}$;

流量-压力增益 $K_c = 4.7095 \times 10^{-11} \, \text{m}^5/(\text{N} \cdot \text{s})$;

面积梯度 $w = 7.6 \times 10^{-3} \, \text{m}$;

总泄漏系数 $K_{ce} = K_c + K_t = 4.74 \times 10^{-11} \, \text{m}^5/(\text{N} \cdot \text{s})$;

总工作容积 $V_t = V_1 + V_2 = 6 \times 10^{-4} \, \text{m}^3$;

活塞上的负载等效质量 $M = 20560 \, \text{kg}$;

活塞上的负载等效黏性阻尼系数 $B_m = 9810 \, \text{N} \cdot \text{s/m}$;

活塞上的负载等效负载弹簧刚度 $k = 51496 \, \text{N/m}$;

液压缸的有效面积 $A = 7.1 \times 10^{-3} \, \text{m}^2$。

(1)活塞受力平衡方程

$$p_L A = M \frac{\mathrm{d}y^2}{\mathrm{d}t^2} + B_m \frac{\mathrm{d}y}{\mathrm{d}t} + ky + F_L \tag{10-41}$$

式中,M——折算到活塞上的负载等效质量,kg;B_m——折算到活塞上的黏性阻尼系数,N·s/m;k——折算到活塞上的负载弹簧刚度,N/m;y——液压缸活塞位移,m;F_L——作用在活塞上的任意外负载力,N;A——液压缸有效面积,m^2;p_L——液压缸工作压力,Pa。

(2)流量连续方程

$$q_L = A \frac{\mathrm{d}y}{\mathrm{d}t} + \frac{V_t}{4\beta_e} \frac{\mathrm{d}p_L}{\mathrm{d}t} + C_t p_L \tag{10-42}$$

式中,C_t——阀控动力机构总内、外泄漏系数,$\text{m}^3/(\text{s} \cdot \text{Pa})$;$\beta_e$——体积弹性模量,Pa;$q_L$——进入液压缸的流量,$\text{m}^3/\text{s}$;$V_t$——包括油道的总工作容积,$\text{m}^3$。

式(10-42)中右边第一项是工作流量,第二项是压缩流量,第三项是泄漏流量。

(3)比例换向阀流量方程

假定用于比例换向阀节流口开启面积是对称的,设比例换向阀阀芯死区重叠量为 x_d。

当阀芯的位移 $-x_d < x_v < x_d$ 时,比例换向阀没有负载流量。

当阀芯位移 $x_v > x_d$ 的位移时,高压油流入液压缸无杆腔,作业机构在高压油作用下上升。

当阀芯位移 $x_v < -x_d$ 的位移时,油液流出液压缸回油箱,作业机构在自重作用下下降。

则流量 q_L 分别为

$$
\begin{cases}
q_L = 0 & \text{当 } |x_v| < x_d \text{ 时} \\
q_L = C_d w(x_v - x_d)\sqrt{\dfrac{2}{\rho}(p_s - p_L)} & \text{当 } |x_v| > x_d \text{ 时(上升时)} \\
q_L = C_d w(x_v + x_d)\sqrt{\dfrac{2}{\rho}p_L} & \text{当 } x_v < -x_d \text{ 时(下降时)}
\end{cases}
\tag{10-43}
$$

式中,C_d——流量系数;w——面积梯度,mm;ρ——油液密度,kg/m^3。

当阀芯离开死区 x_d 以后,对式(10-43)在设定耕深处附近进行线性化,得

$$
q_L = \frac{\partial q_L}{\partial x_v}\bigg|_0 \cdot x_v + \frac{\partial q_L}{\partial p_L}\bigg|_0 \cdot p_L = K_q x_v - K_c p_L
\tag{10-44}
$$

式中,K_q——阀流量增益,m^2/s;K_c——阀流量-压力增益,m^5/N·s。

当 $x_v > x_d$ 时上升,有

$$
K_q = \frac{\partial q_L}{\partial x_v}\bigg|_0 = C_d w\sqrt{\frac{2}{\rho}(p_s - p_{L0})}
$$

$$
K_c = \frac{\partial q_L}{\partial p_L}\bigg|_0 = C_d w(x_v - x_d)\frac{1}{2(p_s - p_{L0})}\sqrt{\frac{2}{\rho}(p_s - p_{L0})}
\tag{10-45}
$$

当 $x_v < -x_d$ 时下降,有

$$
K_q = \frac{\partial q_L}{\partial x_v}\bigg|_0 = C_d w\sqrt{\frac{2}{\rho}p_{L0}}
$$

$$
K_c = \frac{\partial q_L}{\partial p_L}\bigg|_0 = -C_d w(x_v + x_d)\frac{1}{2p_{L0}}\sqrt{\frac{2}{\rho}p_{L0}}
\tag{10-46}
$$

由式(10-45)和式(10-46)可知,流量方程线性化后形式是一样的,只是系数不同而已。后面的分析中采用式(10-45)对系统进行分析。

(4)比例换向阀控制液压缸传递函数

对式(10-41)、式(10-42)和式(10-44)进行拉氏变换,联立后可得比例换向阀控制液压缸的动态方程,活塞位移与阀芯位移之间的传递函数为

$$
\frac{Y(s)}{X_v(s)} = \frac{K_q/A}{\dfrac{MV_t}{4\beta_e A^2}s^3 + \left(\dfrac{MK_{ce}}{A^2} + \dfrac{B_m V_t}{4\beta e A^2}\right)s^2 + \left(1 + \dfrac{B_m K_{ce}}{A^2} + \dfrac{KV_t}{4\beta e A^2}\right)s + \dfrac{kK_{ce}}{A^2}}
\tag{10-47}
$$

活塞位移与外负载力之间的传递函数为

$$
\frac{Y(s)}{F_L(s)} = \frac{-K_{ce}\left(1 + \dfrac{V_t}{4\beta e K_{ce}}s\right)}{\dfrac{MV_t}{4\beta_e A^2}s^3 + \left(\dfrac{MK_{ce}}{A^2} + \dfrac{B_m V_t}{4\beta e A^2}\right)s^2 + \left(1 + \dfrac{B_m K_{ce}}{A^2} + \dfrac{KV_t}{4\beta e A^2}\right)s + \dfrac{kK_{ce}}{A^2}}
\tag{10-48}
$$

(5)传递函数简化

由于 $\dfrac{B_m K_{ce}}{A^2}=0.00925\ll 1$，则式(10-47)和式(10-48)可简化为

$$\frac{Y(s)}{X_v(s)}=\frac{K_q}{A}\cdot\frac{1}{\left(s+\dfrac{K_{ce}k}{A^2}\right)\left(\dfrac{s^2}{\omega_h^2}+\dfrac{2\zeta_h}{\omega_h}s+1\right)}$$

$$=\frac{K_{qv}}{(T_e s+1)\left(\dfrac{s^2}{\omega_h^2}+\dfrac{2\zeta_h}{\omega_h}s+1\right)}\qquad(10\text{-}49)$$

$$\frac{Y(s)}{F_L(s)}=\frac{-\dfrac{K_{ce}}{A^2}\left(\dfrac{V_t}{\beta eK_{ce}}s+1\right)}{\left(s+\dfrac{K_{ce}k}{A^2}\right)\left(\dfrac{s^2}{\omega_h^2}+\dfrac{2\zeta_h}{\omega_h}s+1\right)}$$

$$=-\frac{1}{k}(T_d s+1)\cdot\frac{1}{(T_e s+1)\left(\dfrac{s^2}{\omega_h^2}+\dfrac{2\zeta_h}{\omega_h}s+1\right)}\qquad(10\text{-}50)$$

式中,阀控液压缸的液压固有频率 $\omega_h=\sqrt{\dfrac{\beta eA^2}{V_t M}}=44.2415\mathrm{rad/s}$;阀控液压缸的液压阻尼比

$\zeta_h=\dfrac{K_{ce}}{2A}\sqrt{\dfrac{\beta eM}{V_t}}+\dfrac{B_m}{2A}\sqrt{\dfrac{V_t}{\beta eM}}=0.4550$;放大系数 $K_{qv}=\dfrac{K_q A}{K_{ce}K}=2.05\times10^3$;时间常数 $T_e=\dfrac{A^2}{K_{ce}k}=$

20.6;时间常数 $T_d=\dfrac{V_t}{\beta eK_{ce}}=2.5\times10^{-12}$。

惯性环节的转折频率 $\omega_e=\dfrac{1}{T_e}=0.0485\mathrm{rad/s}$,其值越小,此环节就越接近积分环节。

综合式(10-40)、式(10-49)和式(10-50),可得电液比例换向阀控制液压缸的传递函数框图,如图10-46所示。

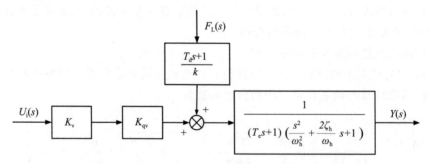

图10-46 电液比例换向阀控制液压缸的传递函数框图

3. 耕深与液压缸位移的传递函数

农具耕深 H 与液压缸活塞位移 y 在设计耕深处可近似视作比例环节,其比例系数 K_g 为

$$K_g = \frac{H}{y} = 6.9382 \qquad (10\text{-}51)$$

4. 耕深检测传感器传递函数

在液压缸提升臂处安装角位移传感器间接检测耕深,其耕深-转角-电压之间的关系为

$$K_H = \frac{U}{H} = 1.67 \text{V/m} \qquad (10\text{-}52)$$

5. 液压悬挂控制系统传递函数

综合式(10-51)、式(10-52)和图 10-46,可得液压悬挂控制系统以耕深为输出的位调节方式传递函数框图,如图 10-47 所示。

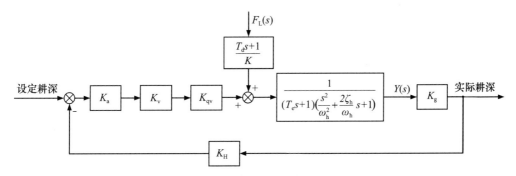

图 10-47　耕深控制传递函数框图

系统对输入的开环传递函数为

$$G_K(s) = \frac{K_a K_v K_g K_H K_{qv}}{(T_e s + 1)\left(\dfrac{s^2}{\omega_h^2} + \dfrac{2\zeta_h}{\omega_h} s + 1\right)}$$

10.6.3　拖拉机液压悬挂控制系统的性能分析

1. 稳定性分析

闭环系统特征方程为

$$(T_e s + 1)\left(\frac{s^2}{\omega_h^2} + \frac{2\zeta_h}{\omega_h} s + 1\right) + K_a K_v K_g K_H K_{qv} = 0$$

此特征方程为三阶方程,由劳斯稳定判据可知

$$K_a < \frac{1}{K_v K_g K_H K_{qv}} \cdot 2\zeta_h \omega_h T_e s \left(1 + \frac{2\zeta_h}{T_e \omega_h} + \frac{1}{T_e^2 \omega_h^2}\right)$$

对于 0 型系统,其位置稳态偏差与开环增益 K 有关,即给定稳态偏差,可确定开环增益 K,稳态偏差为

$$\varepsilon_{ss} = \frac{1}{K+1}$$

式中,K——系统的开环增益,$K = K_a K_v K_g K_H K_{qv}$;$\varepsilon_{ss}$——稳态偏差。

因此可得

$$K_a \geqslant \frac{1/\varepsilon_{ss} - 1}{K_v K_g K_H K_{qv}}$$

当稳态偏差取 5% 时,代入相关数据可以得出 K_a 的取值范围,计算结果为 $0.5 < K_a < 40$。

经过 MATLAB 仿真分析,系统的极点分别为 $-18.2307 \pm 39.2274\mathrm{i}$、$-3.5871$,其实部均为负,因此闭环系统是稳定的。

2. 系统的时域分析

采用 MATLAB/Simulink 建立仿真模型,如图 10-48 所示,在单位阶跃输入作用下的闭环系统响应曲线如图 10-49 所示。

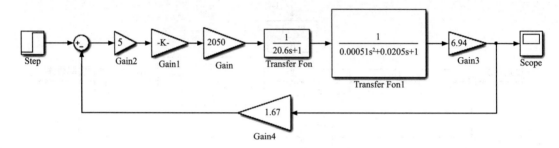

图 10-48　耕深控制仿真模型

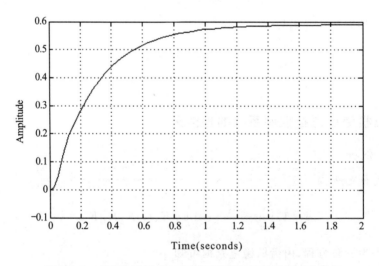

图 10-49　在单位阶跃输入作用下的闭环系统阶跃响应曲线

由图 10-49 可知,系统没有超调量,二阶振荡环节频率较高对系统影响较小,因此相当于一阶惯性环节而没有超调量。当输出达到理想值的 90% 时,其上升时间 $t_r = 0.66\mathrm{s}$,输出达到理想值的 98% 时,其过渡过程响应时间 $t_s = 1.12\mathrm{s}$。

当控制器的放大系数 $K_a = 5$ 时,该系统的开环增益 $K = 68.1$,系统的稳态偏差为 1.45%,即当输入设定耕深为 240mm 时,系统在理论上的误差等于 3.48mm。

如果控制器的放大系数 $K_a=40$ 时,该系统的开环增益 $K=544.8$,系统的稳态偏差为 0.018%,即当输入设定耕深为 240mm 时,系统在理论上的误差等于 0.44mm。

采用 MATLAB/Simulink 建立干扰作用的仿真模型,在单位阶跃干扰输入作用下的闭环系统阶跃响应曲线如图 10-50 所示。

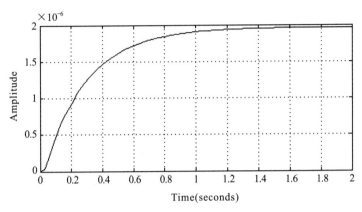

图 10-50　在干扰输入作用下的闭环系统阶跃响应曲线

由图 10-50 可知,扰动引起的稳态误差很小可忽略不计,这也是闭环控制的特点,控制精度较高。

3. 系统的频域分析

经过 MATLAB 仿真,得到在 $K_a=5$ 时系统的开环对数幅频和相频特性曲线如图 10-51 所示。在 $K_a=40$ 时系统的开环对数幅频和相频特性曲线如图 10-52 所示。

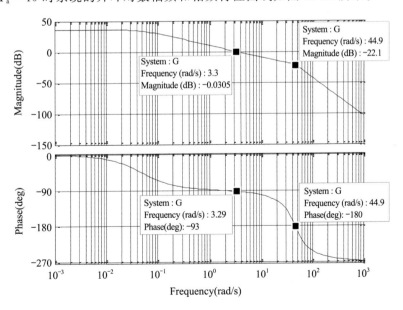

图 10-51　$K_a=5$ 时系统的开环对数幅频和相频特性曲线

由图 10-51 可知,在 $K_a=5$ 时,系统的幅值穿越频率 $\omega_c=3.3\mathrm{rad/s}$,相频穿越频率 $\omega_g=$

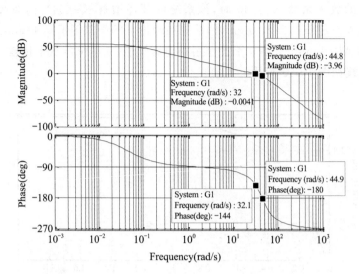

图 10-52　$K_a = 40$ 时系统的开环对数幅频和相频特性曲线

44.9rad/s，系统的幅值裕度 $K_g = 22.1$dB，相位裕度 $\gamma = 87°$。

　　由图 10-52 可知，如果进一步加大控制器的增益，在 $K_a = 40$ 时，系统的幅值裕度 K_g 减小到 3.96dB，相位裕度 γ 减小到 36°，这对系统的稳定性不利，一般取 $K_g > 6$dB。由此可知系统的开环增益不能取得过大，否则会影响系统的稳定性或稳定裕量。

10.6.4　拖拉机液压悬挂控制系统的 PID 校正

　　由以上分析可知，系统存在稳态偏差，采用 PI 校正，使开环系统变为 Ⅰ 型，稳态偏差为 0。

　　图 10-53 所示为校正后系统的单位阶跃响应曲线，由图 10-53 可知，在响应时间 1.3s 后就达到了稳态值，因此稳态误差得以消除。

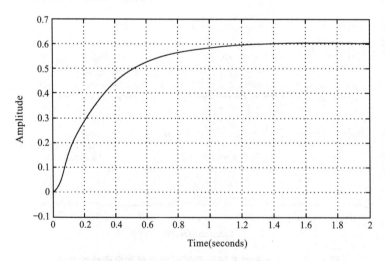

图 10-53　校正后系统的单位阶跃响应曲线

参 考 文 献

[1] 杨淑子,杨克冲,吴波,等.机械工程控制基础[M].7 版.武汉:华中科技大学出版社,2018.

[2] 胡寿松.自动控制原理[M].7 版.北京:科学出版社,2019.

[3] 孔祥东,姚成玉.控制工程基础[M].4 版.北京:机械工业出版社,2019.

[4] 罗忠,宋伟刚,郝丽娜,等.机械工程控制基础[M].3 版.北京:科学出版社,2018.

[5] 杨秀萍.控制工程基础[M].北京:机械工业出版社,2019.

[6] 张磊,王荣林.控制工程基础[M].西安:西安电子科技大学出版社,2016.

[7] 徐立.控制工程基础[M].2 版.杭州:浙江大学出版社,2019.

[8] 夏德钤,翁贻方.自动控制理论[M].4 版.北京:机械工业出版社,2021.

[9] 邹伯敏.自动控制理论[M].4 版.北京:机械工业出版社,2019.

[10] 董景新,赵长德,郭美凤,等.控制工程基础[M].4 版.北京:清华大学出版社,2015.

[11] 王仲民.机械工程控制基础[M].2 版.北京:国防工业出版社,2014.

[12] 廉自生.机械工程控制基础[M].2 版.北京:国防工业出版社,2016.

[13] 吴麒,王诗宓.自动控制原理[M].北京:清华大学出版社,2015.

[14] 厉玉鸣,马召坤,王晶.自动控制原理[M].北京:化学工业出版社,2015.

[15] 裴润,宋申民.自动控制原理[M].哈尔滨:哈尔滨工业大学出版社,2006.

[16] 董明晓,李娟,杨红娟,等.机械工程控制基础[M].2 版.北京:电子工业出版社,2020.

[17] 杨平,翁思义,王志萍.自动控制原理:理论篇[M].北京:中国电力出版社,2016.

[18] 王志勇,李金兰.复变函数与积分变换[M].2 版.武汉:华中科技大学出版社,2017.

[19] 薛定宇,陈阳泉.基于 MATLAB/Simulink 的系统仿真技术与应用[M].4 版.北京:清华大学出版社,2011.

[20] 陈杰.MATLAB 宝典[M].4 版.北京:电子工业出版社,2013.

[21] 李献,骆志伟,于晋臣.MATLAB/Simulink 系统仿真[M].北京:清华大学出版社,2017.

[22] 胡晓冬,董辰辉.MATLAB 从入门到精通[M].2 版.北京:人民邮电出版社,2018.

[23] 刘剑,袁帅,张凤.控制系统 MATLAB 仿真与应用[M].北京:机械工业出版社,2017.

[24] 王海英,李双全,管宇.控制系统的 Matlab 仿真与设计[M].2 版.北京:高等教育出版社,2010.

[25] 刘金琨.先进 PID 控制及其 Matlab 仿真[M].北京:电子工业出版社,2003.

[26] 练玉春.全球首例"四级倒立摆实物系统控制"试验成功[N].光明日报,2002-8-29.

[27] 张克勤,苏宏业,庄开宇.三级倒立摆系统基于滑模的鲁棒控制[J].浙江大学学报,2002,36(4):404-409.

[28] 易磊,张蓉,邓春花,等.基于直线倒立摆的自控实验平台研究[J].实验技术与管理,2021,38(01):99-104.